微机原理及接口技术

主　编　程志友　金　钟

副主编　刘　瑜　孟　坚

王　年　胡根生

中国科学技术大学出版社

合肥

内 容 简 介

　　本书内容的组织以培养学生应用能力为主要目的,注重基本知识和应用技术、理论与实践相结合,以 Intel 8088/8086 CPU 为典型机型,论述了 16 位微型计算机的基本原理、汇编语言和接口技术。全书共 8 章,主要包括:微机系统概述、8086/8088 微型计算机系统组成、指令系统、存储器、输入/输出、中断系统和接口技术等。

　　本书可作为高等院校电子、通信、自动化、计算机、机电等专业学生的教材,也可作为有关科技人员进行相关研究的参考资料。

图书在版编目(CIP)数据

微机原理及接口技术/程志友,金钟主编. —合肥:中国科学技术大学出版社,
2013.2(2021.8 重印)
　ISBN 978-7-312-03155-7

　Ⅰ.微…　Ⅱ.① 程…　② 金…　Ⅲ.① 微型计算机—理论　② 微型计算机—
接口技术　Ⅳ.TP36

　中国版本图书馆 CIP 数据核字(2012)第 317082 号

出版　中国科学技术大学出版社
　　　　安徽省合肥市金寨路 96 号,230026
　　　　http://press.ustc.edu.cn
　　　　https://zgkxjsdxcbs.tmall.com
印刷　安徽省瑞隆印务有限公司
发行　中国科学技术大学出版社
经销　全国新华书店
开本　710 mm×1000 mm　1/16
印张　25
字数　476 千
版次　2013 年 2 月第 1 版
印次　2021 年 8 月第 4 次印刷
定价　50.00 元

前　言

微型计算机原理及接口技术是理工科大学生、计算机应用的研究人员及工程技术人员在完成了计算机入门及电路基础理论学习之后,继续向高层次发展而必须研修的一门重要的专业基础课,也是相关专业的研究生入学考试的科目。

本教材以高等学校电子、通信、计算机等相应专业本科学生为教学对象,全面、系统地介绍了微型计算机的内部结构、接口技术和应用。根据全国高等学校计算机考试的需要,本书内容涵盖四级(三级 A)考试范围的大部分,因此它又是一本计算机等级考试的指导书。

本教材在国内的有关教材基础上,又增加一些新的内容,以反映计算机原理及接口应用的新技术、新发展。以基本原理为主,典型接口为辅,选材上力求广泛、实用、新颖;概念上力求简练、准确、易懂。

本教材共 8 章。内容由浅入深,由简入繁;编写原则尽量体现原理与应用相结合,硬件与软件相结合。第 1 章是本教材的入门,介绍了计算机的一些基础知识和计算机中的数据表示和数据运算方法。第 2,3,4,8 章为本教材的第一个重点,是本教材的基础部分,其主要内容是微型计算机的结构及原理和汇编程序设计的基本方法,以 Intel 8088/8086 CPU 为典型机型,系统地阐述 16 位微机的内部结构、指令系统及汇编语言程序设计。第 5,6,7 章是本教材的第二个重点,对输入/输出技术、中断技术及可编程接口芯片进行讨论,主要介绍微机其他外设部件的功能以及与系统之间的连接方法,是微机应用中不可缺少的重要组成部分。本教材中所使用的程序均经过上机调试并通过运行。本教材附录提供书中涉及内容所必需的一些参考资料,使本教材具有一定的相对独立性。

本教材的参考学时为 60～70 学时,可根据具体情况进行调整。本书由程志友、金钟担任主编,刘瑜、孟坚、王年、胡根生担任副主编;李斌、张红伟等教师编写部分章节内容。安徽大学电子信息工程学院及相关部门在本书编写过程中给予了大力支持,同时,本书也参考了国内外众多学者的成果,在此一并向他们表示衷心感谢。

　　由于编者水平有限,教材中难免存在一些疏漏之处,恳请读者给予批评指正。

编　者

2012 年 10 月于合肥

目　　录

第1章　计算机系统概论

本章重点

1. 计算机的构成；
2. 数制转换。

1.1　计算机的发展概况

1.1.1　早期计算机的雏形

➤　公元 600 年左右,我国出现用于计算的工具——算盘。

➤　17 世纪,欧洲出现计算尺和机械式计算机。

➤　19 世纪,英国数学家巴贝芝(1791~1871)提出通用计算机的基本设计思想。他可能是第一位意识到计算机中条件转移的重要性的人。

➤　美国的赫曼·霍勒瑞斯(1860~1929)在 1890 年人口普查的时候,采用穿孔卡片记录人口普查信息,并发明设备进行自动统计。

这项实验在进行 1890 年的人口普查工作中取得了巨大成功,处理了超过 6 200万张卡片,包含的数据是 1880 年人口普查的 2 倍,而数据处理所花时间只是 1880 年人口普查的 1/3 左右。霍勒瑞斯和他的发明享誉全球。1895 年,他到了莫斯科。在那他成功地卖出了他的设备,该设备在 1897 年第一次用于俄罗斯的人口普查。

1896 年,霍勒瑞斯创立了制表机公司,出租和出售穿孔卡片设备。1911 年,经过合并,该公司成为专门从事计算-制表-记录(Computing-Tabulating-Recording)公司,即 C-T-R 公司。1915 年,C-T-R 的主席是 Thomas J. Watson(1874~1956),他在 1924 年把公司的名字改为国际商用机器公司,即 IBM。

➤　19 世纪中叶,英国数学家布尔(1824~1898)创立了布尔代数,从此数学进入思维领域。

▷　1937 年,英国数学家图灵(1912～1954)提出了著名的"图灵机"的模型,探讨了计算机的基本概念,证明了通用数字计算机是能够制造出来的。为了纪念图灵对计算机科学的重大贡献,美国计算机协会设立了图灵奖,每年授予在计算机科学领域做出特殊贡献的人。

▷　1946 年 2 月,在美国宾夕法尼亚大学的莫尔学院,物理学博士 J. W. Mauchly 和电气工程师 J. P. Eckert 领导的小组研制出世界上第一台数字式电子计算机 ENIAC。这台计算机用电子管实现,编程通过接插线进行。该机在 1943 年研制的最初目的是用于陆军编制各种弹道表。

ENIAC 共使用了 18 000 个电子管,占地 135 m^2,功率为 150 kW,重达 30 t,每秒钟可进行 5 000 次加法运算。它的问世标志着计算机时代的到来。ENIAC 是曾经制造出来的(也许以后也是)最重的计算机。

▷　1944 年夏,著名数学家冯·诺依曼(Von Neumann)偶然获知 ENIAC 的研制,他参加并研究了新型计算机的系统结构。在他执笔的报告里,提出了采用二进制计算、存储程序和在程序控制下自动执行的思想。按照这一思想,新机器将由五个部件构成,即运算、控制、存储、输入和输出,报告还描述了各部件的功能和相互间的联系。之后,这种模式的计算机遂被称为"冯·诺依曼机"。

从 1930 年开始,匈牙利出生的冯·诺依曼就一直住在美国。他是一个令人瞩目的人物,因能在脑子里构思复杂的算法而享有很高的声誉。他是普林斯顿高级研究学院的一名数学教授,研究范围很广,从量子到对策理论的应用再到经济学。

几十年来,计算机一直是按冯·诺依曼提出的设计思想发展的,其基本思想主要如下:

① 采用二进制表示数据和指令;

② 将编制好的程序和原始数据输入主存储器,存储后由控制器自动读取并执行(存储程序原理);

③ 计算机应包括运算器、控制器、存储器、输入设备和输出设备五大部件,并规定了各个基本部件的功能。

冯·诺依曼思想被看作是计算机发展史上的里程碑,直到现在各类计算机系统的基本构成仍属于冯·诺依曼型。随着技术的进一步发展,其中有两项得到了改进:

① 运算器与控制器合并为中央处理单元(CPU);

② 存储器分为内外两级:快速的内存和大容量、非易失性的外存(硬盘等)。

1.1.2　现代计算机的发展

以计算机物理器件的变革作为标志,把现代计算机的发展划分为四代。

1.1.2.1　第一代(1946~1957)电子管计算机

计算机使用的主要逻辑元件是电子管,所以该时代也称电子管时代。

主存储器先采用延迟线,后采用磁鼓、磁芯,外存储器使用磁带。软件方面,用机器语言和汇编语言编写程序。

这个时期计算机的特点是:体积庞大、运算速度低(一般每秒几千次到几万次)、成本高、可靠性差、内存容量小。这个时期的计算机主要用于科学计算,例如,军事和科学研究方面的工作。其代表机型有:ENIAC,IBM650(小型机),IBM709(大型机)等。

1.1.2.2　第二代(1957~1965)晶体管计算机

这个时期计算机使用的主要逻辑元件是晶体管,所以该时代也称晶体管时代。

主存储器采用磁芯,外存储器使用磁带和磁盘。软件方面,开始使用管理程序,后期使用操作系统并出现了 FORTRAN,COBOL,ALGOL 等一系列高级程序设计语言。这个时期计算机的应用扩展到数据处理、自动控制等方面。计算机的运行速度已提高到每秒几十万次,体积已大大减小,可靠性和内存容量也有较大的提高。其代表机型有:IBM7090,IBM7094,CDC7600 等。

1.1.2.3　第三代(1965~1971)集成电路计算机

这个时期的计算机用中小规模集成电路代替了分立元件,用半导体存储器代替了磁芯存储器,外存储器使用磁盘。软件方面,操作系统进一步完善,高级语言数量增多,出现了并行处理、多处理机、虚拟存储系统以及面向用户的应用软件。计算机的运行速度也提高到每秒几十万次到几百万次,可靠性和存储容量进一步提高,外部设备种类繁多。计算机和通信密切结合起来,广泛地应用到科学计算、数据处理、事务管理、工业控制等领域。其代表机器有:IBM360 系列、富士通 F230系列等。

1.1.2.4　第四代(1971 年以后)大规模和超大规模集成电路计算机

这个时期的计算机主要逻辑元件是大规模和超大规模集成电路,一般称大规模集成电路(Very Large Scale Integration, VLSI)时代。

存储器采用半导体存储器,外存储器采用大容量的软、硬磁盘,并开始引入光盘。软件方面,操作系统不断发展和完善,同时发展了数据库管理系统、通信软件等。计算机的发展进入了以计算机网络为特征的时代。计算机的运行速度可达到每秒上千万次到万亿次,计算机的存储容量和可靠性又有了很大提高,功能更加完备。这个时期计算机的类型除小型、中型、大型机外,开始向巨型机和微型计算机(个人计算机)两个方面发展。计算机开始大规模进入了办公室、学校和家庭。

1.1.3　微型计算机的发展

作为第四代计算机的一个重要分支,微型计算机于 20 世纪 70 年代初诞生。微型计算机(Microcomputer)与其他大、中、小型计算机的区别,在于其中央处理器(Central Processing Unit,CPU)采用了大规模、超大规模集成电路技术,其他类型计算机的 CPU 则由相当多的分离元件电路或集成电路所组成。为了将这两种CPU 相区别,把微型计算机的 CPU 芯片称为微处理器(Micro Processing Unit 或Microprocessor,MPU)。微型计算机的发展与微处理器的发展是同步的。微处理器集成度几乎每 18 个月增加一倍,产品每二到四年更新换代一次,现已进入第五代。各代的划分通常以 MPU 的字长和速度为主要依据。

1.1.3.1　第一代微处理器(1971～1972)

第一代主要产品为 4 位和低档 8 位微机。1971 年 Intel 公司的 Intel 4004 诞生,随后改进为 4040,第二年 Intel 公司研制出 8 位微处理器芯片,并出现了由它组成的 MCS-8 微型计算机。Intel 8008 采用 PMOS 工艺,字长 8 位,基本指令有 48条,基本指令周期为 20～50 ms,时钟频率为 500 kHz,集成度为 3 500 晶体管/芯片。

1.1.3.2　第二代(1973～1977)

第二代主要产品为中高档 8 位微机。其中,中档机有 Intel 公司的 8080、Motorola 公司的 M6800。1975～1977 年间,又有一批性能更好的高档 8 位机问世,如 Zilog 公司的 Z80 和 Intel 公司的 8085。以 Intel 公司的 8080 为例,它采用了 NMOS 工艺,字长 8 位,基本指令有 70 余条,基本指令周期为 2～10 ms,时钟频率高于 1 MHz,集成度为 6 000 晶体管/芯片。

这一时期的著名产品有 Apple 公司的苹果机(采用的是 Rockwell 公司的 8 位微处理器芯片 6502),及广泛应用于工控场合的 Intel 公司的 8 位单片机 MCS-48系列和 MCS-51 系列等。

1.1.3.3　第三代(1978～1984)

各公司相继推出一批 16 位的微处理器芯片,如 Intel 8086/8088/80286,MC68000/68010,Z8000 等。以 Intel 公司的 8086 为例,它采用了 HMOS 工艺,字长 16 位,基本指令 133 条,基本指令周期为 0.5 ms,时钟频率高于 4.77 MHz,集成度为 2.9 万晶体管/芯片。

这一时期的著名产品是 IBM 公司的个人计算机,即 PC(Personal Computer)

机。1981 年,该公司选用 8088 开发了 IBM PC 机;1982 年将其扩展为 IBM PC/XT (Expanded Technology),它扩充了前者的内存,增加了一个硬盘驱动器,在其他方面两者没有区别。由于 IBM 公司在发展 PC 机时采用技术开放的策略,使得许多公司围绕 PC 机研制生产了大量的配套产品和兼容机,并提供了巨量的软件支持,一时间 PC 机风靡世界。1984 年,Intel 公司推出新一代 16 位微处理器 80286,其集成度达到 13.4 万晶体管/芯片;同年,IBM 以它为核心组成了 16 位增强型个人计算机 IBM PC/AT(Advanced Technology),进一步提高了 PC 机的总体性能。

1.1.3.4　第四代(1985～1999)

1985 年,Intel 公司推出 32 位微处理器芯片 80386,其集成度达到 27.5 万晶体管/芯片,每秒钟可完成 500 万个指令(Million Instructions Per Second,MIPS,每秒百万条指令)。从这时起,微型计算机步入第四个发展阶段。随后,Intel 公司相继推出 80486 Pentium(奔腾)、Pentium Pro(高能奔腾)、MMX Pentium(多能奔腾,MMX:多媒体增强指令集) Pentium Ⅱ、Pentium Ⅲ、Pentium Ⅳ 等 32 位 CPU。

1.1.3.5　第五代(2000 年至今)

Intel 和 HP 公司联合定义了被称作"显式并行指令计算"(Explicitly Parallel Instruction Computing,EPIC)的 IA-64 位指令架构。2000 年 8 月,新一代字长 64 位的微处理器芯片诞生,这就是 Intel 展示的代号为"Merced"的 Itanium(安腾) CPU,其应用目标是高端服务器和工作站,而在桌面环境的个人计算机中,AMD 公司提出的 X86-64 架构的 64 位微处理器得到大规模应用。

1.1.4　微型计算机系统的层次

在微型计算机系统中存在着从局部到整体的三个层次:微处理器—微型计算机—微型计算机系统。

1.1.4.1　微处理器

微处理器(Microprocessor)也叫微处理机,它本身不是计算机,但它是微型计算机的核心部件。微处理器包括算术逻辑单元(Arithmetic Logic Unit,ALU)、控制单元(Control Unit,CU)和寄存器阵列(Register Array/Stuff,RA)三个基本部分,通常由一片或几片 LSI、VISI 器件组成,简称 μP 或 MP,在微型计算机中直接用 CPU 表示微处理器。

1.1.4.2　微型计算机

微型计算机(Micro Computer)是指这样的计算机,以微处理器为核心,加上由大规模集成电路制作的存储器(ROM 和 RAM)、输入/输出(I/O)接口和系统总线组成,简称 μC 或 MC。有的微型计算机是将这些组成部分集成在一个超大规模芯片上,称之为单片微型计算机,简称单片机(Single Chip Micro Computer);组装在一块或多块印刷电路板上的称为单板、多板微型计算机(Single/Multi Board Micro Computer)。

1.1.4.3 微型计算机系统

微型计算机系统(Micro Computer System)是以微型计算机为核心,再配以相应的外围设备、电源、辅助电路和控制微型计算机工作的软件而构成的完整的计算机系统,简称 μCS 或 MCS。软件分为系统软件和应用软件两大类。系统软件是用来支持应用软件的开发与运行的,它包括操作系统、实用工具程序和各种语言处理程序等。应用软件是用来为用户解决具体问题的程序及有关的文档和资料。

1.2　计算机硬件的基本组成

计算机硬件系统由控制器、运算器、存储器、输入设备和输出设备这五个基本部分组成,见图 1.1。

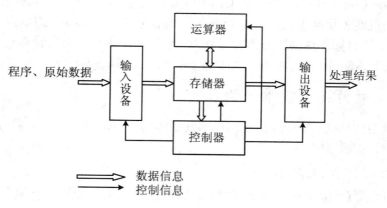

图 1.1　计算机硬件的基本结构

1.2.1　控制器

由图 1.1 可以看出,控制器是五个基本部件中的重要部件,它从存储器中取得所要执行的指令(指挥机器完成某种操作的命令),并对其进行分析,根据完成指令功能的不同要求,分时地发出一系列时序控制信息控制计算机各部件协调地完成指令功能。

　　一条计算机指令的功能是有限的,完成复杂的运算功能需要将多条指令组合起来构成一个指令序列。这样一个完成某种功能的指令的有序集合称为程序。通常将要执行的程序存储在主存储器中,控制器按指令存储的顺序自动地从存储器中取出指令并依次执行,或者根据指令决定执行的顺序。计算机就是一种在"存储程序"的控制下运行的数字运算设备。数据是编码形式的各种信息,它在计算机中通常作为程序的操作对象。在计算机中,数据可以是整数、实数的编码,也可以是声音、图像信息的编码,还可以是指令代码等。因此,存储器中存放的信息有两种:指令字和数据字。它们都是以二进制的形式进行存储的,从存储的信息本身看不出区别,为了能够区分指令字和数据字,计算机将从存储器中取出的信息在时间上进行划分,控制器在取指令时,把从存储器中读出的信息作为指令字处理;而在取数据时,把从存储器中读出的信息作为数据字处理。所以,在程序设计中需要注意指令与数据的区别。

1.2.2　运算器

　　运算器是计算机中完成运算功能的部件。运算器中有一个算术逻辑运算单元,简称算术逻辑单元(Arithmetic and Logic Unit,ALU),它执行各种数据运算操作。运算操作包括算术运算和逻辑运算。算术运算对数据进行如加、减、乘、除四则运算和数据格式的转换;逻辑运算按位对数据进行与、或、取反、移位等运算。算术逻辑单元是一个组合逻辑电路,它一般具有两个输入端,可同时输入两个参与运算的操作数。在运算器中有若干个临时存放数据的部件,称为寄存器(Register)。它们的作用主要是:存放运算的中间结果、保存运算的状态情况、存放参加运算的操作数或操作数地址以及循环的计数值等。因此,在运算器中有各种不同的寄存器,当使用这些寄存器时,应在指令中指定其编号,这个编号就是寄存器名。算术逻辑运算单元运算时所需的操作数可来自寄存器或存储器。

1.2.3　存储器

　　存储器的作用是存储源程序和各类数据,是计算机各种信息的存储和交流中心。计算机在存储程序的控制下进行工作,程序在运行之前存放在存储器中,运行中需要使用的数据也存放在存储器中。计算机中的存储器包括内存储器、外存储器和只读存储器等。内存储器又被称为主存储器(Main Memory 或 Primary Storage)或随机存储器,也叫内存。相对主存储器而言,外存储器和只读存储器则称为辅助存储器(Secondary Storage)。存储器中可容纳的信息数量称为存储器的容量,存储容量的单位有字节数(Byte 或 B)、千字节数(KB)、兆字节数(MB)以及千兆字节数(GB)等。存储器容量单位的换算关系是:1 KB＝1 024 B,1 MB＝1 024 KB,1 GB＝1 024 MB,1 TB＝1 024 GB,其中一个字节可容纳 8 位二进制数据。

　　主存储器由大量的数据存储单元构成。数据信息的存储一般以"字"(Word)为单位。对于不同的计算机,一个字包含的位数可以是不同的。把某种计算机能够一次处理的二进制数据位数称为该计算机的字长。计算机的字长一般分为 8 位、16 位、32 位和 64 位。为了确定主存储器中某个字节(或称为存储单元)的位置,需要给每个存储单元定义一个编号,这个编号就是存储单元的地址(Address)。计算机若按字节编址,地址的编号是连续的;若按字编址,对 8 位以上的机器其地址是不连续的。某计算机主存储器所能拥有的存储单元数目是根据该机器所能提供的地址总线数目而确定的。例如,某系统的地址总线共有 20 条(A$_0$～A$_{19}$),即有 20 个二进制位,则可形成 2^{20}＝1 048 576 个地址,即最大存储空间为 1 MB,图 1.2 为该存储器的组织形式。为了进一步扩大主存容量,还可以将外存储器作为主存储器的辅助存储器,给用户提供比实际主存储器大得多的逻辑存储容量,这就是所谓的"虚拟存储器"。

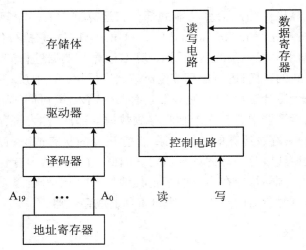

图 1.2　存储器的组织形式

1.2.4　输入设备

　　计算机从输入设备获得外部信息。输入设备将外部信息以一定的数据格式输入系统。输入的信息包括数字、字符、字母和控制符号等,这些信息由译码电路产生相应的 ASCII 码,再由控制器控制进行各种操作。目前输入设备主要是键盘和鼠标。键盘采集操作员的按键信息并将这种信息转换成数据编码。鼠标位置信息以数字形式输入到计算机中。近年来,随着计算机应用领域的不断扩展以及输入设备技术的不断更新,如语言、图像等识别技术,计算机已经进入了实用阶段。

1.2.5　输出设备

输出设备与输入设备相对应,其功能是将计算机的处理结果提供给外部世界,这些结果可以是数字、字母、图形或表格等。最常用的输出设备有显示器、打印机、绘图仪和声响设备等。同输入设备一样,输出设备也在飞速地发展。

1.3　计算机软件的基本组成

1.3.1　软件的分类

计算机软件一般可分为系统软件和应用软件两大类。系统软件是整个计算机系统的一部分,使得计算机系统的功能更为完整。它与具体的应用领域无关,主要进行命令解释、操作管理、系统维护、网络通信、软件开发和输入、输出管理等,如操作系统、诊断程序、编译程序、解释程序、汇编程序、网络通信程序等。应用软件是面向应用的功能软件,专门为解决某个应用领域中的具体任务而编写。如处理音像的多媒体软件、印刷排版的文字处理软件、计算机辅助设计(CAD)和计算机辅助制造(CAM)软件、数据处理软件、控制软件、模拟软件、事务处理软件等。计算机的软件系统见图 1.3。

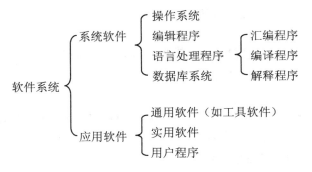

图 1.3　计算机的软件系统

1.3.2 操作系统功能及其类型

1.3.2.1 操作系统的功能

在计算机系统软件中,最重要的软件是操作系统(Operating System)。操作系统是计算机自己管理自己的一个系统软件,它具有三个作用:① 管理计算机的硬件和软件资源,使之能有效地应用;② 组织、协调计算机的运行,以增强系统的处理能力;③ 提供人机接口,为用户提供方便。更具体地说,操作系统具有如下功能:

1. 作业管理

用户运行一个程序称为运行一个作业。由于提供作业时可能有先有后,优先级也不一定相同,操作系统根据作业的轻重缓急,控制用户的作业排序及运行。

2. 资源管理

为了有效利用计算机的主机、外设以及系统程序、数据,操作系统必须对运行环境进行有效合理地管理。

3. 中断管理

对于突发性事件,计算机所采用的处理方法是中断方式,以便及时地处理突发事件和外部设备的要求。

4. I/O 管理

处理有关输入、输出问题。

5. 运行管理

操作系统在计算机运行过程中对处理机、进程、作业以及外设进行管理。

6. 错误管理

如果在计算机运行时出现错误,操作系统能采取合理的方式对错误进行处理,以便不影响其他程序的正确执行。

7. 保密管理

操作系统具有保护系统程序和用户程序不受外界侵犯的作用,禁止用户对程序和数据进行不合要求的访问。

8. 记账管理

操作系统对用户使用计算机资源的情况进行统计和记账,如将上机的机时数、打印时打印的页数等记录下来。

1.3.2.2 操作系统的类型

操作系统归纳起来有以下四种类型:

1. 批处理操作系统

所谓批处理,就是用户可以成批地提供待运行的程序(作业),用户提供给计算机之后,就不需要再过问,直至运行结束为止。这种操作系统的优点是提高了系统的工作效率,缺点是用户在整个批处理过程中不能介入,无法进行程序的调试和人机对话。

2. 分时操作系统

所谓分时,就是操作系统按一定方式轮流地分配机器时间给多个用户。对每个用户来说,由于计算机的运行速度很快,几乎感觉不到和几个用户在同时使用一台计算机。但是,在用户数量较多时,分时系统的速度就会慢一些。

3. 实时操作系统

实时系统是根据用户优先级别的高低,对不同级别的用户有不同的响应方式,使各用户均感觉到他的要求是及时得到满足的。实时系统有两类:一是实时过程控制系统,另一类是实时信息处理系统。实时系统要求响应速度快,安全性能好。

4. 网络操作系统

网络操作系统用于对多台分布在不同位置的计算机及其设备之间的通信进行有效的监护和管理。网络操作系统比一般操作系统有更高的层次,因为它是属于网上所有计算机的,而不是某台计算机所特有的。在网上联系各计算机的公共语言称为"通信协议",网内计算机之间以及各操作系统之间的通信必须按照协议进行。

1.3.3　计算机语言

计算机语言是用户和计算机之间的交流工具,操作人员通过使用不同的计算机语言指挥机器工作。不同的程序设计者所涉及的计算机语言也不同,通常将计算机语言分为以下几种类型。

1.3.3.1　机器语言

机器语言是直接使用二进制编码的指令而构成的程序设计语言,也是计算机硬件系统能够直接识别的程序设计语言。这种语言随机器指令系统的不同而不同,且使用二进制编码的形式,不易掌握,很难记忆。它仅适用于少数计算机系统的设计人员。

1.3.3.2　汇编语言

虽然计算机能够直接运行机器语言,但它存在难以记忆、不易普及等缺点。为了方便记忆,人们使用一种能够帮助记忆的符号——助记符来代替二进制编码的指令,用符号代替地址的程序设计语言,这就是汇编语言(有时也称为低级语言)。这种语言较机器语言来说,易于掌握,程序的可读性大大增强了。但是,它也是和所使用的机器系统有密切关系,即每种机器系统对应一种汇编语言,因而它是面向机器的语言,使用汇编语言编写程序必须具备相关的专业知识。

1.3.3.3　高级语言

为能让更多的人使用计算机,就需要一种不考虑机器的内部结构和不同机器特点的语言,这种语言要接近自然语言和数学语言,这就是高级语言。它是面向过程的计算机语言,使用者不必了解机器的内部结构,只要按所使用语言的规则编写程序,就可以达到控制和使用计算机的目的。

必须指出的是,除机器语言之外,不论汇编语言和还是高级语言,要让计算机执行必须经过"翻译",所谓"翻译"就是将用某种较高级语言编写的程序转变成与之等价的、计算机能识别执行的低级语言形式,这个"翻译"就是语言处理程序。语言处理程序一般有三种类型:

(1) 汇编程序(Assembler)

该程序的作用是把汇编语言编写的汇编语言源程序翻译成机器代码表示的目标程序(Object Program)。

(2) 编译程序(Compiler)

该程序的作用是把高级语言编写的高级语言源程序翻译成目标程序(如Pascal,FORTRAN,C等高级语言均采用编译程序)。

(3) 解释程序(Interpreter)

该程序的作用也是将高级语言编写的源程序翻译成目标程序,但其处理方式和编译程序不同,它是按照翻译一句执行一句的方式来执行程序的(如BASIC等采用解释程序)。

1.4　计算机性能指标

计算机的性能评价是一个很复杂的问题。任何一种型号的计算机总有其特色和优点,但对计算机性能的评价应该是全面的、综合的,而不能只用简单的几种指标进行评价。早期常用的评价指标是计算机的字长、运算速度和存储容量,这三大指标固然重要,但实际使用中往往却是不够的。通常,在实际使用中的评价指标有以下几种。

1.4.1　主频(时钟周期)

主频是计算机的重要指标之一,这在很大程度上决定了运行速度。主频的单位是兆赫兹(MHz), Intel 8086 为 5 MHz,80286 为 8 MHz,80836 为 16 MHz,而80486 在 25～33 MHz 之间;奔腾(Pentium)芯片可达 66～100 MHz 之间;PⅢ的工作频率可达到 400 MHz 以上。

1.4.2　字长

　　字长是以计算机所能处理的二进位数为单位的。早先的微机有 4 位、8 位、16 位字长的,现在大多数微机为 32 位字长。字长越长,运算精度越高;字长即指令位数,字长越长,处理功能越强。所以字长是一个很重要的指标,有些大型机的字长为 48 位、64 位,DEC 公司的 α 芯片为 64 位,Pentium 系列的高档芯片也为 64 位。

1.4.3　运算速度

　　运算速度的单位 MIPS,即每秒百万指令数,普通微机的运算速度已超过 50 MIPS,即运算速度达到 3 000～5 000 万指令/秒。现在的高档微机运算速度更高。

1.4.4　存储容量

　　存储容量指计算机所能配置的最大存储器容量和能带的最大外存储器容量。

1.4.5　可靠性

　　系统可靠性也是非常重要的,可靠性的指标是平均无故障时间(MTBF)。若 t_i 是第 i 次无故障间隔时间,N 为故障数,则

$$MTBF = \sum_{i=1}^{N} t_i / N$$

当然,MTBF 越大越好。

1.4.6　系统可维护性

　　系统可维护性的含义是发生故障后能尽快恢复正常,因此可用平均修复时间(MTTR)来衡量,即

$$MTTR = \sum_{i=1}^{M} T_i / M$$

其中,T_i 为第 i 次故障至投入运行的时间,M 为修复总次数。

1.4.7　兼容性

　　兼容是广泛的概念,是指设备或程序可以用于多种系统的性能,包括数据和程序(语言)兼容、设备兼容等。兼容使机器易于推广。

1.4.8　性能/价格比

　　这里讲的性能是综合性能包括硬件性能、软件性能、使用性能等,而价格也不

只是考虑硬件的价格,同样包括软件等的价格。

除上述评价指标以外还应考虑汉字处理能力、数据库管理系统和网络功能等。

1.5　计算机中数据表示

现代计算机有数字电子计算机和模拟电子计算机两大类。目前大量使用的计算机属于数字电子计算机,它只能接受 0,1 形式的数字数据。但是现实中由计算机处理的信息形式各种各样,既有文字、数字、图形、图像等静态信息,亦有声音、动画、活动影像等动态信息,无论哪种形式的信息,现代计算机技术的发展都能很方便地把这些信息转换成 0,1 组合的数字数据形式输入计算机,由计算机进行存储、处理。能够进行算术运算得到明确数值概念的数字数据称为数值型数据,数值数据有小数和整数,并且可能是正数或负数;而以数字数据形式进入计算机的声音、图像、文字等信息称为非数值型数据,本节介绍计算机中数值型数据与非数值型数据信息的表示方法。

1.5.1　进位计数制及其相互转换

1.5.1.1　进位计数制

凡是用数字符号排列,按由低位向高位进位计数的方法叫作进位计数制。人们在社会生产活动和日常生活中,大量使用各种不同的进位计数制,不仅有应用十分普遍的十进制,还有六十进制(如分、秒的计时)、十二进制(如 12 个月为 1 年)、七进制(7 天为 1 星期)等。在现代计算机中,数的表示采用二进位计数制。

数据无论使用哪种进位制,都包含两个基本要素:基数(Radix)与各位的"位权"(Weight)。

1. 基数

某种进位计数制所能允许选用基本数字符号的个数叫作基数。在基数为 J 的计数制中,包含 J 个不同的数字符号,每个数位计满 J 就向高位进 1,即"逢 J 进一"。例如最常用的十进制数,每一位上允许选用 0,1,2,…,9 共 10 个不同数字符号中的一个,则十进制的基数为十,每位计满十时向高位进一。

2. 位权

一个数字符号处在数据中的不同位置时,它所代表的数值是不同的。每个数字符号所表示的数值等于该数字值乘以一个与数码所在位有关的常数,这个常数叫作"位权",简称"权"。位权的大小是以基数为底、数字符号所在位置的序号为指数的整数次幂。注意,对任何一种进制,整数部分最低位位置的序号是 0,每增加一位位置,序号加 1,而小数部分位置序号为负值,每减低一位位置,序号减 1。

十进制数中十分位、个位、十位、百位上的权依次是 10^{-1},10^0,10^1,10^2,例如 566.4 最高位上的 5 代表的数值是数字符号 5 乘以位权 10^2,而最低位上的 4 代表的数值是数字符号 4 乘以位权 10^{-1}。

十进制数每位的值等于该位的权与该位数字符号值的乘积,一个十进数可以写成按权展开的多项式和的形式。例如,$356.27 = 3\times10^2 + 5\times10^1 + 6\times10^0 + 2\times10^{-1} + 7\times10^{-2}$。对于任意一个十进制数 N,设整数部分有 n 位,小数部分有 m 位,于是可以写出一个十进制数的一般表达式如下:

$$(N)_{10} = K_{n-1}\cdot10^{n-1} + K_{n-2}\cdot10^{n-2} + \cdots + K_1\cdot10^1 + K_0\cdot10^0$$
$$+ K_{-1}\cdot10^{-1} + K_{-2}\cdot10^{-2} + \cdots K_{-m}\cdot10^{-m}$$
$$= \sum_{i=n-1}^{-m} K_i\cdot10^i \quad (\text{其中 } K_i \text{ 是 } 0,1,\cdots,9 \text{ 中的一个})$$

类似地,将一个 J 进制数 N 按权展开的多项式和的一般表达式如下:

$$(N)_J = K_{n-1}\cdot J^{n-1} + K_{n-2}\cdot J^{n-2} + \cdots + K_1\cdot J^1 + K_0\cdot J^0$$
$$+ K_{-1}J^{-1} + K_{-2}J^{-2} + \cdots + K_{-m}J^{-m}$$
$$= \sum_{i=n-1}^{-m} K_i\cdot J^i$$

由上可见,J 进制数相邻两个数位的权相差 J 倍,如果小数点向左移一位,数值缩小 J 倍,反之,小数点右移一位,数值扩大 J 倍。

例 1.1　运用 J 进制数的一般表达写出 $J=8$ 时 7 654.3 按权展开的表达式。

解　因为 $J=8,n=4,m=1$,所以

$$(7\,654.3)_8 = 7\times8^3 + 6\times8^2 + 5\times8^1 + 4\times8^0 + 3\times8^{-1}$$
$$= 3\,584 + 384 + 40 + 4 + 0.375 = 4\,012.375$$

例 1.2　设 $D = D_2D_1D_0\cdot D_{-1}D_{-2}$,当 J 分别是 2,10,16 时将各位的权填写在表 1.1 中,并将其表示成十进制数。

表 1.1　例 1.2 位权表

进位制 J \ 数位 权	D_2	D_1	D_0		D_{-1}	D_{-2}
J=2	$2^2=4$	$2^1=2$	$2^0=1$	·	$2^{-1}=0.5$	$2^{-2}=0.25$
J=10	$10^2=100$	$10^1=10$	$10^0=1$	·	$10^{-1}=0.1$	$10^{-2}=0.01$
J=16	$16^2=256$	$16^1=16$	$16^0=1$		$16^{-1}=1/16$	$16^{-2}=1/256$

1.5.1.2　二进制

计算机中用得最多的是基数为二的计数制,即二进制。二进制只有 0 和 1 两种数字符号,计数"逢二进一",第 i 位上的位权是 2 的 i 次幂。根据前面的公式,一个二进制数展开成多项式和的表达式是

$$(K)_2 = K_{n-1} \cdot 2^{n-1} + K_{n-2} \cdot 2^{n-2} + \cdots + K_0 \cdot 2^0 + K_{-1} \cdot 2^{-1} + \cdots + K_{-m} \cdot 2^{-m}$$

$$= \sum_{i=n-1}^{-m} K_i \cdot 2^i \quad (\text{其中 } K_i \text{ 是 } 0,1)$$

通常把表示信息的数字符号称为代码。计算机对各种各样的数据甚至操作命令、存储地址等都使用二进制代码表示。与十进制相比,引入二进制数字系统后计算机结构和性能具有如下的优点:

① 技术上容易实现。因为许多组成计算机的电子的、磁性的、光学的基本器件都具有两种不同的状态,可以用来表示二进制数上的代码"0"和"1",并且易于进行存放、传送等操作,而且稳定可靠。而对于十进制来说,每个数据位就需要具有十种稳态的器件来表示,这在电路的实现上是十分困难的。这就是计算机中采用二进制的原因。

② 二进制运算规则简单。

加法规则	减法规则	乘法规则
0＋0＝0	0－0＝0	0×0＝0
0＋1＝1	1－1＝0	0×1＝0
1＋0＝1	1－0＝1	1×0＝0
1＋1＝0(且有进位 1)	0－1＝1(且有借位 1)	1×1＝1

由于二进制运算规则较十进制简单,计算机内部运算器、寄存器的线路在实现时得到了大大简化,提高了机器进行数据处理的速度。

③ 二进制的 0,1 代码与逻辑代数中逻辑量 0 与 1 相一致,所以二进制也使计算机可以方便地实现逻辑运算。

④ 二进制数和十进制数之间的对应关系见表 1.2 和表 1.3,其相互转换也容易实现。

1.5.1.3　八进制与十六进制

二进制数字系统的引入使计算机技术得到了飞速的发展。但是二进制也有不足之处,它比同等数值的十进制数占用更多的位数。比如十进制一位数字 9,它的二进制表示需要 4 位,即 1001,而 67 需要 7 位二进制数表示,即 1000011。随着数据的增大,所需的二进制数据位数也就长,容易读错。因此,计算机使用者常用十六进制或八进制来弥补这个缺点。为了方便起见,常在数字后面加一个缩写的字母作进位制的标志(表 1.4)。

表 1.2　整数对应关系

二进制	十进制
0000	0
0001	1
0010	2
0011	3
0100	4
0101	5
0110	6
0111	7
1000	8
1001	9

表 1.3　小数对应关系

二进制	十进制
0.1	$2^{-1}=0.5$
0.01	$2^{-2}=0.25$
0.001	$2^{-3}=0.125$
0.0001	$2^{-4}=0.0625$

表 1.4　几种进位制的标志

	标志字母	原文	注释
二进制数	B	Binary	为避免字母 O 误认作数字 0,八进制标志改为 Q
八进制数	Q	Octal	
十进制数	D	Decimal	
十六进制数	H	Hexadecimal	

例如,82D,1011B,73Q 和 9CH,从最后一个标志字母就可以确定它们分别表示的是十进制、二进制、八进制和十六进制数。不加标志时默认是十进制数。

1. 八进制

八进制常作为二进制的一种书写形式,其基数是 8,有 0～7 共 8 个不同的数字符号,运算时"逢八进一"。一个八进制数 N 可以表示成

$$(N)_8 = K_{n-1} \cdot 8^{n-1} + K_{n-2} \cdot 8^{n-2} + \cdots$$
$$+ K_0 \cdot 8^0 + K_{-1} \cdot 8^{-1} + K_{-2} \cdot 8^{-2} + K_{-m} \cdot 8^{-m}$$
$$= \sum_{i=n-1}^{-m} K_i \cdot 8^i \quad (K_i \text{ 是基数 } 0,1,\cdots,7 \text{ 中的一个})$$

一位八进制数与二进制数的对应关系见表 1.5。

表 1.5　B-Q 的对应关系

八进制数	0	1	2	3	4	5	6	7
二进制数	000	001	010	011	100	101	110	111

2. 十六进制

十六进制是计算机最常用的一种形式。采用十六进制时,设有 16 个基数,即 0,1,…,9,A,B,C,D,E,F。一位十六进制数与十进制及二进制的对应关系见表 1.6。

表 1.6　H-D-B 对应关系

十六进制数	十进制数	二进制数
0	0	0000
1	1	0001
2	2	0010
3	3	0011
4	4	0100
5	5	0101
6	6	0110
7	7	0111
8	8	1000
9	9	1001
A	10	1010
B	11	1011
C	12	1100
D	13	1101
E	14	1110
F	15	1111

十六进制数运算时"逢十六进一",一个十六进制数 N 可表示为

$$(N)_{16} = K_{n-1} \cdot 16^{n-1} + K_{n-2} \cdot 16^{n-2} + \cdots + K_0 \cdot 16^0$$
$$+ K_{-1} \cdot 16^{-1} + K_{-m} \cdot 16^{-m}$$
$$= \sum_{i=n-1}^{-m} K_i \cdot 16^i \quad (其中 K_i 是 0,1,2,\cdots,9,A,B,C,D,E,F 中的一个)$$

1.5.1.4　二进制与八进制、十六进制的转换

从表 1.4 中可知,八进制中的 1 位数对应于二进制的 3 位数,所以,从二进制转换成八进制时,以小数点为分界线,整数部分从低位到高位,小数部分从高位到低位,每 3 位二进制为一组,不足 3 位的,小数部分在低位补 0,整数部分在高位补 0,然后用一位八进制的数字来表示,这就是一个相应八进制数的表示。采用八进制写二进制,位数约减少到原来的 1/3。

例 1.3　将二进制数 101011.1101b 按八进制书写。

解 101011.1101B=101 011·110 100b

$$\downarrow \quad \downarrow \quad \downarrow \quad \downarrow$$

$$5 \quad 3 \quad · \quad 6 \quad 4$$

这里小数部分最低位要补两位 0,转换后才能与原二进制数值相符。

结果:101011.1101B=53.64Q。

例 1.4 将八进制数 76.35Q 转换成二进制数。

解 7　6·3　5

$$\downarrow \quad \downarrow \quad \downarrow \quad \downarrow$$

111　110·011　101

结果:76.35Q=111110.011101b。

从表 1.5 可知,十六进制中的 1 位需要用 4 位二进制表示。二进制与十六进制之间的转换方法类似于二进制与八进制之间的转换方法。采用十六进制书写二进制数,位数可以减少到原来的 1/4。

例 1.5 将 1010110100110101.10111b 转换成十六进制形式表示。

解 1010110100110101.10111b =1010 1101 0011 0101 · 1011 1000b

$$\downarrow \quad \downarrow \quad \downarrow \quad \downarrow \qquad \downarrow \quad \downarrow$$

A　D　3　5·B　8

结果:1010110100110101.10111b=AD35.B8H。

例 1.6 将 C3.A1H 还原成二进制形式。

解 C3.A1H=11000011.10100001b

八进制和十六进制的转换通过二进制来实现。

例 1.7 将 6354.72Q 转换成十六进制数。

解 6354.72Q =110 011 101 100.111 010b

=1100 1110 1100 . 1110 1000b

=CEC.E8H

1.5.1.5 十进制与二进制的相互转换

计算机的内部使用二进制数进行算术、逻辑运算。但是,通常情况下操作者仍然按日常生活习惯往计算机输入十进制的原始数据,而且要求计算机以十进制形式打印、显示运算结果,这就要求计算机在接收到数据后,将十进制数转换成二进制数再进行运算,而且输出结果前,计算机也要把二进制数转换成十进制数再进行输出。这种转换工作将由计算机自动完成。

1. 二进制转换成十进制数

利用二进制数按权展开成多项式和的表达式,取基数为 2,逐项相加,其和就是相应的十进制数。

例 1.8　将二进制数 111011.1b 转换成十进制数。

解　$111011.1b = 1\times2^5 + 1\times2^4 + 1\times2^3 + 0\times2^2 + 1\times2^1 + 1\times2^0 + 1\times2^{-1}$

$\qquad\qquad = 32 + 16 + 8 + 2 + 1 + 0.5$

$\qquad\qquad = 59.5$

例 1.9　求 8 位二进制数能表示的最大十进制数值。

解　最大 8 位二进制数为 11111111b。

$\qquad 11111111b = 1\times2^7 + 1\times2^6 + 1\times2^5 + 1\times2^4$

$\qquad\qquad\qquad + 1\times2^3 + 1\times2^2 + 1\times2^1 + 1\times2^0$

$\qquad\qquad\qquad = 255$

2. 十进制数转换成二进制数

十进制数转换成二进制数时,整数部分与小数部分转换所使用的算法不同,需要分别进行。其中整数部分用除以 2 取余法转换,小数部分用乘以 2 取整法转换。

（1）除 2 取余法

除 2 取余法是十进制整数转换成二进制数的算法。将要转换的整数除以基数 2,其商的余数就是二进制数最低位的系数 K_0,将商的整数部分继续除以基数 2,取其商的余数作二进制数高一位的系数 K_1,……这样逐次相除直到商为 0,即得到从低位到高位的余序列,便构成该十进制数整数部分对应的二进制整数。

例 1.10　把十进制整数 219D 转换成二进制数。

解　设转换后的 n 位二进制数是 $K_{n-1}K_{n-2}\cdots K_1 K_0$,$K_i$ 是二进制数位上的系数。转换过程用竖式表示如下:

```
    十进制整数            余数      系数Ki           位
    2 | 219
    2 | 109            1          K₀           最低位
      2 | 54           1          K₁
        2 | 27         0          K₂
          2 | 13       1          K₃
            2 | 6       1          K₄
              2 | 3     0          K₅
                2 | 1   1          K₆
                  0     1          K₇           最高位
```

从最后一次所得余数开始向上按倒顺序写出,得到换算结果:219D = 11011011b。

换算过程也可以用流程线图表示,见图 1.4。

将余数按从右到左的顺序写出来,得到同样的结果。

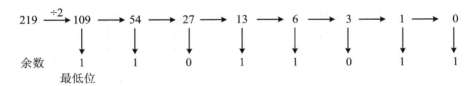

图 1.4 例 1.10 换算流程线图

(2) 乘 2 取整法

乘 2 取整法是十进制小数转换成二进制的算法,将要转换的小数乘以基数 2,取其积的整数部分作对应二进制小数的最高位系数 K_{-1},将积的小数部分继续乘以基数 2,新得到积的整数部分作二进制下一位的系数 K_{-2},……,这样逐次乘以基数 2,得到从高位到低位积的整数序列,便构成十进制小数对应的二进制小数。

例 1.11 把十进制小数 0.53125D 转换成二进制小数。

解 设转换后的 m 位二进制小数是 $0.K_{-1}K_{-2}\cdots K_{-m}$,转换过程用竖式表达如下:

十进制小数	积的整数部分	系数	位
0.53125			
× 2			
1.06250	1	K_{-1}	最高位
0.0625			
× 2			
0.1250			
	0	K_{-2}	
0.125			
× 2			
0.250	0	K_{-3}	
0.25			
× 2			
0.50	0	K_{-4}	
0.5			
× 2			
1.0	1	K_{-5}	最低位

将乘积的整数部分从上到下顺序写出,得到换算结果:0.53125D＝0.10001b。同样,这个过程也可用流程线图表示,见图 1.5。

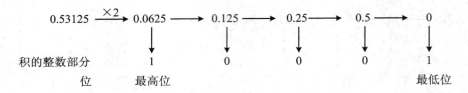

图 1.5　例 1.11 换算流程线图

将积的整数部分按从左到右的顺序写出来,得到同样的结果。

并不是所有的十进制小数都能转化成有限位的二进制小数,有时整个过程会无限进行下去(相当于十进制运算中的无限循环小数)。例如 0.6D 化成二进制小数时,从小数点后第 3 位开始出现无限循环的情况:0.6D=0.100110011001⋯b,此时,应根据精度的要求并考虑计算机字长位数取一定位数后,"0 舍 1 入",得到原十进制数的二进制近似值。

一个含有小数部分的十进制数被输入计算机后,转换将分以下 3 步进行:

① 由机器将整数部分按除 2 取余法进行转换;

② 小数部分按乘 2 取整法进行转换;

③ 将转换的两部分组合在一起。

1.5.1.6　十进制数与任意进制的转换

十进制与任意进制数之间的转换和十进制与二进制之间的转换方法完全相同。即把任意进制数按权展开成多项式和的形式,再把各位的权与该位上系数相乘,乘积逐项相加,其和便是相应的十进制数。十进制数转换成任意进制的数时,整数部分用"除基取余"的算法,小数部分用"乘基取整"的方法,然后将得到的任意进制的整数与小数拼接,即为转换的最后结果。

例 1.12　已知八进制数 4602.3,求其对应十进制数。

解　$(4602.3)_8 = 4 \times 8^3 + 6 \times 8^2 + 2 \times 8^0 + 3 \times 8^{-1}$

$\qquad\qquad = 2048 + 384 + 2 + 0.375$

$\qquad\qquad = 2434.375D$

例 1.13　将 433.8D 转换成十六进制数,小数精度取 2 位。

解　因为基数为 16,所以转换时整数部分除以 16 取余数,小数部分乘以 16 取整数。0.8 的十六进制值从第 2 位起无限循环,所以按题目要求计算 3 位就可以了。计算过程如下:

转换结果:433.8D=1B1.CCH。

整数部分	取余数	系数	小数部分	取整数	系数
16⌋433			0.8		
16⌋27	1	K_0	× 16		
16⌋1	B	K_1	12.8	C	K_{-1}
0	1	K_2	0.8		
			× 16		
			12.8	C	K_{-2}
			0.8		
			× 16		
			12.8	C	K_{-3}

1.5.2　计算机数值数据的表示方法

1.5.2.1　机器数和真值

1. 机器数

数在计算机中的二进制表示形式称为机器数。机器数有以下几个基本特点：

（1）数的符号表示

数有正数和负数。要在机器里表示数据的符号,正号"＋"或负号"－",可采用一个二进制位来表示。通常将这个符号放在二进制数的最高位,称为符号位。一般规定以 0 代表符号"＋",1 代表符号"－",这样机器中数的正负符号就被表示成数值形式。

（2）整数或纯小数

为了尽可能地增加表示数据的有效位,计算机中通常只表示整数或纯小数,因此约定小数点隐含在一个固定位置上,不再占用一个数据位。计算机如何约定整数、小数以及混合数的小数点位置将在下面介绍。

（3）机器数的位数受机器设备的限制

机器内部设备能表示的二进制位数叫作机器的字长。一台机器的字长是固定的,所以机器数所能表达的数值的精度亦受到限制。现在机器字长一般都是字节的整数倍,如字长 8 位、16 位、32 位和 64 位,也可以称字长 1 字节、2 字节、4 字节和 8 字节。

设两个字长 8 位带符号的机器数 N_1,N_2 在机器中表示成

N_1 | 0 1 0 0 0 0 0 1 |

N_2 | 1 1 0 0 0 0 0 1 |

最高位是符号位,N_1 的最高位是 0,所以是个正数;N_2 的最高位是 1,所以是个负数。

2. 真值

因为符号占据一位,机器数的形式值就不等于真正的数值。例如有符号数 1001,最高位 1 代表负号,其真正数值不是形式值 9 而是 −1。为区别起见,把带符号位的机器数对应的数值称为机器数的真值。

例 1.14 写出带符号位的机器数 00100011b 和 10100011b 的真值。

解 00100011b＝＋0100011b＝＋35, 10100011b＝−0100011b＝−35。

3. 无符号数

当计算机字长的所有二进位都用来表示数值时,称为无符号数。一般在全部是正数运算且不出现负值的场合,可以省略符号位,使用无符号表示。在例 1.9 中已计算了 8 位二进制数 11111111b 的最大值是 255,它的最高位 1 并不代表符号,且默认为整数,故称为无符号整数。当一个无符号二进制数表示纯小数时,称为无符号小数。同样,无符号位小数的最高位不代表符号位,其位权是 2^{-1}。无符号整数还是无符号小数都可以写成按权展开的多项式和的表达式,并且小数点的位置不占一位,是默认的。

例 1.15 写出二进制数 11000000b 分别为无符号整数、无符号小数时的表达式。

解 无符号整数:11000000b＝$1\times 2^7+1\times 2^6$;

无符号小数:11000000b＝$1\times 2^{-1}+1\times 2^{-2}$。

在计算机中无符号整数通常用于表示地址。有符号数与无符号数的处理是有差别的,在数据的处理方法上也不相同。

1.5.2.2 有符号数的表示方法

符号位加入之后,为了能够对机器数进行正确、有效的运算,对有符号数设计了各种编码方法,最常见的有原码、反码和补码。下面对它们的表示方法进行讨论。

1. 符号数的原码、反码表示法

（1）原码

设 X 由符号"＋"或"−"和有效数码 $X_1X_2\cdots X_{n-1}$ 两部分组成,n 位原码的定义如下:

当 X 是纯小数时

$$[X]_{原}=\begin{cases}0.1X_1X_2\cdots X_{n-1}, & 1>X\geqslant 0\\ 1.X_1X_2\cdots X_{n-1}, & 0\geqslant X>-1\end{cases}$$

当 X 是整数时

$$[X]_{原}=\begin{cases}0X_1X_2\cdots X_{n-1}, & 2^{n-1}>X\geqslant 0\\ 1X_1X_2\cdots X_{n-1}, & 0\geqslant X>-2^{n-1}\end{cases}$$

原码的性质如下：

① 原码实际上是符号位加上真值的绝对值，所以也称符号绝对值表示法。

② 真值 0 在原码中有两种形式，即

$$[+0]_原 = 000\cdots0$$

$$[-0]_原 = 1000\cdots0$$

例 1.16　写出 $X_1 = -10100001b$ 和 $X_2 = +10010010b$ 的原码。

解　$[X_1]_原 = 110100001b$，$[X_2]_原 = 010010010b$。

例 1.17　写出 8 位原码表示的最大、最小整数，指出 8 位原码能表示的整数范围。

解　因为 8 位原码表示的最大整数是其绝对值最大的正数，所以 8 位最大原码是

$$[X]_原 = [+1111111b]_原 = 01111111$$

因为 8 位原码表示的最小整数是其绝对值最大的负数，所以 8 位最小原码是

$$[X]_原 = [-1111111b]_原 = 111111111b$$

又因为

$$01111111b = +127,\quad 11111111b = -127$$

所以 8 位原码表示的整数范围是 $-127 \sim +127$。

原码表示很直观，与真值转换很简单，进行原码乘除运算比较容易，但是原码进行加减运算时，符号位不能作为数值位参加运算，既要通过判断两数的符号决定两数绝对值是作加法运算还是作减法运算，又要判断两数绝对值的大小，决定结果的符号。这样的运算规则复杂，用电路不易实现，且运算时间长。而在计算机的数据处理中，大量的运算是加减运算，采用原码表示就很不方便了。

（2）反码

一个负数的原码符号位不动，其余位取反，就是机器数的另一种表示形式——反码表示法。正数的反码与原码形式相同。

设 X 的有效数码 $X_1 X_2 \cdots X_{n-1}$，则

当 $X \geqslant 0$ 时

$$[X]_反 = 0X_1 X_2 \cdots X_{n-1}$$

当 $X < 0$ 时

$$[X]_反 = 1\overline{X_1}\,\overline{X_2} \cdots \overline{X_{n-1}}$$

同样，X 是正数时，小数点隐含在有效数码之后；X 是小数时，小数点隐含在符号位之后、有效数码之前。

例 1.18　写出 $X_1 = -1010001b$ 和 $X_2 = +1001010b$ 的反码形式。

解　$[X_1]_原 = 11010001b$，$[X_2]_原 = 01001010b$

$[X_1]_反 = 10101110b$，$[X_2]_反 = 01001010b$

2. 带符号数的补码表示法

（1）补码的定义

计算机中的数据位数受设备位数限制,是有限字长的数字系统,当一定位数的计数器上计满后便会产生溢出,又从头开始计数,对于有符号位的纯小数来说,模是 2;对于整数来说,字长 n 位（含符号位）,模是 2^n。真值 X 的补码定义如下:

X 是纯小数时

$$[X]_\text{补} = \begin{cases} [X]_\text{原}, & 0 \leqslant X < 1 \\ 2 - |X|, & -1 \leqslant X \leqslant 0 \end{cases} \quad (\bmod\ 2)$$

X 是整数时

$$[X]_\text{补} = \begin{cases} [X]_\text{原}, & 0 \leqslant X < 2^{n-1} \\ 2^n - |X|, & -2^{n-1} < X \leqslant 0 \end{cases} \quad (\bmod\ 2^n)$$

（2）补码的求解

求解补码可以从定义出发,也可以从原码出发求解一个数的补码。

例 1.19　已知某计算机字长 n＝8,求解真值 $X_1 = +0.1011100b$, $X_2 = -1011100b$ 的补码形式。

解　从定义出发求解。因为 $0 < X_1 < 1$,所以 $[X_1]_\text{补} = [X_1]_\text{原} = 0.1011100b$。因为 $-2^7 < X_2 < 0$,所以 $[X_2]_\text{补} = 2^8 - 1011100b = 10100100b$。

从原码求补码更经常采用的是简单而实用的方法:

① 当 X 是正数时, $[X]_\text{补} = [X]_\text{原}$;

② 当 X 是负数时,X 的原码符号位保持"1",其余位按位取反后末位加 1 便得到补码。也就是以其反码加 1: $[X]_\text{补} = [X]_\text{反} + 1$。

从以上分析可以将原码、反码、补码的求解规律总结如下:

① 当 X 为正数时, $[X]_\text{补} = [X]_\text{反} = [X]_\text{原}$;

② 当 X 为负数时:

- $[X]_\text{反}$ 的构成是:将 $[X]_\text{原}$ 中符号位不变,其余位按位取反;
- $[X]_\text{补} = [X]_\text{反} + 1$。

补码最高位的"0"或"1"代表了该数的正负。

（3）由补码求原码

已知 X 的补码,利用互补的原理对补码再进行一次求补即得到 X 的原码。

例 1.20　已知 $[X]_\text{补} = 10100100b$,求 X 的原码和真值。

解　将补码 10100100b 再次求补。因为 $[10100100b]_\text{补} = [10100100b]_\text{反} + 1 = 11011011b + 1 = 11011100b$,所以 $[X]_\text{原} = 11011100b$。

从原码能直观地得到 X 的真值为 $-1011100b$。

例 1.21　求出 ±0, ±50, ±100, ±127, −128 的 8 位二进制原码、反码、补码

填入表 1.7,并将补码用十六进制表示。

解 十六进制表示结果见表 1.7。

表 1.7 例 1.21 表示结果

真值	原码(b)	反码(b)	补码(b)	补码(H)
+127	01111111	01111111	01111111	7F
+100	01100100	01100100	01100100	64
+50	00110010	00110010	00110010	32
+0	00000000	00000000	00000000	00
−0	10000000	11111111	00000000	00
−50	10110010	11001101	11001110	CE
−100	11100100	10011011	10011100	9C
−127	11111111	10000000	10000001	81
−128	—	—	10000000	80

比较表 1.7 中 +100 与 +50 的补码以及 −100 与 −50 的补码,可以得到如下结论:如果机器数 X 的补码已知,则 X/2 的补码是将 X 补码的符号位和数值一起右移一位,且符号位的位置上保持原来的值不变。这是补码特有的一种算术特性,称为算术右移。同理,X/4 的补码、X/8 的补码只需将 X 的补码算术分别右移 2 次、3 次即可求得。

上例中还有两个特殊的数:其一是 ±0 用相同的补码表示,即 [+0]补 = [−0]补 = 00H,但在原码和反码表示中具有不同的形式;其二是 8 位整数的补码不可能表示 +128,但是可以表示 −128,但不存在 −128 的 8 位原码和反码形式。由此可见,8 位二进制补码的表示数的范围是 −128～+127。

表 1.8 列出了 8 位整数原码、反码、补码的最大、最小值的编码形式和表示的数值范围。

表 1.8 8 位整数原码、反码、补码的数值范围

		原码	反码	补码
8 位二进制编码	最大	01111111b	同左	同左
	最小	11111111b	10000000b	10000000b
数值范围		+127～−127	+127～−127	+127～−128

补码是计算机中用得最多的一种有符号数编码,因为计算机中最多的运算是加减运算,补码的编码方式使符号位可以和数值部分一起直接参加加、减运算,无需像原码那样对符号进行判断,简化了运算规则,提高了机器运算速度。

1.5.2.3　机器数的定点与浮点表示

计算机处理的数据多数带有小数,小数点在机器中不占二进制位,那么计算机中如何表示小数点的位置来反映数值的大小呢? 一般有两种表示法,一种是约定所有机器数的小数点隐含在某一个固定位置上,称为定点表示法(Fixed-Point);另一种是小数点位置可以任意浮动,称为浮点表示法。

1. 定点表示法

定点表示法规定机器中所有数的小数点位置固定不变,通常采用以下两种约定:

(1) 定点整数

当约定所有机器数的小数点位置在机器数的最低位之后时,称为定点整数,定点整数是纯整数,定点整数在计算机中的格式如下:

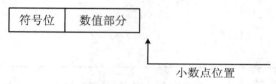

若是有符号数,符号位仍在最高位,其余是数值的有效部分。小数点不占位,是隐含的。

(2) 定点小数

当约定所有机器数的小数点位置在机器数的最低位之后、有效数值部分最高位之前时,称为定点小数,定点小数是纯小数。定点小数的格式如下:

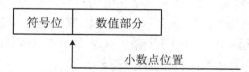

定点数也可以是不带符号的数,但当一个有符号的数据长几个字节时,除高位部分第 1 个字节是带符号的数以外,其余字节均可以看成无符号的数。

无论是定点整数还是定点小数,都可以是有符号数,也都可以根据用户需要选用原码、反码、补码的编码规则表示。在不同编码方式下,相同位数的定点数表示数的范围不相同,表 1.9 列出 8 位二进制不同编码方式下定点整数、定点小数的范围。

表 1.9　8 位定点数范围

	8 位定点整数	8 位定点小数
原码	$2^7-1\sim-(2^7-1)$	$1-2^{-7}\sim-(1-2^{-7})$
反码	$2^7-1\sim-(2^7-1)$	$1-2^{-7}\sim-(1-2^{-7})$
补码	$2^7-1\sim-2^7$	$1-2^{-7}\sim-1$

由于定点数的小数点是隐含的,从形式上看,定点整数和定点小数毫无差别,但是一个二进制数当表示的是定点整数或相同编码方式的定点小数时,其真值不相同。所以,使用时都有约定,不能混淆或随意更动。

例 1.22　求机器数 10100000b 分别是原码定点整数、原码定点小数、补码定点整数、补码定点小数时的真值 X。

解　若[X]$_原$＝10110000b。

当是原码定点整数时

$$[X]_{真值}＝－110000b＝－48D$$

当是原码定点小数时

$$[X]_{真值}＝－0.011b＝－0.375D$$

若[X]$_补$＝10110000b,当是补码定点整数时,因为[X]$_原$＝11010000b,所以[X]$_{真值}$＝－1010000b＝－80D。

当是补码定点小数时

$$[X]_{真值}＝－0.101b＝－0.625D$$

定点表示方法简单、直观,不过定点数表示数的范围小,运算过程容易产生溢出,在实际应用中,定点数主要用作浮点数的尾数(Floating-Point)。

2. 浮点表示法

(1) 浮点数的机器表示

为了在位数有限的前提下扩大数值表示的范围,又保持数的有效精度,计算机采用浮点表示法。浮点表示法与科学计数法相似,即把一个任意进制数 N 通过移动小数点位置表示成 R 的 e 次幂和绝对值小于 1 的数 M 相乘的形式,如下:

$$N＝\pm M \cdot R^e$$

其中,M 为尾数,是数值的有效数字部分,一般用定点小数表示;R 为底数,机器数中通常取 2 或 16;e 为指数,称作阶码,是有符号整数。

在计算机中浮点数的表示形式由阶码和尾数两部分组成,底数是事先约定的,在机器数中不出现,浮点数在机器中的表示形式如下:

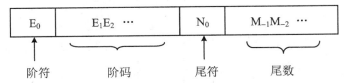

阶码的符号位放在阶码的前面,阶码的数值反映了数 N 的小数点的位置。当底数取 2 时,二进制数 N 的小数点每右移一位,阶码减小 1;反之,小数点每左移一位,阶码加 1。由于有了阶码,小数点可以浮动而保持数 N 的值不变。尾数的符号称为尾符,作为数 N 的符号,需占用一位。尾数是定点小数,尾数的位置决定了数

N 的精度,尾数的位置越长,能表达的精度越高。一般阶码用补码表示,便于指数进行加减运算,尾数可以取补码或原码,但常用原码表示,因为原码便于乘除运算,而且做加减运算时转换成补码也较方便。

(2) 浮点数规格化

为使浮点数有一个标准形式,也为了充分利用尾数的有效数位提高运算精度,一般采用浮点数规格化的表示形式。所谓规格化,是指尾数 M(限定是定点小数)的最高位 M_{-1} 必须是有效数字位。对于原码尾数,无论是正数还是负数,当 $M_{-1}=1$ 时是规格化形式;如果尾数是补码时的规格化形式,尾数最高位与符号位正好相反,这也是判断浮点数是否为规格化数的标志。

浮点运算过程中,若运算结果出现非规格化形式,应通过移动尾数,将其转换成规格化的形式,同时,阶码要进行相应的加或减,保证 N 值不变。

1.5.3　二/十进制数字编码

在人们的社会和经济活动中,最常用的进位计数制还是十进制。因此,计算机中还使用了一种数值数据的表示法,用 4 位二进制表示一位十进制数,称为二进制编码的十进制数——BCD 码(Binary Coded Decimal)或称二/十进制编码。它在其对数据的表示形式上是二进制,但实质上表示的是十进制数。

从上一节对进位计数制的讨论中,可以了解到 4 位二进制编码所能表达的状态有 16 种,而 BCD 码仅有 10 种,有 6 种多余的状态。从 16 种状态中选取 10 个状态表示十进制数 0～9 的方法很多,可以形成多种 BCD 码,表 1.10 列出几种常用的 BCD 码,其中 8421 BCD 码是最常用的 BCD 码。

表 1.10　几种 BCD 编码形式

十进制数	8421 码	2421 码	余 3 码	格雷码
0	0000	0000	0011	0000
1	0001	0001	0100	0001
2	0010	0010	0101	0011
3	0011	0011	0110	0010
4	0100	0100	0111	0110
5	0101	1011	1000	1110
6	0110	1100	1001	1010
7	0111	1101	1010	1000
8	1000	1110	1001	1100
9	1001	1111	1100	0100

1.5.3.1　8421 BCD 码

8421 BCD 码是计算机中使用最多的一种 BCD 码,8421 是指在这种编码方式下的各位所代表的“权”。最高位的权是 8,以下依次是 4,2,1。知道了每位的权,就能方便地得到表 1.10 中每个 8421 BCD 码所对应的十进制数值。

例 1.23　计算 8421 BCD 码 1001 的十进制数值。

解　$(1001)_{BCD} = 1 \times 8 + 0 \times 4 + 0 \times 2 + 1 \times 1 = 9$。

BCD 码总是以 4 位二进制为一组,来表示 1 位十进制数字,所以 8421 BCD 码与十进制数之间的转换直接以组为单位进行。

例 1.24　把下面 8421 BCD 码转换成十进制数。

解　8421 BCD码　　0101　　0111　　0011
　　　　　　　　　　　　↓　　　↓　　　↓
　　　十进制数　　　　　5　　　7　　　3

8421 BCD 码的编码规则是依据每位上“权”的数值获得编码值,每位上的权值是固定的,属于有权码。因为每位上权值 8,4,2,1 和通常的二进制数位上的权完全一致,所以是最自然、最简单明了的一种有权码。2421 BCD 码也是用 4 位二进制表示 1 位十进制数,但编码规则不同,各有特色,可以一般性地了解一下。

1.5.3.2　2421 BCD 码

2421 BCD 码也是有权码,规定每位的权从左端最高位起依次是 2,4,2,1。从表 1.10 中可以看出,2421 BCD 码编码的特点是 0 与 9,1 与 8,2 与 7,……每一对 BCD 码的和都等于 1111,又称自补码。这种性质的编码便于简化运算电路。

1.5.4　字符编码及其他信息表示

1.5.4.1　非数值数据

计算机中数据的概念是广义的,机内除了有数值的信息之外,还有数字、字母、通用符号、控制符号等字符信息,有逻辑信息,有图形、图像、语音等信息。这些信息进入计算机都转变成 0,1 表示的编码,所以称为非数值数据。

1.5.4.2　ASCII 编码

字符信息在计算机里必须以一组能够识别的二进制编码形式存在,这些字符信息以什么样的规则进行二进制 0,1 组合,完全是人为规定的。可以有各种各样的编码方式,已经被国际上普遍接受的是“美国国家信息交换标准委员会”制定的一种编码,《美国国家信息交换标准代码》(American Standard Code for Information Interchange),简称 ASCII 码,见附录 1。ASCII 码占 7 位二进制位,选择了 4 类国际上使用最多的字符,共 128 种。

① 数字 0~9。这里 0~9 是 10 个 ASCII 的数字符号,与它们的数值二进制码形式值不同。

② 字母。26 个大写英文字母和 26 个小写英文字母。

③ 通用符号,如↑,+,〔等。

④ 控制符。如 ESC,CR 等,其中个别字符因机型不同,表示的含义可能不一样。比如"↑",也有表示为"∧"或"Ω"的,"—"也有表示为"↓"的。

ASCII 码字符的编排有一定的规律,掌握这些规律对实现码制间的相互转换有很大的帮助,数字 0~9 的编码是 0110000~0111001(30H~39H),它们的高3位均是 011,低 4 位正好与其对应数值的二进制代码一致。英文字母 A~Z 的 ASCII 码从 1000001(41H)开始顺序递增,字母 a~z 的 ASCII 码从 1100001(61H)开始顺序递增。

1.5.4.3　其他信息的表示

其他信息的表示方法如下:

1. 语音的计算机表示方法

一般来讲,语言具备文字和语音两种属性,常用的文字信息的计算机表示方法已经在前面介绍了,而语音是人发出的一系列气流脉冲激励声带而产生不同频率振动的结果,是一种模拟信号,它是以连续波的形式传播的,不能直接进入计算机存储。语音的计算机表示要经过以下的步骤:

第一步,对声音进行采样。一般由麦克风、录音机等拾音设备把语音信号变成频率、幅度连续变化的电流信号,它仍是一种模拟信号,不能被计算机接受,需要通过采样器每隔固定时间间隔对声音的模拟信号截取一个幅值,这个过程称为采样。采样结果得到与声音信号幅值对应的一组离散数据值,它们包含了声音的频率、幅值等特征。第二步是量化。用专门的模/数转换电路将每一个离散值换成一个 n 位二进制表示的数字量,这是计算机能接受的数据形式,进一步编码后,就可以以声音文件输入计算机存储在硬盘上。当计算机播放语音信息时,把声音文件中的数字信号还原成模拟信号,通过音响设备输出。

当一篇文章用语音输入计算机,要求以文字编码形式存储时,需要更加复杂的语音识别技术。计算机中预先存储每个文字的语音模型,当语音输入时与机内的语音模型(语音识别码)比较,由此达到识别语音的目的,然后转化成相应文字编码。由于各种方言语音的差异,以及重音现象、孤立字等的矛盾,影响到语音识别的准确性,语音识别技术的应用在现阶段还有一定局限性。

2. 图像信息的表示方法

凡人类视觉系统所感知到的信息形式或人们心目中的有形想象统称为图像。例如,一张彩色图片,一页书,甚至影像视频最终也是以图像形式存在的。图像信息的处理是多媒体应用技术中十分重要的组成部分,亦是当前热门研究课题。在计算机技术中对图像有不同的表示、处理和显示方法,其中基本的形式是位图图像和图形,它们也是构成活动图像的基础。由于计算机只能处理数字数据,所以把视觉形象转换为由点阵构成的用二进制表示的数字化图像,转化过程包含两个步骤:

第一步,抽样。将图像在二维空间上的画面分布到矩形点阵的网状结构中,矩阵中的每一个点称为像素点,分别对应图像在矩阵位置上的一个点,对每个点进行抽样,得到每个点的灰度值(亦称量度值)。显然,矩阵中有图像信息的点与无图像信息处的点的灰度值不同,这是因为有图像信息的各点,其灰度值因为色彩、明亮层次不同。如果每个像素点的灰度值只取 0,1 两个值,图像点阵只有黑白两种情况,称为二值图像,如果允许像素点的灰度值越多,图像能表现的层次、色彩就越丰富,图像在计算机上的再现性能就越好。

第二步,量化。把灰度值转换成 n 位二进制表示的数值称为量化。

一幅视觉图像经过抽样与量化后,转化为由一个个离散点的二进制数组成的数字图像,这个图像称为位图图像,在实际中,图像的采集要用特殊的数字化设备,比如扫描仪,它对已有照片、图片进行扫描,扫入的图像经过上述两个步骤变成位图图像,就可以直接放入计算机存储起来了。

3. 数据校验码

数据校验码保证机内信息的正确性,对计算机工作至关重要。由于信息在计算机中存取、传输、运算过程中难免发生诸如"1"误变为"0"的错误。为此,计算机一方面从电路、电源、布线等方面采取许多措施提高机器的抗干扰能力,另一方面在数据的编码上采取检错、纠错的措施。

通常采用的方法是对数据信息扩充,加入新的代码,与原数据一起按某规律编码后,使它具有发现数据信息出错的能力,有的甚至能指出错误所在的准确位置并自动进行改正。这种具有指出错误或改正错误能力的编码称为校验码(Check Code)。校验码的种类很多,这里介绍几种常见的。

(1)奇偶校验码

奇偶校验是一种结构最简单也是最常用的校检方法。在 n 位长的数据代码上增加一位作校验位(Parity Bit),放在 n 位代码的最高位之前或者最低位之后,组成(n+1)位的码。这个校验位取 0 还是取 1 的原则是:若设定奇校验(Odd Parity),应使代码里含 1 的个数连同校验位的取值共有奇数个 1,若设定为偶校验(Even Parity),则 n 位信息连同校验位取值使 1 的个数为偶数。计算机中备有逻辑电路产生满足校验要求的校验位与数据代码组成校验码。

表 1.11 列出了 8421 BCD 码在最高位之前增加奇校验位后的情况。

表 1.11　带奇校验位的 8421 BCD 码

十进制数据	（奇校验位）8421 码
0	10000
1	00001
2	00010
3	10011
4	00100
5	10101
6	10110
7	00111
8	01000
9	11001

例 1.25　已知 7 位信息代码 1001000，求其偶校验码。

解　因为 1001000 有偶数个（2 个）"1"，现要求偶校验，所以校验位取值为 0，偶校验码为 01001000。

计算机有专门的奇偶检测电路负责对校验码含 1 的个数进行检测。假设被检测的校验码中 1 的个数是偶数，而设定的是奇校验，意味着信息由 1 误变为 0 或由 0 变为了 1，同理也可以作偶校验检测。

奇偶校验广泛应用于主存储器存储信息的校验及字节传输的出错校验，校验所用线路简单，缺点是：① 奇偶校验只增加了一个校验位，只能发现有无差错，而不能确定发生差错的具体位置；② 只能发现奇数个二进位错误，当有偶数个二进位发生错误时，例如，代码中有两位出错，代码的奇偶性并不发生变化，奇偶校验码就无法发现错误而失去了校验能力。但是，奇偶校验方法仍有实用价值，因为 1 个字节的代码发生错误时，1 位出错的概率比较大，两位以上出错的概率极小，所以奇偶校验码用于校验 1 个字节长的代码还是简单可行的。

（2）交叉校验

当一次传送数百个字节组成的数据块时，如果不仅每一个字节设有扩展的一个奇偶校验位（称为横向校验位），而且全部字节和同一位也设置了一个奇偶校验位（称为纵向校验位），对数据块的横向、纵向同时校验，这种情况称为交叉校验。当数据块发生偶数个二进位错误时，在大多数情况下，通过交叉校验都能被检测发现。

例 1.26　有一个由 4 字节信息组成数据块，每字节最高在 a_7，最低位 a_0。约定横向、纵向校验均取奇校验，校验位的位置和取值表示如下：

	a_7	a_6	a_5	a_4	a_3	a_2	a_1	a_0	横向校验位（奇）
第 1 字节	1	0	0	1	1	0	0	1	1
第 2 字节	0	0	1	0	1	1	0	0	0
第 3 字节	1	1	1	0	0	1	1	1	1
第 4 字节	0	1	1	1	1	1	0	1	1
纵向校验位（奇）	1	1	0	1	0	0	1	1	

试分析当第 2 字节 a_1，a_0 位同时出错时的校验情况。

数据块传送时,校验位的取值使得每横行代码、每纵行代码含 1 的个数均为奇数。因为第 2 字节 8 位信息含 3 个 1,所以第 2 字节横向校验位值是 0,假设传送中的突发干扰使得第 2 字节的第 a_1 位、第 a_0 位两个信息同时由 0 变 1 时,使得第 2 字节含"1"的信息位由 3 个变成 5 个,此时第 2 字节校验码的奇偶性并没有发生变化,故横向校验位仍应是 0,无法发现错误。但是,第 a_1,a_2 位所在的纵向信息分别产生 1 个错误位,含"1"的个数变成偶数(都是 4 个),与设定的奇校验不符,第 a_1,a_0 的纵向校验结果将都显示出错。

上述两个二进位出错时,交叉校验的方法能检出有错,但不能确定错误的位置,如果只有 1 位信息出错,例如只有第 2 字节的第 a_0 位由 0 变为 1,校验电路就会从第 2 字节的横向校验位以及第 a_0 的纵向校验位同时发现奇偶性错误,并能确定出错位置。

通常,交叉校验码用作辨认数据块信息传输是否出错的手段,与前面简单的奇偶校验码相比,使用交叉校验辨错要可靠得多。

(3) 海明校验码

在大中型计算机校验时,还有一种常被采用的校验码叫海明码(Hamming Code),它是一种根据编码的需要产生若干个校验位,并将其与有用信息一起组合成具有校验能力的海明编码。校验位的确定及信息位编码的编码规则本教材中就不作详细介绍了(有兴趣的读者可参考其他有关书籍)。海明码不仅在信息位发生错误时能够检测出来,而且能够准确确定出错位的位置从而纠正错误,所以海明码是一种纠错码。

习　　题

1. 简述计算机的基本组成部分。
2. 何谓字长? 字长的意义是什么?
3. 什么是字、字节? 如何区分两者?
4. 将下列十进制数转换为二进制数。
   50,　0.83,　24.31,　79.75,　199,　73.25
5. 将下列十进制数转换为八进制和十六进制数。
   39,　99.735,　54.625,　127,　119
6. 将下列二进制数转换为十进制数。
   111101.101b,　100101.11b,　10011001.001b,　1100110.011b,　11011010.1101b
7. 设机器字长为 8 位,写出下列用真值表示的二进制数的原码、补码和反码。
   +0010101b,　+1111111b,　+1000000b

−0010101b， −1111111b， −1000000b

8. 写出下列补码形式表示数的真值。

10011101b， 01110010b， 11100011b， 00110011b

9. 什么是 BCD 码？什么是 ASCII 编码？

10. 将下列十进制数用 BCD 码表示。

767D， 822.35D， 534.65D， 936.12D

第 2 章   微处理器的性能与结构

本章重点

1. 微处理器的组成及寄存器的功能；

2. 时钟、周期和时序；

3. 存储器结构体系和 I/O 端口。

2.1   微处理器概述

微处理器是组成微型计算机或微处理器系统的核心,包含运算器和控制器。除执行算术运算和逻辑运算之外,它还承担着控制整个计算机系统的责任,使它能够高效地、自动地、协调地完成各种系统管理和操作。

CPU 的性能基本上确定了微计算机的功能。

2.1.1   微处理器的基本功能

微处理器要控制整个程序的执行,它必须具有以下基本功能。

2.1.1.1   程序控制

程序执行顺序称为程序控制。由于程序是一个指令序列,这些指令的相互顺序不能任意颠倒,必须严格按程序规定的顺序进行。因此,保证机器按规定的顺序执行是微处理器的首要任务。

2.1.1.2   操作控制

指令功能的完成往往是由一系列操作信号的组合来实现的。因此,微处理器分析并产生每条指令的操作信号,将这些信号送往相应的部件,从而控制这些部件按指令的要求进行相应的操作。

2.1.1.3   时间控制

对各种操作实施时间上的控制称为时间控制。计算机中,各种指令的操作信号是在系统时序的控制之下发出的,而一条指令的整个执行过程所花费的时间也在系统的严格控制之下。因为只有这样,计算机才能够有条不紊地自动工作。

2.1.1.4　数据加工

所谓数据加工,就是对数据进行算术运算和逻辑运算的处理。微处理器的最根本任务也就是有效地、高速地完成对数据的加工处理。

2.1.2　微处理器的主要性能

2.1.2.1　微处理器的字长

微处理器的字长是指它在交换、加工和存放信息时,一次传送或处理的二进制的位数。字长长的机器处理数据的精度和速度都更高。因此,字长是微处理器最重要的指标之一。字节是通用基本单元的长度,由 8 个二进制位(Bit)组成。

图 2.1 示出字节和字的结构。字节右边的位称为最低位(Least Significant Bit,LSB),即位 0,左边的位称为最高位(Most Significant Bit,MSB),即位 7。在 16 位的字中,右边 8 位称低位字节,左边 8 位称为高位字节。

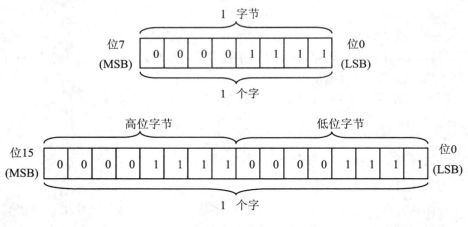

图 2.1　字节和字

一个 16 位的数,用 8 位微处理器需进行两次传送、处理;而用 16 位微处理器,只需进行一次。这就体现了字长长的机器在处理速度上的优越性。

字长由微处理器对外数据通路的数据总线条(位)数决定。同时,字长又确定了微处理器的内部结构。16 位微处理器,是指数据总线条数和内部寄存器的位数均为 16 位的微处理器;而对外数据总线只有 8 条的 16 位内部结构又称准 16 位微处理器(如 Intel 8088 CPU)。

2.1.2.2　指令数

指令是指挥计算机完成某种操作的命令。主要有两种指令系统的计算机:
复杂指令系统计算机(Complex Instruction Set Computer,CISC)和精简指令
系统计算机(Reduced Instruction Set Computer,RISC)。

RISC 的特点如下:

① 采用功能简单、数量有限的指令系统;

② 大量通用的寄存器,通过编译技术优化寄存器的使用;

③ 通过优化指令流水线提高微处理器性能。

早期微处理器的功能强弱是以能执行指令的多少来衡量的,微处理器指令数
愈多,表示它的功能愈强。现在,指令数一般不作为衡量微处理器功能强弱的
标准。

32 位的 80x86 从 80486 开始借鉴 RISC 的思想,使 CISC 的微处理器融入
RISC 技术。

2.1.2.3　基本指令执行时间和平均指令执行时间

基本指令执行时间和平均指令执行时间的计算方法如下:

$$基本指令执行时间 = 寄存器加法指令执行时间$$

$$平均指令执行时间 = \sum 所有指令的执行时间 / 所有指令数$$

微处理器中的各种指令由于完成的操作不同,所需花费的时间也不一样。为
了取一种衡量处理器速度的标准,选用了各种微处理器都设有的一条指令——寄
存器加法指令作为基本指令,它的执行时间就称为基本指令执行时间。基本指令
执行时间由该微处理器的时钟周期及所用的时钟周期数决定,此时间愈短,表示微
处理器的工作速度愈高。

随着计算机的发展,指令系统越来越复杂,特别是复杂指令系统计算机,仅用
寄存器加法指令的执行时间来衡量已经不科学,因而采用平均指令执行时间作为
参考标准。

2.1.2.4　能够构成的最大存储空间

微处理器采用寻址的方式访问内存单元。最大存储空间是指由该微处理器构
成的系统所能访问(读/写)的存储单元总数。该总数由系统所能提供的地址总线
的条数决定。

在 x86 系列 CPU 中,8 位微处理器地址总线有 16 条,能编出的地址码总数为
$2^{16} = 65\,536$ 种,表示由它构成的存储空间有 65 536 个单元号,简称为 64 KB;16 位
微处理器有 20 条地址总线,为 $2^{20} = 1\,048\,576$,简称为 1 MB;32 位微处理器有 32 条
地址总线,它能访问的最大空间为 4 GB。

2.1.2.5　多处理器系统

从 80486 开始,出现片内的数值数据协处理器,从而大大提高了浮点数据处理能力。若微处理器具有协处理器接口,就可用来构成多处理器系统。这样,主处理器的某些任务如浮点数据运算(数据协处理器)、输入/输出任务(通道控制器或通道处理机)等,交给协处理器去完成,使主处理器从繁琐的事务处理中解脱出来,主处理器与协处理器采用并行工作方式,因而整个系统的性能将成倍地增加,但在16 位微处理器之前的 8 位和 4 位微处理器并不具有多处理器扩展性能。

2.1.2.6　其他

采用不同工艺制造的微处理器芯片,性能上有较大差别,信号电平和使用环境的要求也不同,选用时应注意。同时控制功能(包括中断、等待、保持和复原等)、封装形式、电源种类、功耗等,也是选用时应注意的。

2.2　微处理器的内部结构

微处理器由一组具有不同功能的部件组成,系统中各功能部件的类型和它们之间的相互连接关系称为微处理器的结构。微型计算机大多采用总线结构,所谓总线,是连接多个功能部件或多个装置的一组公共信号线。

微型计算机采用总线结构后,系统中各功能部件之间的相互关系变为各个部件面向总线的单一关系。一个部件只要符合总线标准,就可以连接到采用这种总线的系统中。这样简化了硬件设计,使微机系统的功能可以很方便地得以扩展。

8086 微处理器从功能上可将其分成两个独立的工作部件,即执行部件(Execution Unit,EU)和总线接口部件(Bus Interface Unit,BIU),其内部结构框图见图 2.2。

1. 执行部件

它由 ALU、通用寄存器组、EU 控制单元、状态标志寄存器等构成,负责指令的译码、执行和数据的运算。

2. 总线接口单元

它由指令队列缓冲器、专用寄存器组、地址加法器和总线控制逻辑等构成。该单元主要功能是形成访问存储器的物理地址,访问存储器取得指令并暂存到指令队列中等待执行,访问存储器或 I/O 端口以读取操作数参与 EU 运算,或存放运算结果等。

2.2.1 执行部件

执行部件 EU 只负责分析并执行指令,而不与外部总线打交道。EU 执行的指令从 BIU 的指令队列缓冲器取得,经控制单元译码并执行,将所得结果数据或执行指令所需的数据由 EU 向 BIU 发出请求,由 BIU 向存储器或外部设备存入或读取。

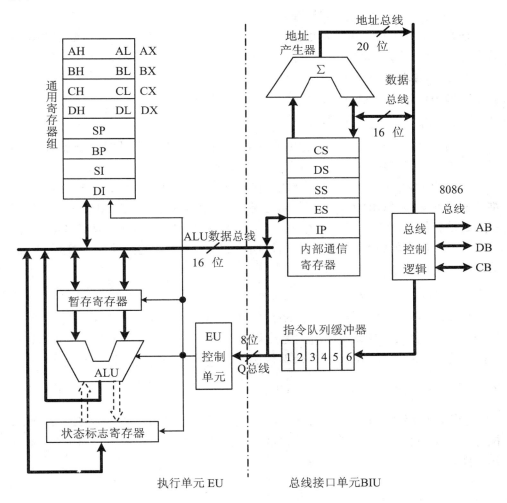

图 2.2 8086 CPU 内部结构

2.2.1.1 运算器

运算器负责所有运算,由下列部分组成:

1. 16 位算术逻辑单元 ALU

核心是二进制加法器。作用：

① 进行所有的算术运算和逻辑运算；

② 按指令的寻址方式计算出寻址单元的 16 位的有效地址(Effective Address,EA),并将此有效地址(偏移地址)送到 BIU 中形成一个 20 位的实际地址(Physical Address,PA),以对 1 MB 的存储空间寻址。

2. 16 位的状态标志寄存器 Flags

该寄存器用来存放由算术运算指令、逻辑运算指令和测试结果所建立的特征状态标志(共 6 个),除此之外,还存放一些控制系统操作的控制标志(共 3 个)。

3. 数据暂存寄存器

协助 ALU 完成运算,对参加运算的数据进行暂存。

2.2.1.2 通用寄存器组

通用寄存器组包括 8 个 16 位的寄存器,其中 AX,BX,CX,DX 为数据寄存器,既可以寄存 16 位数据,也可分成两半,分别寄存 8 位数据。

SP 为堆栈指针寄存器,用于堆栈操作时,确定堆栈在内存中的位置,由它给出堆栈栈顶的偏移量;BP 为基址指针寄存器,用来存放位于堆栈段中的一个数据区基址的偏移量;SI 和 DI 为变址寄存器,SI 用来存放源操作数地址的偏移量,DI 用来存放目的操作数地址的偏移量。所谓偏移量是相对于段起始地址(或称段首址)的距离。

2.2.1.3 EU 控制电路

接收从 BIU 的指令队列中来的指令,经过译码,翻译形成各种控制信号,对 EU 的各个部件实现在规定的时间完成规定的操作。EU 中所有的寄存器和数据通路都是 16 位的,可实现数据的快速传送。

2.2.2 总线接口部件 BIU

总线接口部件 BIU 是专门负责和总线打交道的接口部件,它根据 EU 的请求,执行 8086 CPU 对存储器或 I/O 接口的总线操作,完成其数据传送。BIU 由下列几个部分组成。

2.2.2.1 指令队列缓冲器

指令队列缓冲器是用来暂时存放从程序存储区中取来的一组指令的暂存单元,由 6 个 8 位的寄存器组成,最多可存入 6 个字节的指令码,采用"先进先出"原则,顺序存放,依次地被取到 EU 中去执行。其工作将遵循以下原则：

① 取指令时,取来的指令存入指令队列缓冲器。当缓冲器存入第一条指令

时,EU 就开始执行。

② 指令队列缓冲器中只要有 2 个字节为空,BIU 便自动执行取指令操作,直到填满为止。

③ 在 EU 执行指令过程中,若需要对存储器或 I/O 接口进行数据存取时,BIU 将在执行完现行取指令周期后的下一个存储器周期,对指定的存储单元或 I/O 接口进行存取操作,交换的数据经 BIU 交 EU 进行处理。

④ 当 EU 执行转移、调用和返回指令结束时(即程序的执行发生跳转),将清空指令队列缓冲器,并要求 BIU 从新的地址重新开始取指令,新取的第一条指令将直接送去 EU 执行,随后取来的指令填入指令队列缓冲器。

其特点是:取指令和执行指令重叠并行。

由于执行部件 EU 和总线接口部件 BIU 是两个独立的工作部件,它们可按并行方式重叠操作,在 EU 执行指令的同时,BIU 也在进行取出指令、读取操作数或存入结果的操作。这样,提高了整个系统的执行速度,并充分利用了总线,实现最大限度的信息传输。

2.2.2.2 16 位指令指针寄存器(Instruction Pointer,IP)

程序计数器 IP 是一个非常重要的寄存器,它随时跟踪程序的执行。由于 8086 取指令和执行指令是同时进行的,为保证执行指令的需要,实际上 BIU 的取指令操作总是提前的。为了保证在遇到调用子程序或中断时能正确地记录程序的返回地址,就需要用一个专门的寄存器来保存 EU 将要执行的下一条指令的偏移地址,IP 就是这样一个寄存器。

其特点是自动修正。

程序计数器 IP 的内容不能直接由程序进行存取,但可以进行修改,其修改发生在下列情况下:

① 程序运行中自动修正,使之指向将要执行的下一条指令的地址。

② 转移、调用、中断和返回指令能改变 IP 的值,转移指令直接修改,而调用、中断和返回指令则将原先 IP 的值(或者称为断点地址)压入堆栈保存,或由堆栈弹出恢复原值。

2.2.2.3 地址产生器和段寄存器

由于存放地址信号的 IP 和通用寄存器都只有 16 位,若用它们直接编址,其编址范围只能达到 64 KB,仅为 8086 访存空间 1 MB 范围中的一个段,因此,必须设置能够产生 20 位实际地址 PA(或物理地址)的机构,8086 采用了地址产生器Σ。

段寄存器是用来存放段的首地址的。8086 设有 4 个段寄存器:代码段寄存器 CS、数据段寄存器 DS、堆栈段寄存器 SS 和附加段寄存器 ES,分别用来存放代码段首地址、数据段首地址、段堆栈首地址和附加段首地址。代码段存放程序指令,程序代码超过 64 KB 时,需要分成几个段存放。CS 中存放的是现在正在执行的程序段的段地址。

数据段用于存放当前使用的数据。需要第 2 个数据段时可以使用附加段。

堆栈段是内存中的一块存储区,用来存放专用数据。SS 存放堆栈段的段基址,SP 存放当前堆栈栈顶的偏移地址。

编程时,程序和各种不同类型的数据分别存放在不同的逻辑段中,它们的段地址存放在段寄存器中,段内的偏移地址存放在指针寄存器或变址寄存器中。

图 2.3 示出实际地址 PA 产生的过程。

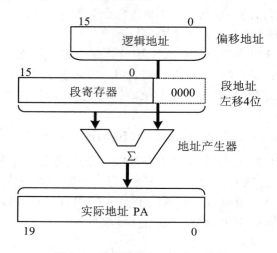

图 2.3　实际地址 PA 的产生过程

例 2.1　要产生执行指令的实际地址 PA,就将 IP 中的 16 位指令指针与代码段寄存器 CS 左移四位后的内容在地址产生器 $\sum$ 中相加。

例 2.2　要产生某一操作数的实际地址 PA,则应该首先由 ALU 计算出该操作数的 16 位偏移地址 EA,然后在地址产生器 $\sum$ 中与数据段寄存器 DS 左移四位后的内容相加。其余两个段——堆栈段和附加段中数据的 PA 也由同样的方法产生。概括起来,PA 的计算公式为

$$PA = (段寄存器) * 16 + 偏移地址$$

其中,偏移地址和段寄存器的内容又称为逻辑地址。

2.2.2.4　总线控制逻辑

8086 分配 20 条总线,用来传送 16 位数据信号、20 位地址信号和 4 位状态信号 $S_6 \sim S_3$,这就必须要分时进行传送(分时复用)。总线控制逻辑的功能,就是以逻辑控制方法实现上述信号的分时传送的。

2.3　8086 的寄存器结构

　　图 2.4 示出了 8086 CPU 的寄存器结构,包括 13 个 16 位的寄存器和 1 个 16 位的状态标志寄存器。这里着重讨论每个寄存器的用途,以便在指令中更恰当地使用它们。

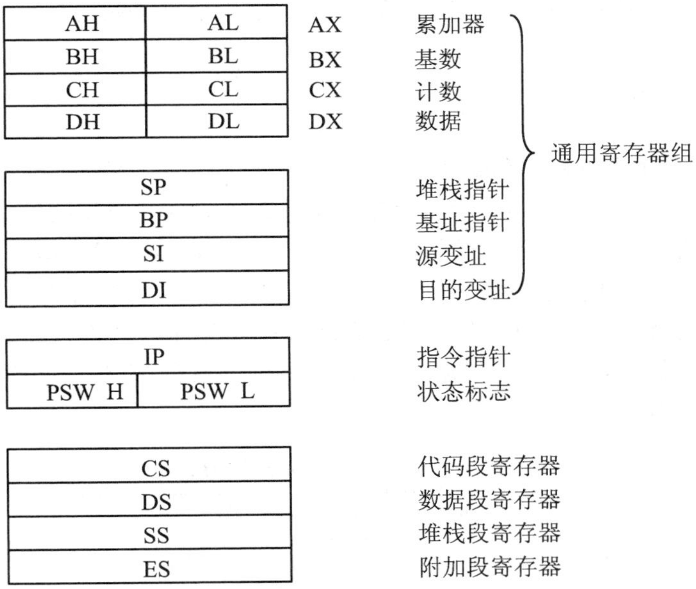

AH	AL	AX	累加器
BH	BL	BX	基数
CH	CL	CX	计数
DH	DL	DX	数据

通用寄存器组

SP	堆栈指针
BP	基址指针
SI	源变址
DI	目的变址

IP	指令指针
PSW H　PSW L	状态标志

CS	代码段寄存器
DS	数据段寄存器
SS	堆栈段寄存器
ES	附加段寄存器

图 2.4　8086 的寄存器结构

2.3.1　通用寄存器组

　　8086 CPU 中设置了较多的通用寄存器,是一种面向寄存器的体系结构。操作数据可以直接存放在这些寄存器中,因而可减少访问存储器的次数,使用寄存器的指令长度也较短。这样,既提高了数据处理速度,也减少了指令存放的内存空间。

　　8086 微处理器指令执行部件中有 8 个 16 位通用寄存器,它们分为两组。

　　通用数据寄存器 AX,BX,CX,DX,存放数据或地址,可以分开使用。

2.3.1.1　数据寄存器

1. AX 累加器(Accumulator)

AX 累加器使用频率最高,用于算术运算、逻辑运算以及与外设传送信息等;

隐含使用字乘、字除、字 I/O 等。

2. BX 基址寄存器(Base Address Register)

BX 基址寄存器常用于存放内存偏移地址,隐含使用查表转换指令。

3. CX 计数器(Counter)

CX 计数器作为循环和串操作等指令的隐含计数器。

4. DX 数据寄存器(Data Register)

DX 数据寄存器用于存放数据,隐含使用字乘、字除、间接 I/O 操作等。

5. AL

AL 隐含使用字节乘、字节除、字节 I/O、查表转换、十进制运算。

6. AH

AH 隐含使用字节乘、字节除。

7. CL

CL 隐含使用多位移位和循环移位。

数据寄存器主要用来存放参加运算的操作数或运算的中间结果,以减少访问存储器的次数。多数情况下,数据寄存器被用于算术运算或逻辑运算指令进行算术逻辑运算。在有些指令中则有特定的隐含用途,如 AX 作累加器用;BX 作基址寄存器,在查表转换指令 XLAT 中存放表的首址;CX 作计数寄存器,控制循环的次数;DX 作数据寄存器,如在字除法运算指令 DIV 中存放余数。这些寄存器在指令中的隐含使用见表 2.1。

表 2.1 数据寄存器的隐含使用

寄存器	操 作	寄存器	操 作
AX	字乘、字除、字 I/O	CL	多位移位和循环移位
AL	字节乘、字节除、字节 I/O、查表转换、十进制运算	DX	字乘、字除、间接 I/O
AH	字节乘、字节除	SP,BP	堆栈操作
BX	查表转换	SI,DI	数据串操作
CX	数据串操作、循环控制		

2.3.1.2 指针寄存器和变址寄存器

指针寄存器主要用来存放操作数的偏移地址(即操作数的段内地址)。

1. SP 堆栈指针寄存器

SP 堆栈指针寄存器用于存放栈顶的偏移地址。自动修正,类似于 IP,但可以读取,可以被初始化;不宜人工修改。

2. BP 基址指针寄存器

BP 基址指针寄存器用于存放堆栈段中的一个数据区基址的偏移地址。可自由指向堆栈空间某单元。一般利用 BP 访问堆栈中存入的数据。

SI 和 DI 用来存当前数据段中数据的偏移地址。

3. SI 源变址寄存器

SI 源变址寄存器用于存放源操作数地址的偏移量。

4. DI 目的变址寄存器

DI 目的变址寄存器用于存放目的操作地址的偏移量。

如在数据串操作指令中,要求将被处理的源数据串的偏移地址放入 SI 寄存器中,而将处理后得到的结果数据串的偏移地址放入 DI 寄存器中,传送过程中自动加 1 或减 1。

2.3.2　段寄存器

CS——代码段寄存器 CS,用来给出当前的代码段,CPU 执行的指令将从代码段取得。

SS——堆栈段寄存器 SS,给出程序当前所使用的堆栈段,堆栈操作的执行地址就在这个段中。

DS——数据段寄存器 DS,指向程序当前使用的数据段,一般来说,程序所用的数据放在 DS 中。

ES——附加段寄存器 ES,指出程序当前使用的附加段,它通常也用来存放数据,典型用法是用来存放处理以后的结果数据,或用于串操作。

8086 用一组段寄存器将这 1 MB 存储空间分成若干个逻辑段,每个逻辑段的长度最大为 64 KB。

2.3.3　标志寄存器

8086 CPU 的标志寄存器 Flags 是一个 16 位寄存器,用了其中的 9 个位作标志位,状态标志位为 6 个,控制标志位为 3 个,其用途如图 2.5 所示。

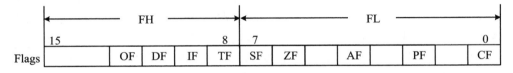

图 2.5　8086 的状态标志寄存器 Flags

2.3.3.1　状态标志位

状态标志位用来反映 EU 执行算术运算或逻辑运算后果的状态,共有 6 个状态标志。

1. 进位（或借位）标志（Carry Flag,CF）

CF＝1,表示运算结果的最高位上产生了一个进位或借位;CF＝0,则无进位或借位产生。

2. 辅助进位标志（Auxiliary Carry Flag,AF）

AF＝1,表示运算结果的低 4 位产生了一个进位或借位;AF＝0,则无此进位或借位。

3. 溢出标志（Overflow Flag,OF）

OF＝1,表示带符号数在算术运算后产生了算术溢出;OF＝0,则无溢出。

4. 零标志（Zero Flag,ZF）

ZF＝1,表示运算结果为零;ZF＝0,则运算结果不为零。

5. 符号标志（Sign Flag,SF）

SF＝1,表示带符号数的运算结果为负数,即结果的最高位为 1;SF＝0,则运算结果为正数,最高位为 0。

6. 奇偶标志（Parity Flag,PF）

PF＝1,表示运算结果低 8 位中有偶数个 1;PF＝0,则运算结果低 8 位中有奇数个 1。

2.3.3.2 控制标志位

控制标志位是用来控制 CPU 操作的,它由指令设置或清除,共有 3 个控制标志。

1. 方向标志（Direction Flag,DF）

DF 用来控制数据串操作指令的步进方向。用设置方向标志指令 STD 将 DF 标志位置 1 后,数据串操作指令将以地址的递减顺序对数据串进行处理;若用清除方向标志指令 CLD 使 DF 置 0,则数据串操作指令将以地址递增顺序对数据串进行处理。

2. 中断允许标志（Interrupt Enable Flag,IF）

若用设置中断标志指令 STI 将 IF 置 1,称为开中断,即允许 CPU 接受外部从 INTR 引脚发来的中断请求;若用清除中断标志指令 CLI 将 IF 清除为 0,表示关中断,不能接受经 INTR 发来的可屏蔽中断请求。应当注意:中断允许标志 IF 的设置不影响非屏蔽中断 NMI 请求,也不影响 CPU 响应内部产生的中断请求。

3. 陷阱标志（Trap Flag,TF）

8086 为使程序调试方便而设置了 TF。若设置 TF 为 1,8086 进入单步工作方式。在这种方式下,每执行完一条指令,就自动地产生一个内部中断,转去执行一个中断服务程序,将每条指令执行后 CPU 内部寄存器的情况显示出来,以便检查程序;反之,当 TF 清除,8086 仍正常地执行程序。

状态标志的状态可用调试程序 DEBUG 将它们显示出来,所表示的符号如表 2.2 所示。

表 2.2　Flags 中的状态标志的状态表示符号

标志	为 1 的符号	为 0 的符号
OF	OV	NV
DF	DN	UP
IF	EI	DI
SF	NG	PL
ZF	ZR	NZ
AF	AC	NA
PF	PE	PO
CF	CY	NC

2.3.4　指令指针寄存器 IP

16 位的指令指针寄存器 IP 用来指示当前指令在代码段的偏移位置。微处理器利用 CS 和 IP 取得要执行的指令,然后修改 IP 的内容使之指向下一条指令的内存地址,即微处理器通过 CS 和 IP 寄存器来控制指令序列的执行流程。

代码段由微处理器自动维护,IP 寄存器就是专用寄存器,存放 EU 将要执行的下一条指令的偏移地址,以实现对代码段指令实时跟踪。

2.4　8086 微处理器的外部引脚特性

8086 CPU 采用 40 条引脚的双列直插(DIP)封装,如图 2.6 所示。由于有 16 条数据总线,20 条地址总线,一些引脚必须分时复用。

8086 有两种不同的工作模式,功能的转换由 33 号引脚(MN/$\overline{\text{MX}}$)进行控制:

(1) 当 MN/$\overline{\text{MX}}$=1(高电平)时,8086 工作于最小方式 MN,24~31 号引脚直接提供出 8086 的控制总线信号,如图 2.6 中括号外的信号;

(2) 当 MN/$\overline{\text{MX}}$=0 时,24~31 号引脚提供的信号如图 2.6 中括号内所示,这些信号还需经外接的 8288 总线控制器转换,才能提供给系统作为控制总线信号使用。

可将 8086 的引脚按特性分为 4 类。

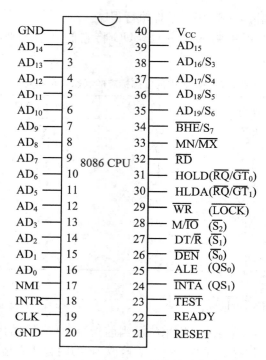

图 2.6 8086 CPU 芯片的引脚图

括号中为最大方式时的引脚名

2.4.1 地址/数据复用总线(AD₁₅～AD₀双向、三态)

访问存储器或 I/O 接口时,首先用来发送地址信号(由外接的地址锁存器锁存下来),然后用来传输数据(双向、三态、输入、输出)。

当进行存储器直接存取(DMA)时,这类总线处于浮空状态。

2.4.2 地址/状态复用总线(A₁₉/S₆,A₁₈/S₅,A₁₇/S₄,
A₁₆/S₃输出、三态)

A₁₉～A₁₆是地址信号的高 4 位,和 A₁₅～A₀一样。A₁₉～A₁₆在访问存储器时才有用,也需由外接地址锁存器进行锁存后,向系统提供 20 位地址信号。访问 I/O 接口时,则不使用,即 A₁₉～A₁₆=0000b。

S₆～S₃是状态信号,可在输出地址信号之后输出,因此,这 4 条总线也可采取分时复用。

4 位状态信号有不同的用途:

① S_4,S_3 用来指示当前使用哪一个段寄存器:00 指示使用 ES;01 指示使用 SS;10 指示使用 CS;11 指示使用 DS。

② S_5 用来指示中断允许标志 IF 的状态。

③ S_6 始终保持低电平。

当进行 DMA 时,$S_6 \sim S_3$ 进入浮空状态。

2.4.3　控制总线及其信号意义

以下 8 条控制线对 8086 不管工作在哪种(最大、最小)方式下,都是存在的。

2.4.3.1　$\overline{\text{BHE}}$/S_7 高 8 位数据总线允许/状态线(输出、三态)

这是分时复用线,在访问存储器或 I/O 接口的总线周期中,首先输出 $\overline{\text{BHE}}$ 控制信号,用以对以字节组织的存储器或 I/O 接口实现高位或低位字节的选择;非数据传送时,该引脚用作 S_7,输出状态信息 S_7。

2.4.3.2　$\overline{\text{RD}}$ 读控制信号(输出、三态、低电平有效)

当 $\overline{\text{RD}} = 0$ 时,表示 8086 CPU 执行存储器读操作或 I/O 读操作,DMA 时,浮空。

2.4.3.3　READY 准备就绪信号(输入、高电平有效)

该信号是由所访问的存储器或者 I/O 接口发来的响应信号。当 READY 有效时,表示内部存储器或 I/O 接口准备就绪,马上可进行一次数据传输。

CPU 在每个总线周期中对 READY 信号进行采样,若检测到为无效的低电平时,就会自动插入等待状态 T_W,直到 READY 变为高电平后,才进行数据传输,结束该次总线周期。

2.4.3.4　$\overline{\text{TEST}}$ 测试信号(输入、低电平有效)

该信号和等待指令 WAIT 结合使用。在 CPU 执行 WAIT 指令时,进入等待处于空转状态;当 8086 的 $\overline{\text{TEST}}$ 信号为有效电平时,等待状态结束,继续往下执行 WAIT 后面的指令。等待过程中允许外部中断,中断返回后到 WAIT 指令的下一条命令。

2.4.3.5　INTR 可屏蔽中断请求信号(输入、高电平有效)

8086 在每一个指令周期的最后一个状态去采样此信号。

当 INTR 引脚出现高电平时,表示外设提出了中断请求,若 CPU 的中断允许标志 IF = 1(开中断状态),则 CPU 就会在结束当前指令后,响应此中断请求,而转去执行一个中断服务程序;相反,若 IF = 0(关中断状态),则 CPU 不会响应中断。

2.4.3.6　NMI 非屏蔽中断请求信号(输入、上升沿有效)

该信号和 INTR 有两点不同:

① 该请求信号是一个上升沿触发信号，而不是高电平信号；

② 只要此请求信号来到，无论 IF 是否为 1，CPU 都会在执行完当前指令后，进入规定中断类型的非屏蔽中断处理程序。

2.4.3.7　RESET 复位信号（输入、高电平有效）

该信号对 CPU 进行复位操作。8086 CPU 要求复位信号至少维持四个时钟周期的高电平才有效。复位信号有效后，CPU 结束当前操作，并将 CPU 内部寄存器 IP，DS，SS，ES 及指令队列缓冲器全部清除为零，而将 CS 设置为 FFFFH。

当复位信号变为低电平时，CPU 便从 FFFF0H 开始执行程序，执行系统的启动操作。

2.4.3.8　CLK 时钟脉冲（输入）

8086 CPU 要求时钟脉冲的占空比为 1/3，即 1/3 周期为高电平，2/3 周期为低电平。通常，8086 的时钟信号由外接的时钟信号发生器 8284A 提供。

2.4.4　电源线及其他控制信号线

电源线 V_{CC} 接入的电压为（$+5\pm10\%$）V；8086 有两条地线 GND，均应接地。

8086 CPU 的 24～31 号引脚也是一些控制信号线，但它们的定义将根据 8086 的工作方式是最小工作方式还是最大工作方式来确定。

2.4.5　8086 和 8088 的比较

Intel 8088 CPU 是准 16 位的微处理器，价格上较为低廉，被 IBM PC 微机选用。8088 和 8086 的执行部件 EU 相同，其指令系统、寻址空间以及程序设计方法都相同，即软件方面完全兼容。它们之间的主要区别如下：

1. 外部数据总线位数的差别

8086 为 16 位，一个总线周期可以输入/输出一个 16 位的数据；

8088 为 8 位，一个总线周期只能输入/输出一个字节的数据。

2. 指令队列缓冲器容量上的差别

8086 可容纳 6 个字节，在一个总线周期中，可从存储器取出 2 个字节的指令代码填入指令队列；8088 只能容纳 4 个字节，一个总线周期只能取回一个字节的指令代码。

3. 引脚特性上的差别

（1）AD_{15}～AD_0 的定义不同

8086 中定义为地址/数据复用总线；8088 中，只需使用 8 条数据总线，因此，对应于 8086 的 AD_{15}～AD_8，在 8088 中被定义为 A_{15}～A_8，只作为地址线使用。

（2）34 号引脚的定义不同

8086 中定义为 $\overline{BHE}$ 控制信号；8088 中定义为 $\overline{SS_0}$ 状态信号，与 DT/$\overline{R}$,IO/$\overline{M}$一起用作最小方式下的周期状态信号。

（3）28 号引脚的相位不同

8086 中为 M/$\overline{IO}$；8088 中被倒相，变为 IO/$\overline{M}$,与 8 位的 8080/8085 CPU 的总线结构兼容。

2.5　时钟和总线周期

8086 CPU 由外接的时钟发生器 8284A 芯片提供主频为 5 MHz 的时钟信号,对 8086-1 提供的主频可以达到 10 MHz。在时钟控制下,系统按规定顺序一步一步地执行指令,因此,时钟周期是 CPU 执行指令的时间刻度。

执行指令过程中,凡需执行访问存储器或访问 I/O 接口的操作都统一交给 BIU 的外部总线完成,每次访问称为一个总线周期,若执行数据输出,则称为"写"总线周期;若执行数据输入,则称为"读"总线周期。

2.5.1　时钟信号产生

8284A 是 Intel 公司专为 8086 设计的时钟发生器,产生系统时钟信号(即主频),用石英晶体或某一 TTL 脉冲发生器作振荡源,除提供频率恒定的时钟信号外,还要对外界输入的"准备就绪"信号 RDY 和复位信号 $\overline{RES}$ 进行同步。8284A 的引脚特性及其与 8086 CPU 的连接如图 2.7 所示。外界的 RDY 输入 8284A,经时钟的下降沿同步后,输出 READY 信号作 8086 的"准备就绪"信号 READY;同样,外界的复位信号 $\overline{RES}$ 输入 8284A 经整形并由时钟的下降沿同步后,输出 RESET 信号作 8086 的复位信号 RESET(其宽度不得小于 4 个时钟周期)。外界的 RDY 和 $\overline{RES}$ 可以在任何时候发出,但送到 CPU 去的都是经过时钟同步了的信号。

8284A 根据使用振荡源的不同,有两种不同的连接方法:

① 用脉冲发生器作振荡源时,只要将该发生器的输出端与 8284A 的 EFI 端相连即可。

② 更为常用的方法是采用晶体振荡源,这时,需将晶体振荡器的两端接到 8284A 的 X_1 和 X_2 上。如果用前一种方法,必须将 F/$\overline{C}$ 接到高电平,而后一种方法,则须将 F/$\overline{C}$ 接地。无论采用何种方法,8284A 输出的时钟 CLK 的频率均为振荡源频率的 1/3,而振荡源本身的频率经 8284A 驱动后,由 OSC 端输出,可供系统使用。

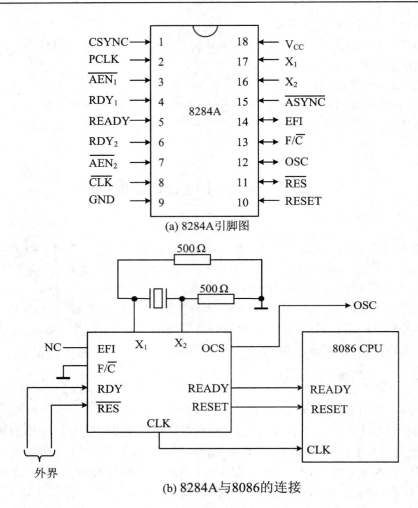

(a) 8284A引脚图

(b) 8284A与8086的连接

图 2.7　8284A 及其与 8086 的连接

2.5.2　总线周期

　　CPU 访问(读或写)一次存储器或 I/O 接口所花的时间,称为一个总线周期。

　　8086 的一个最基本的总线周期由 4 个时钟周期组成,时钟周期是 CPU 的基本时间计量单位,由主频决定。

　　例如,8086 的主频为 5 MHz,一个时钟周期就是 200 ns;8086-1 的主频为 10 MHz,则一个时钟周期就是 100 ns。一个时钟周期又称为一个状态 T,因此,一个基本总线周期就由 T_1,T_2,T_3,T_4 组成。图 2.8 示出典型的 BIU 总线周期波形图。在 T_1 周期内,CPU 首先将应访问的存储单元或 I/O 端口的地址送到地址总线上；在 $T_2 \sim T_4$ 周期期间，若是"写"总线周期，CPU 在此期间把输出数据送到总线上；若是"读"总线周期，CPU 则在 T_2 到 T_4 期间从总线上输入数据，T_2 时总线处于浮空状态，以便 CPU 有缓冲时间把输出地址的写方式转换为输入数据的读方式。这就是总线 $AD_0 \sim AD_{15}$ 和 $A_{16}/S_3 \sim A_{19}/S_6$ 在总线周期的不同状态下传送不同信号用的分时复用总线的方法。

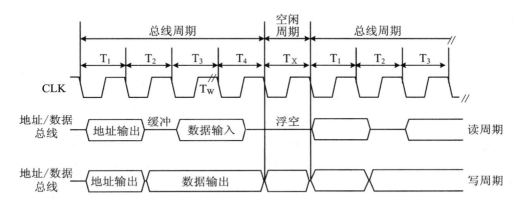

图 2.8　典型的 BIU 总线周期波形图

在表示 CFU 总线周期波形图时，对于由两条或两条以上线组成的一组总线的波形，如地址总线、数据总线等，使用交叉变化的双线表示，这是因为在每个状态下，有的线可能为低电平，有的线则可能为高电平。

需要指出以下两点：

① 当与 CPU 相连的存储器或外设速度跟不上 CPU 的访问速度时，就会由存储器或外设通过 READY 控制线，在 T_3 状态开始之前向 CPU 发一个 READY 无效信号，表示传送的数据未准备就绪，于是 CPU 将在 T_3 之后插入一个或多个附加的时钟周期 T_W（即等待状态）。在 T_W 状态下，总线上的信息情况维持 T_3 状态的信息情况。存储器或外设接口准备就绪时，就向 READY 线上发出有效信号，CPU 接到此信号，自动脱离 T_W 而进入 T_4 状态。

② 总线周期只用于 CPU 和存储器或 I/O 接口之间传送数据和读取指令填充指令队列缓冲器。如果在一个总线周期之后，不立即执行下一个总线周期，那么，系统总线就处于空闲状态，即执行空闲周期 T_X。在 T_X 中，可以包含一个时钟周期或多个时钟周期。在这期间，在高 4 位的总线上，CPU 仍然保持着前一个总线周期的状态信息；而在低 16 位的总线上，则根据前一个总线周期是写周期还是读周期来确定。若是写周期，在低 16 位总线上继续驱动前一个总线周期的数据信息；若是读周期，则 CPU 将使低 16 位处于浮空状态。

2.6 8086 的工作方式及应用

2.6.1 最小工作方式及典型应用

2.6.1.1 最小工作方式

当把 8086 的 33 脚 MN/$\overline{\text{MX}}$接到＋5 V 时,系统就处于最小工作方式。

所谓最小工作方式,是指系统中只有单个微处理器 8086,所有的总线控制信号都直接由 8086 CPU 产生,系统中总线控制逻辑电路被减到最少,最小工作方式适合于较小规模的应用,其系统配置如图 2.9 所示。图 2.9 中的 8284A 为时钟产生/驱动器,外接晶体的基本振荡频率为 15 MHz,经三分频后,作为 CPU 的系统时钟 CLK。

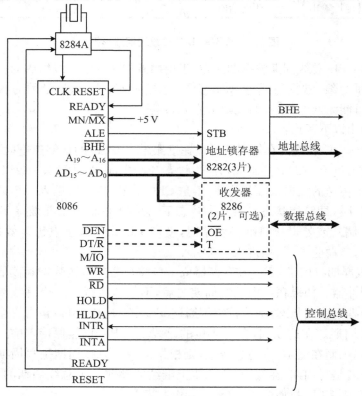

图 2.9 8086 最小工作方式典型系统配置

2.6.1.2　带锁存器的缓冲器 8282/8283

8282/8283 是 Intel 公司的 8 位带锁存器的单向三态不反相/反相的缓冲器,用来锁存 8086 CPU 访问存储器和 I/O 接口时于 T_1 状态发出的地址信号。经 8282 锁存后,地址信号可以在整个周期保持不变,为外部提供稳定的地址信号。

8282/8283 均为采用 20 条引脚的 DIP 封装,其内部逻辑结构见图 2.10。$\overline{OE}$ 为三态控制信号,低电平有效。STB 为锁存选通信号,高电平有效。接入系统时,以 8086 的 ALE(地址锁存允许信号)作 STB。ALE 信号在每个总线周期一开始就有效,使 8086 的地址信号被锁存下来供存储器芯片和 I/O 接口芯片连接。在不带 DMA 控制器的 8086 单处理器系统中,可将 $\overline{OE}$ 接地,保持常有效,而当 $\overline{OE}$ 为高电平时,8282 的输出端则处于高阻状态。

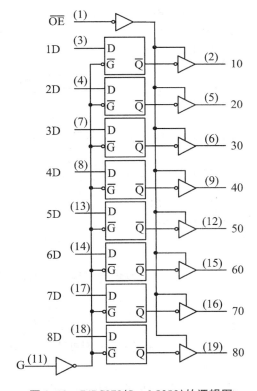

图 2.10　74LS373(Intel 8282)的逻辑图

Intel 8282(74LS373)由一个 8 位寄存器和一个 8 位三态缓冲器构成,寄存器的每个单元则是一个具有记忆功能的 D 触发器。它有两个控制输入端,即输入端 G 和允许输出端 OE。

2.6.1.3　双向三态缓冲器 8286/8287

8286/8287 是 Intel 公司的 8 位双向三态不反相/反相的缓冲器。每一位双向三态缓冲器由两个单向三态缓冲器构成,起双向电子开关作用,可对数据总线进行功率放大。8286/8287 用于需要增加数据总线驱动能力的系统。

Intel 8286(74LS245)的逻辑功能和引脚见图 2.11。

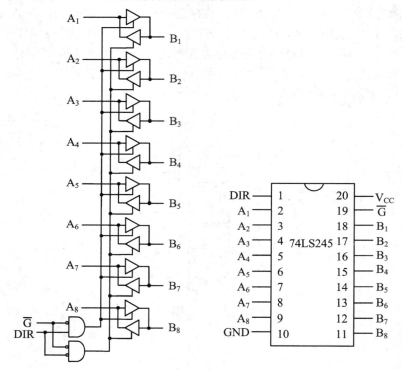

图 2.11　74LS245(Intel 8286)的逻辑功能和引脚图

它内部包含 8 个双向三态缓冲器。控制信号中,除了一个低电平有效的门控信号输入端之外,它还有一个方向控制端 DIR。当 $\overline{G}$ 为低电平时,数据才能从 A 传送到 B 或从 B 传送到 A;当 DIR 为高电平时,数据从 A 端传向 B 端,而低电平则数据从 B 端流向 A 端。

8286/8287 接入系统时,用 8086 的 DEN(数据有效)信号作 $\overline{G}$,用 DT/$\overline{R}$(数据发/收)信号作 DIR。

2.6.1.4　最小工作方式下,24～31 号引脚功能的定义

1. M/$\overline{IO}$(Memory/Input and Output)存储器/输入输出控制信号(输出、三态)

此信号被接至存储器芯片和接口芯片的 $\overline{CS}$ 端(芯片选中端),用于区分 CPU

当前是访问存储器还是访问 I/O 接口。若为高电平,表示 CPU 将和存储器进行数据交换;若为低电平,则表示 CPU 将和输入/输出设备进行数据交换。

当直接内存存取(Direct Memory Access,DMA)时,此信号线被置为浮空状态。

2. $\overline{WR}$写控制信号(输出、低电平有效、三态)

当 CPU 执行对存储器或对 I/O 接口的写操作时,此信号有效。有效时间为写周期中的 T_2,T_3 和 T_w,在 DMA 时,此信号线被置为浮空。

3. 总线保持请求信号(HOLD Request,HOLD)(输入、高电平有效)

由系统中的其他总线主控部件(如 DMA 控制器)向 CPU 发来的请求占用总线的控制信号。当 CPU 收到此信号时,如果 CPU 允许让出总线,就在当前总线周期完成时,于 T_4 状态或空闲状态 T_x 的下一状态从 HLDA 线上发出一个应答信号,作为 HOLD 请求的响应信号,同时,CPU 使具有三态功能的所有地址/数据总线和控制总线处于浮空。其时序如图 2.12 所示。当总线请求部件收到 HLDA 后,获得对总线的控制权。从这时开始,HOLD 和 HLDA 都保持高电平(有效)。当请求部件完成对总线的占用后(如 DMA 完成),将把 HOLD 信号变为低电平(无效),CPU 收到后,也将 HLDA 变为低电平(无效),至此,CPU 又恢复对地址/数据总线和控制总线的控制权。

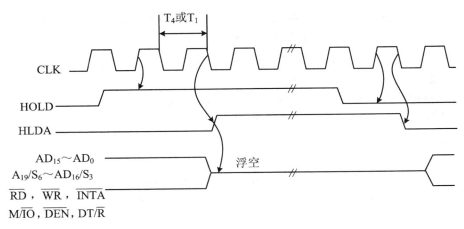

图 2.12 总线保持请求/保持响应时序(最小方式)

4. 总线保持应答信号(HOLD Acknowledge,HLDA)(输出、高电平有效)

HLDA 是与 HOLD 配合使用的,作为 CPU 向总线请求部件发回的一种响应联络信号。

5. 可屏蔽中断响应信号(Interrupt Acknowledge,$\overline{INTA}$)(输出、低电平有效)

$\overline{INTA}$是与可屏蔽中断请求信号 INTR 配合使用的一对信号。

在 CPU 收到外部中断源发来的 INTR 后,且当中断允许标志 IF＝1,则会在一条指令执行完毕的当前总线周期和下一个总线周期中,从$\overline{\text{INTA}}$引脚上往外设接口各发一个负脉冲。这两个负脉冲都将从每个总线周期的T_2维持到T_4状态的开始。如图2.13所示,第1个负脉冲通知外设接口(如中断控制器),它发出的中断请求已经得到允许;第2个负脉冲期间,由外设接口往数据总线上送中断类型码n,使CPU能获得中断响应的有关信息。

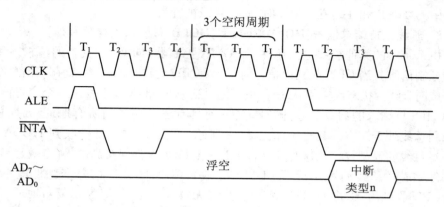

图 2.13　8086 的中断响应信号及时序

6. 地址锁存允许信号(Address Latch Enable,ALE)(输出、高电平有效)

在任何一个总线周期的T_1状态,ALE 输出有效电平,以表示当前在地址/数据复用总线上输出的是地址信号。由地址锁存器 8282/8283 对地址进行锁存。

注意　此信号线不能被浮空。

7. 数据允许信号(Data Enable,$\overline{\text{DEN}}$)(输出、低电平有效、三态)

$\overline{\text{DEN}}$是 8086 提供给数据总线收发器 8286/8287 的三态控制信号,接至其$\overline{\text{OE}}$端。此信号在每个访问存储器或 I/O 接口的周期或中断响应周期有效。

在 DMA 时,被置为浮空。

8. 数据收/发控制信号(Data Transmit/Receive,DT/$\overline{\text{R}}$)(输出、三态)

在使用 8286/8287 作数据总线收发器时,该信号用来控制 8286/8287 的数据传送方向。若 DT/$\overline{\text{R}}$ 为高电平,进行数据发送,否则进行数据接收。

在 DMA 时,被置为浮空。

2.6.2　最大工作方式及其典型应用

2.6.2.1　最大工作方式

当把 8086 的 33 脚 MN/$\overline{\text{MX}}$接地时,系统处于最大工作方式。

最大工作方式系统的显著特点是:可包含两个或两个以上的处理器,其中必有一个为主处理器 8086,其他的处理器称为协处理器,用来协助主处理器承担某方面的工作,使主处理器的性能得到横向提升。

协处理器有两种:一种是专用于数值运算的协处理器 8087,它能实现多种类型的数值操作,如高精度整数和浮点运算,超越函数(如三角函数、对数函数等)的运算。这种用硬件完成的运算,在速度上比通常用的软件方法完成的运算会大幅度地提高系统数值运算速度。另一种是专用于输入/输出处理的协处理器 8089,它有一套专用于输入/输出操作的指令系统,直接供输入/输出设备使用,使 8086 从这类繁杂工作中解脱出来,明显地提高主处理器的工作效率。

8086 最大工作方式的典型系统配置如图 2.14 所示。

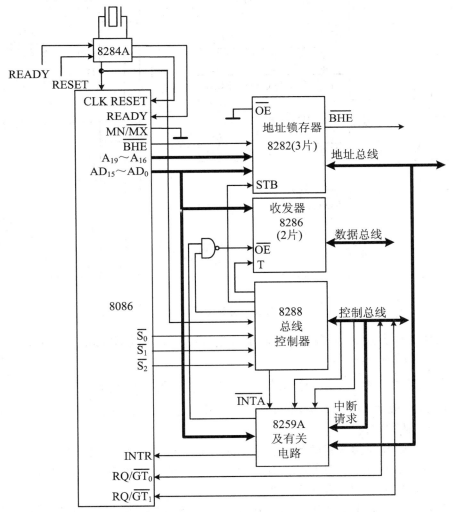

图 2.14　8086 的最大工作方式典型系统配置

最大工作方式和最小工作方式相比,一是增加了总线控制器 8288,使总线控制功能和驱动能力得到增强;二是 8286 收发器为必选件,以适应系统组件增加对数据总线提出的功率要求。如果典型系统中加入总线仲裁器 8289,就可构成一个多处理器系统,如图 2.15 所示。

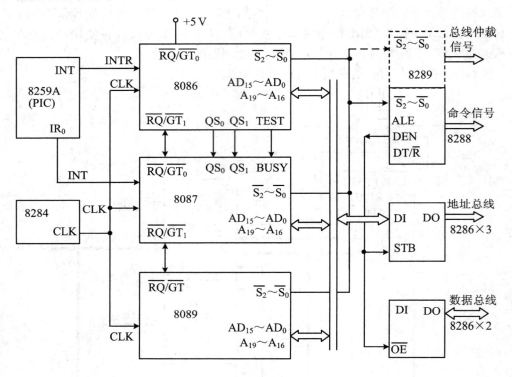

图 2.15　多处理器系统

最大工作方式下,许多总线控制信号是通过总线控制器 8288 产生的,而不是由 8086 CPU 直接提供。

2.6.2.2　最大工作方式下,24~31 号引脚功能的定义

8086 在最大工作方式下,对 24~31 号引脚定义的功能已示于图 2.6 的括号中,包括下述控制信号:

1. $\overline{S_2}$,$\overline{S_1}$,$\overline{S_0}$ 总线周期的状态信号(Bus Cycle Status)(输出、三态)

用来指示 CPU 总线周期的操作类型,并送到 8288 总线控制器,产生出对应于各种总线周期的控制命令如表 2.3 所示。

最小工作方式下的总线周期的操作类型与最大工作方式下的相同,只不过是由控制信号 $\overline{M/IO}$,$DT/\overline{R}$ 和 $\overline{DEN}$ 来指示(8088)的。

表 2.3 中无源状态是指一个总线操作周期结束后,而另一个新的总线周期还未开始的状态。

表 2.3 $\overline{S_2} \sim \overline{S_0}$ 与总线周期、8288 的控制命令

$\overline{S_2}$	$\overline{S_1}$	$\overline{S_0}$	总线周期	8288 控制命令
0	0	0	中断响应周期	$\overline{INTA}$
0	0	1	I/O 读周期	$\overline{IORC}$
0	1	0	I/O 写周期	$\overline{IOWC}$, $\overline{AIOWC}$
0	1	1	暂停	无
1	0	0	取指令周期	$\overline{MRDC}$
1	0	1	读存储器周期	$\overline{MRDC}$
1	1	0	写存储器周期	$\overline{MWTC}$, $\overline{AMWC}$
1	1	1	无源状态	无

2. QS_1,QS_0 指令队列状态信号(Instruction Queue Status)(输出、高电平有效)

两个信号组合起来提供了前一个时钟周期(指总线周期的前一个状态)中指令队列缓冲器的状态,以便于外部对 8086 BIU 中的指令队列缓冲器的动作跟踪。当 QS_1,QS_0 的代码组合分别为 00(无操作),01(从队列缓冲器取出指令的第 1 字节),10(队列为空)和 11(从队列缓冲器中取出第 2 字节以后部分)。

3. $\overline{RQ}/\overline{GT_1}$,$\overline{RQ}/\overline{GT_0}$ 总线请求输入/总线请求允许信号(Request Grant)(双向,低电平有效)

总线请求信号和总线请求允许信号在同一条引脚上传输,但方向相反,这两个信号是最大工作方式时裁决总线使用权的信号,其中 $\overline{RQ}/\overline{GT_0}$ 的优先级更高。

在图 2.15 的多处理器系统中,当 8086 使用总线,其 $\overline{RQ}/\overline{GT}$ 为高电平;这时,若协处理器 8087 或 8089 要使用总线,就由它们的 $\overline{RQ}/\overline{GT}$ 线输出低电平的请求信号;经 8086 检测,且总线处于允许状态,则 8086 的 $\overline{RQ}/\overline{GT}$ 输出低电平作为允许信号(允许),再经 8087 或 8089 检测出此信号,对总线进行使用;待使用完毕,将 $\overline{RQ}/\overline{GT}$ 线变为低电平(释放),8086 在检测到该信号时,又恢复对总线的使用。最大方式下的总线请求/允许/释放时序如图 2.16 所示。

4. $\overline{LOCK}$ 总线封锁信号(输出、三态、低电平有效)

当此信号有效时,表示 CPU 独占总线,封锁其他总线主控部件对总线的占用。$\overline{LOCK}$ 信号是由指令前缀 LOCK 产生的,当 LOCK 前缀后面的一条指令执行完后,便撤销了 $\overline{LOCK}$ 信号。此信号是为避免多个处理器使用共有资源产生冲突而设置的。此外,在 8086 的两个中断响应脉冲之间,$\overline{LOCK}$ 信号也自动有效,以防其

他的总线主控部件在中断响应过程中占有总线而使一个完整的中断响应过程被间断。在 DMA 下,$\overline{\text{LOCK}}$引脚处于浮空。

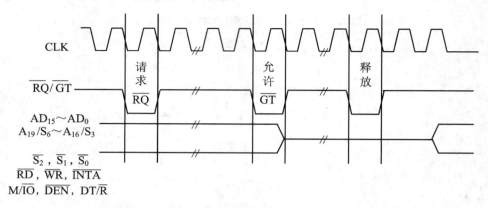

图 2.16　最大工作方式下的总线请求/允许/释放时序

2.6.2.3　总线控制器 8288

8288 是 20 条引脚的 DIP 芯片,其内部原理框图及外部引脚见图 2.17。

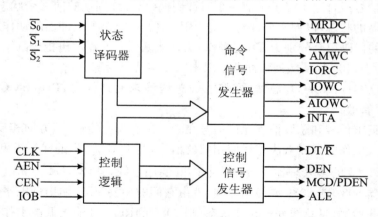

图 2.17　8288 的内部原理框图

8288 的引脚信号分为 3 组:一组为输入信号,含状态和控制信号;二组为命令输出信号;三组为输出的总线控制信号。

8288 与系统的连接如图 2.18 所示。从图 2.18 中可以看到:8288 接收 8086 执行指令时产生的状态信号$\overline{S_2}$,$\overline{S_1}$,$\overline{S_0}$,在时钟发生器 8284A 的系统时钟 CLK 信号控制下,译码产生时序性的各种总线控制信号和命令信号,同时,也增强这些信号对总线的驱动能力。尽管最大工作方式一般用于多处理器系统,然而,在一些单处理器系统中,由于总线控制器的这些优点,有时也使用总线控制器 8288。

8288 的 IOB(I/O 总线工作方式)信号是用来决定其本身工作方式的,即:

①　当 IOB 接地时,8288 便工作在适合于单处理器工作的方式。此时,要求 $\overline{\text{AEN}}$(Address Enable)接地,CEN (Command Enable)接 +5 V,这种方式下的输出端 MCE/$\overline{\text{PDEN}}$(Master Cascade Enable/Peripheral Data Enable)输出为 MCE(总线主模块允许)信号。

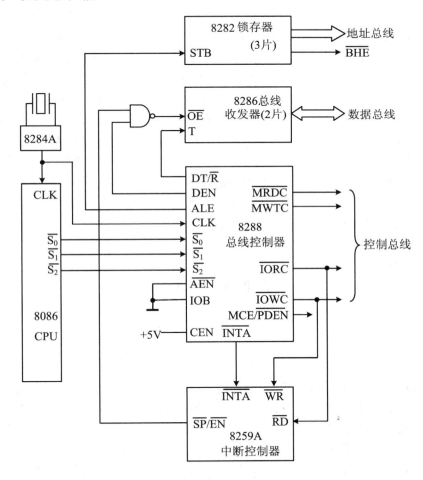

图 2.18　8288 总线控制器与系统的连接

②　当 IOB 接 +5 V 时,且 CEN 也接 +5 V,总线控制器 8288 将工作于适合多处理器的系统中,这种方式下,MCE/$\overline{\text{PDEN}}$引脚输出的是 $\overline{\text{PDEN}}$(外部设备数据允许)信号,此信号用作总线 8286 收发器的开启信号,使局部总线和系统总线接通。

8288 根据 $\overline{S_2}$,$\overline{S_1}$,$\overline{S_0}$ 状态信号译码后,产生以下几方面的控制信号和命令:

① ALE 地址锁存允许信号和最小工作方式下的 ALE 含义相同,也是送给地址锁存器 8282 作选通信号 STB 的。

② DEN 数据允许信号和 DT/$\overline{\text{R}}$ 数据收/发信号送到 8286 总线收发器分别控制总线收发器的开启和控制数据传输方向的。这两个信号和最小工作方式下的 DEN 和 DT/$\overline{\text{R}}$ 含义相同,只不过这里的 DEN 和最小工作方式的 $\overline{\text{DEN}}$ 电平相反。

③ $\overline{\text{INTA}}$ 中断响应信号,与最小工作方式下的 $\overline{\text{INTA}}$ 含义相同。

④ $\overline{\text{MRDC}}$(Memory Read Command),$\overline{\text{MWTC}}$(Memory Write Command)和 $\overline{\text{IORC}}$(I/O Read Command),$\overline{\text{IOWC}}$(I/O Write Command)存储器和 I/O 接口读/写控制信号分别用来控制存储器读/写和 I/O 接口的读/写操作,均为低电平有效,都在相应总线周期的中间部分输出。显然,在任何一种总线周期内,只要这 4 个命令信号中有一个输出,就可控制一个部件的读/写操作,这些信号相当于最小工作方式下,由 8086 直接产生的 $\overline{\text{RD}}$,$\overline{\text{WR}}$ 和 M/$\overline{\text{IO}}$ 配合作用的效果。

⑤ $\overline{\text{AIOWC}}$(Advanced I/O Write Command)和 $\overline{\text{AMWC}}$(Advanced Memory Write Command)超前写 I/O 命令和超前写内存命令,其功能和 $\overline{\text{IOWC}}$,$\overline{\text{MWTC}}$ 相同,只是前者将超前一个时钟周期发出,用它们来控制速度较慢的外设或存储器芯片时,将得到一个额外的时钟周期去执行写操作。

2.7　存储器的结构体系

2.7.1　存储器的组织结构

8086 CPU 有 20 位地址线,无论在最小工作方式下还是最大工作方式下都可寻址 1 MB 的存储空间。存储器通常按字节组织排列成一个个单元,每个单元用一个唯一性的地址码表示,这称为存储器的标准结构。如图 2.19 所示为各种数据在存储器中的存放位置。

① 存放字数据时,"低字节存入低地址,高字节存入高地址"——"小端方式"(Little Endian)。

低位字节从偶数地址开始存放——规则存放;低位字节从奇数地址开始存放——不规则存放,对规则字的存取可在一个总线周期完成,对非规则字的存取则需两个总线周期才能完成。

② 存 32 位的地址数据时,低地址存偏移地址;高地址存段地址。

8086 CPU 在组织 1 MB 的存储器时,其空间实际上被分成两个 512 KB 存储体,或称存储库,分别叫作高位库和低位库,见图 2.20。

地址		
19H	OC	指令
1AH	F7	指令
1BH	89	
1CH	10	字节数据
1DH	45	字节数据
1EH	67	规则字数据（AB67H）
1FH	AB	
20H	CD	字节数据
21H	34	非规则字数据（5734H）
22H	57	
23H	13	
24H	59	指令
25H	EO	
26H	48	指令
27H	4A	指令
28H	43	
29H	00	指针数据
30H	5D	段基址：3E5DH
31H	3E	偏移量：43H

图 2.19   各种数据在存储器中的存放

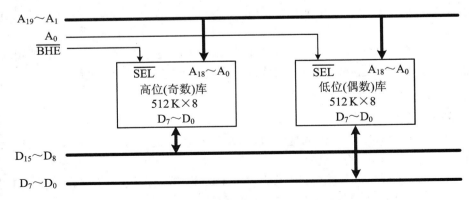

图 2.20   8086 存储器高低位库与总线的连接

高位库与 8086 数据总线中的 $D_{15} \sim D_8$ 相连；低位库与数据总线中的 $D_7 \sim D_0$ 相连。控制线 $\overline{BHE}$ 和地址线 A_0 用于库的选择，分别接到每个库的选择端 $\overline{SEL}$，它们对 8086 的数据传送作用如表 2.4 所示。其余地址线 $A_{19} \sim A_1$ 同时接到两个库的存储芯片上，以寻址每个存储单元。

表 2.4　控制线 $\overline{BHE}$、地址线 A_0 对 8086 数据传送的作用

操作		有效数据	$\overline{BHE}$	A_0
从偶地址读/写一个字节		$AD_7 \sim AD_0$	1	0
从奇地址读/写一个字节		$AD_{15} \sim AD_8$	0	1
从偶地址读/写一个字		$AD_{15} \sim AD_0$	0	0
从奇地址读/写一个字	第一次读/写低 8 位	$AD_{15} \sim AD_8$	0	1
	第二次读/写高 8 位	$AD_7 \sim AD_0$	1	0

2.7.2　存储器的分段方法

2.7.2.1　分段管理的原因

8086 用 20 位地址信号，寻址 1 MB 的内存空间，每个单元的实际地址 PA 需用 5 位 16 进制数表示。但 CPU 内部存放地址信息的一些寄存器，如指令指针寄存器 IP、堆栈指针寄存器 SP、基址指针寄存器 BP、变址寄存器 SI、DI 和段寄存器 CS,DS,ES,SS 等都只有 16 位，显然不能存放 PA 而直接寻址 1 MB 空间，为此，引入存储器分段的新概念。

分段就是把 1 MB 空间分为若干逻辑段，每段最多可含 64 KB 的连续存储单元。每个段的首地址是一个能被 16 整除的数（即最后四位为 0），段首址是用软件设置的。

运行一个程序所用的具体存储空间可以为一个逻辑段，也可为多个逻辑段。段和段之间可以是连续的或断开的或部分重叠的或完全重叠的，见图 2.21。

2.7.2.2　分段管理的优点

分段管理的优点如下：

① 指令中只涉及 16 位的地址，段首址或在段中的偏移量，缩短了指令长度，从而提高了执行程序的速度；

② 尽管存储空间多达 1 MB，但程序执行过程中不需要在 1 MB 的大空间中去寻址，多数情况下只需在一个较小的段中运行；

③ 多数指令的运行都不涉及段寄存器的值，而只涉及 16 位的偏移量，为此，

分段组织存储也为程序的浮动装配创造了条件；

④ 程序设计者完全不用为程序装配在何处而去修改指令,统一交由操作系统去管理。

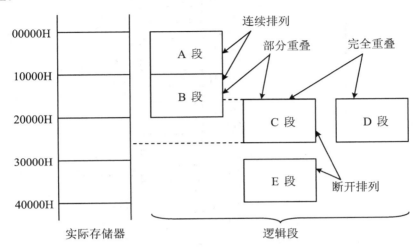

图 2.21　实际存储器中段的位置

2.7.3　存储器地址的形成

实际地址,或称为物理地址,是指 CPU 和存储器进行数据交换使用的真正地址。对 8086 来说,是用 5 位十六进制数表示的地址码,是唯一能代表存储空间每个单元的地址。

逻辑地址是指产生实际地址用到的两个地址分量:段首址和偏移量,它们都是用无符号的 4 位十六进制数表示的地址代码。

指令中不能使用实际地址,而只能使用逻辑地址。由逻辑地址产生和计算实际地址的过程和公式前面已介绍过了。

注意　一个存储单元只有唯一编码的实际地址,而一个实际地址可对应于多个逻辑地址,如图 2.22 所示。

对于图中某一实际地址 11245H,可以从两个部分重叠的段中得到:在段首址为 1123H 的段中,其偏移量为 15H;在段首址为 1124H 的段中,其偏移地址为 05H。这两组逻辑地址用调试程序 DEBUG 表示为:1123H:0015H 和 1124H:0005H。

段首址来源于 4 个段寄存器(段地址——CS,DS,ES,SS),偏移地址来源于 SP,BP,SI,DI,IP(偏移地址——BX,BP,SI,DI)寄存器和有效地址计算,寻址时到底使用哪个段寄存器与哪个偏移地址存放的寄存器,这有一定的固定搭配关系,见

表 2.5,8086 CPU 的 BIU 部件根据执行操作的种类和应取得的数据类型确定。

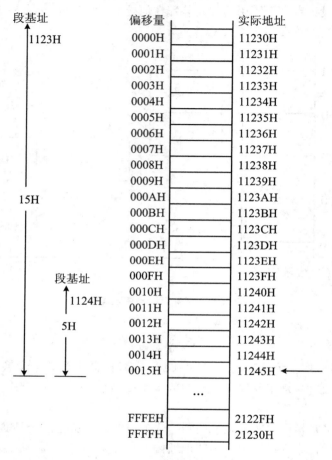

图 2.22 一个实际地址可对应多个逻辑地址

表 2.5 逻辑地址源

存储器操作涉及的类型	正常使用的段基址	可使用的段基址	偏移地址
取指令	CS	无	IP
堆栈操作	SS	无	SP
变量(下面情况除外)	DS	CS,ES,SS	有效地址
源数据串	DS	CS,ES,SS	SI
目的数据串	ES	无	DI
作为基址寄存器使用的 BP	SS	CS,DS,ES	有效地址

2.7.4　堆栈及堆栈的存取方式

2.7.4.1　堆栈的定义及作用

堆栈是一组能够遵从"先进后出"(FILO)原则的存储区域。它是用来暂存一批需要保存的数值数据或地址数据,第一个输入堆栈中的数据存放在栈底,最后输入堆栈的数据存放在栈顶。栈底是固定不变的,而栈顶却是随着数据的入栈和出栈在不断变化。堆栈犹如堆放货物,按"后进先出"或"先进后出"的原则,而程序的程序区则是按"先进先出"的原则。

堆栈用途的一个最典型的例子是用在调用子程序的程序中。为了实现正确的返回,需要将断点地址和主程序中的一些数据暂存起来。断点地址是指调用指令CALL 的下一条指令的地址,包括代码段寄存器的 CS 值和指令指针寄存器 IP 的值(段间调用)或仅为指令指针寄存器 IP 的值(段内调用),它们是在执行 CALL 时自动被存入堆栈的;主程序中的一些数据是指运行子程序时可能要使用的一些CPU 内部寄存器的数据,这些数据可能在运行子程序时被修改,需要用专门的入栈操作指令 PUSH 将这些寄存器的数据推入堆栈暂存,而子程序执行完毕后,再用出栈指令 POP 将它们弹回原来的寄存器中,并按"先进后出"的原则编排出栈指令顺序。最后,子程序执行到返回指令 RET 时,自动将入栈的断点地址返送回到IP(段内调用)或 CS 和 IP(段间调用)中,根据 IP 具备的程序跟踪功能,便使程序的执行又回到主程序的断点地址继续执行以下程序。

2.7.4.2　SP 的作用

8086 由于采用了存储器的分段,为了表示这特别划分出来的存储区,使用了一种称为堆栈段的段来表示。堆栈段中存取数据的地址由堆栈段寄存器 SS 和堆栈指针 SP 寄存器来规定。段寄存器 SS 中存放堆栈段的首地址,堆栈指针 SP 中则存放栈顶的地址,此地址表示栈顶距离段首址的偏移量,存储和读取数据的操作都是在栈顶进行。堆栈的示意图如图 2.23、图 2.24 和图 2.25 所示。

2.7.4.3　指令 PUSH,POP

8086 的 堆 栈 操 作 有 两 种:入 栈 操 作

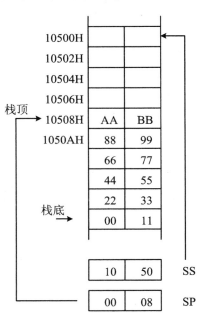

图 2.23　8086 微机系统的堆栈操作

PUSH 和出栈操作 POP,均为 16 位的字操作,而且操作都在栈顶上进行,栈顶是由堆栈指针 SP 所指的"实"栈顶。所谓"实"栈顶是以最后一次推入堆栈信息所在的单元为栈顶,如图 2.23 所示的 10508H 单元。图 2.24 所示入栈操作,在执行入栈指令 PUSH AX 时,先修改堆栈指针 SP 的内容,完成 SP-2→SP 后,才能将 AX 的内容推入堆栈。推入时,先推高 8 位 AH 入栈,完成 AH→[SP]+1,然后推低 8 位 AL 入栈,完成 AL→[SP]。入栈完成后,因 SP=10506H 而指向新的栈顶位置。图 2.25 示出栈操作 POP BX 和 POP AX,在执行第 1 条 POP BX 指令时,先将位于栈顶上的 2 个单元的内容弹出到 BX,具体执行的操作也分 3 步:

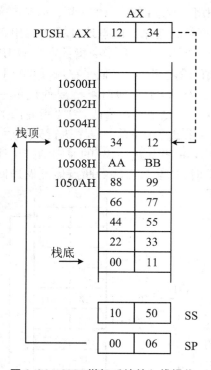

图 2.24　8086 微机系统的入栈操作

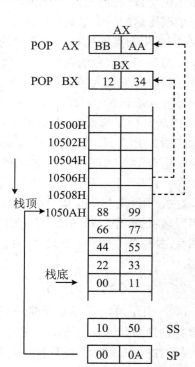

图 2.25　8086 微机系统的出栈操作

① 将栈顶内容,即[SP]→BL(低位);

② 再将[SP]+1→BH(高位);

③ 修改指针,即 SP+2→SP,此时的 SP=10508H 也指向一个新的栈顶位置。

接着执行第 2 条出栈指令 POP AX,其操作类同于 POP BX,只是最后修改指针 SP+2→SP 的结果,使 SP=1050AH,又指向一个新的栈顶位置。

2.7.4.4 BP 的作用

BP 存放偏移地址,可自由访问堆栈。Intel 公司为了保证与未来的 Intel 公司产品的兼容性,规定在存储区的最低地址区和最高地址区保留了一些单元供 CPU 作某些特殊功能专用,或为将来开发软件产品和硬件产品而保留的。其中:

① 00000H～0007FH(共 128 B)用于中断,以存放中断向量表。

② FFFF0H～FFFFFH(共 16 B)用于系统复位启动。

IBM 公司遵照这种规定,且在 IBM PC/XT 这种最通用的 8086 系统中也作了相应规定:

① 00000H～003FFH(共 1 KB):用来存放中断向量表,该表上列出每个中断处理子程序的入口地址,一个入口地址占 4 个字节,前两个字节中存放入口的偏移地址(IP 值),后两个字节中存放入口的段首址(CS 值)。因此,1 KB 区域可以存放对应于 256 个中断处理程序的入口地址。对一个具体的机器系统而言,256 级中断是用不完的,空着的可供用户扩展功能时使用。当系统启动引导完成,这个区域的中断向量表就建立起来了。

② B0000H～B0FFFH(共 4 KB):是单色显示器的视频缓冲区,存放单色显示器当前屏幕显示字符所对应的 ASCII 码及其属性。

③ B8000H～BBFFFH(共 16 KB):是彩色显示器的视频缓冲区,存放彩色显示器当前屏幕像素点所对应的代码。

④ FFFF0H～FFFFFH(共 16 B):用于系统复位启动,一般存放入一条无条件转移指令,使系统在上电或复位时,会自动转到系统的初始化程序,这个区域被包含在系统的 ROM 范围内,在 ROM 中驻留着系统的基本 I/O 系统程序 BIOS (Basic Input-Output System)。

由于有了专用的和保留的存储单元的规定,使用 Intel 公司 CPU 的 IBM PC/XT 及各类兼容微机都具有较好的兼容性。

2.7.4.5 堆栈的总结

堆栈的总结有以下几点:

① SS 提供段地址;SP 存放偏移地址;

② PUSH:SP 自动减 2,数据压入堆栈;

③ POP:数据弹出堆栈,SP 自动加 2;

④ SP 永远指向栈顶,切勿随意改变;

⑤ 堆栈只有一个出入口,即当前栈顶;

⑥ 堆栈操作是字操作;

⑦ 防止上溢和下溢;

⑧ 正确安排出入栈的顺序;

⑨ BP 存放偏移地址,可自由访问堆栈。

2.8　输入/输出端口组织

2.8.1　输入/输出端口

在计算机系统中,输入输出系统是指 CPU 与主存之外的其他部件之间传输数据的软硬件结构(简称 I/O 系统)。

8086/8088 CPU 和外部设备之间是通过 I/O 芯片进行联系,达到相互间传输信息的目的。每个 I/O 芯片上都有一个端口或几个端口,一个端口往往对应于芯片上的一个寄存器或一组寄存器。

在系统设计时,为了正确完成 CPU 与外部设备之间数据交换,就要为每个端口分配一个地址,称为端口地址或端口号,即为每个外部设备端口分配一个唯一的地址码。

2.8.2　输入/输出端口的编址方式

2.8.2.1　采用统一编址的 I/O 端口

在这种编址方法下,即将 I/O 端口地址置于存储器空间中,把它们看作存储单元对待,因此,存储器的各种寻址方式都可用于寻址端口。

这种方式下端口操作灵活,I/O 芯片与 CPU 的连接和存储器芯片与 CPU 的连接类似,但缺点是端口占用了一些存储器空间,而且执行 I/O 操作时,因地址位数长,速度会较慢。Motorola 系列的 MC68000 CPU 采用的就是这种方法。

2.8.2.2　采用独立编址的 I/O 端口

8086 设有专门的输入指令 IN 和输出指令 OUT,对独立编址的 I/O 端口进行操作。8086 使用 A_{15}～A_0 共 16 条地址线对端口地址进行编址,因此可访问的 I/O 端口最多可有 64 K 个 8 位端口或 32 K 个 16 位的端口,任何两个相邻的 8 位端口可以组合成一个 16 位的端口,并且和存储器字一样,对位于奇数地址的 16 位端口的访问,要进行两次才能完成。

端口的寻址方法不分段,不用段寄存器。

```
IN    AL,48              ;AL←I/O 端口 48 中的字节数据
IN    AX,48              ;AL←I/O 端口 48
                        ;AH←I/O 端口 49
```

　　OUT　DX,AL　　　　　　　　;I/O 端口 DX←AL

　　端口地址 0～255,用立即数表示;端口地址＞255,用 DX 存放端口地址。

　　在 8086 的 64 KB 的 I/O 端口地址中,从 F8H～FFH 这 8 个地址是 Intel 公司保留使用的,用户不能占用,否则将影响用户系统与 Intel 公司产品的兼容性。

习　题

　　1. 8086 CPU 结构由哪几个部件构成? 试述各部件的基本组成和作用。

　　2. 8086 从功能上分成了 EU 和 BIU 两部分,这样设计的优点是什么?

　　3. 微处理器要控制整个程序的执行,它必须具备哪些基本功能?

　　4. 试述指令指针寄存器 IP 的作用。

　　5. 在 8086 CPU 的寄存器阵列中有哪些寄存器? 它们的主要作用是什么?

　　6. 在标志寄存器 F 中,有哪几种状态标志? 它们在 0,1 时表示的意义各是什么?

　　7. 在 8086 系统中存储器为什么要分段? 试述存储器是如何分段的。

　　8. 什么是物理地址? 什么是逻辑地址? 试述 8086 CPU 物理地址的形成方法。

　　9. 8086 CPU 工作在最小方式和最大方式时各有什么特点?

　　10. 何谓堆栈? 它是如何存放信息的? 与它有关的通用寄存器有哪些?

　　11. 有一个由 20 个字组成的数据区,其起始地址为 610AH:1CE7H,试写出该数据区首、末存储单元的实际地址。

第 3 章　8086 微处理器指令系统

本章重点

1. 8086 寻址方式；

2. 数据传送类、运算类和控制转移类等指令。

8086 指令系统共有 6 大类,99 小类,133 条指令。本章主要以 8088/8086 指令系统为基础,介绍指令的寻址方式、基本格式以及各个指令的功能特点。

3.1　指令语句的基本格式

指令(Instruction)指计算机执行某种特定操作的命令。

指令系统(Instruction Set)指令的集合称为指令系统,不同系列的计算机有不同的指令系统。8088,8086 指令系统完全一样。

指令是根据微处理器的硬件特点研制出来的,指令的符号用规定的英文字母表示,称为助记符。助记符指令和机器指令码(二进制代码)是一一对应的关系,其目的是便于记忆和使用。汇编语言(Assembly Language)是一种面向机器的程序设计语言(低级语言),它直接利用机器提供的指令系统编写程序。由于汇编语言的指令是用助记符表示相应的用二进制数形式描述的机器语言指令,因此可以说汇编语言是机器语言的符号化描述。

程序指为实现某功能的指令(助记符)或高级语言语句的集合。

3.1.1　指令的格式及构成

指令由操作码和操作数两部分组成。如图 3.1 所示。

操作码	操作数或操作数地址

图 3.1　指令的基本格式

操作码说明计算机要执行哪种操作,是指令不可缺少的组成部分。

　　操作数是指令执行的参与者,也就是各种操作的对象,可以是操作数本身,或是操作数地址,还可以是操作数地址的计算方法。有些指令不需要操作数。

　　8086 的指令可以是单字节指令,也可以是多字节指令,其长度范围为 1～6 个字节,见图 3.2。

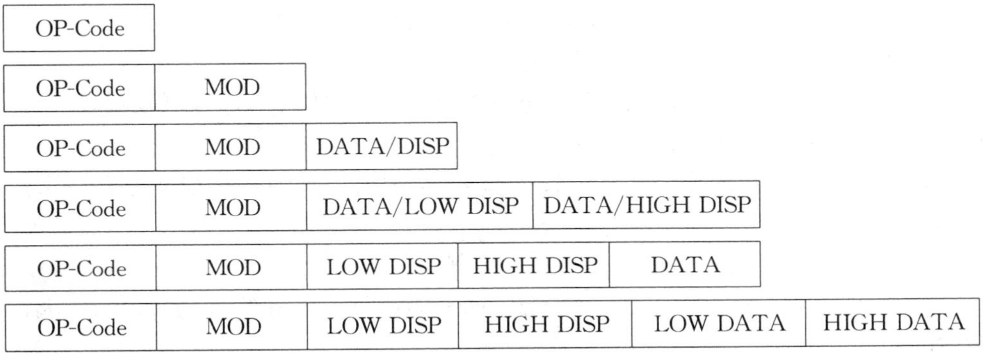

OP-Code				

OP-Code	MOD			

OP-Code	MOD	DATA/DISP		

OP-Code	MOD	DATA/LOW DISP	DATA/HIGH DISP	

OP-Code	MOD	LOW DISP	HIGH DISP	DATA

OP-Code	MOD	LOW DISP	HIGH DISP	LOW DATA	HIGH DATA

图 3.2　不同长度的机器指令

　　当一条助记符指令被翻译成机器指令时,由助记符指令中的操作码和操作数共同决定机器指令的格式。同一助记符指令当操作数类型不同时,可汇编成不同的机器指令代码。

　　指令虽然长度不同,但对指令中每个字节的各个字段都有相应的具体规定。通用指令格式见图 3.3。第 1 个字节称为操作码字节;第 2 个字节为寻址方式字节;第 3～6 字节随指令的不同而不同,一般由其给出存储器寻址方式的 DISP 或立即操作数 DATA,其中 DISP 和 DATA 可能是 8 位的,也可能是 16 位的。指令字段中缺少的项由后面的项向前顶替,以尽量减少指令的长度。

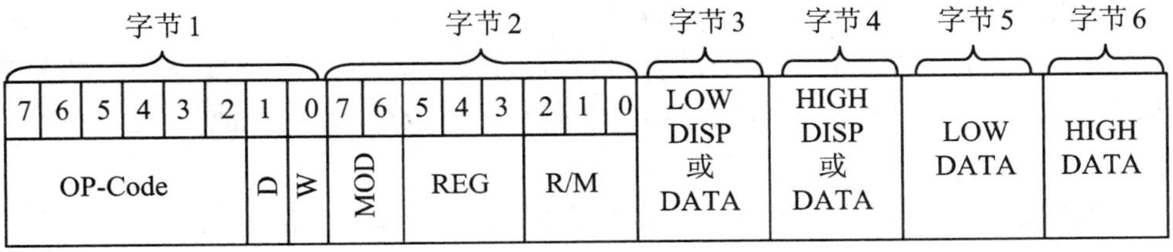

图 3.3　通用指令各字段构成

　　许多指令格式有例外情况,例如

OP-Code　　　opr1,　　　　　　　opr2

　　　　　　目的操作数　　　源操作数

　　例如

　　　MOV　AX,BX　　　　　　　　　;AX←BX

3.1.2　汇编语言指令语句格式

8088/8086 汇编语言指令语句的格式如下所示：

　　〔标号：〕（硬）指令助记符〔操作数〕　　　〔;注释〕

其中，方括号"〔 〕"中的内容是可选项。各部分的意义解释如下：

1. 标号（Label）

标号是给该指令所在的内存地址取的名称；必须后跟"："，标号可以缺省，是可供选择的标识符（Identifier）。

标号和以后介绍的变量名、段名、过程名、结构名等是用户自定义的符合汇编语言语法的标识符。

标识符的定义必须遵循以下规则：

① 标识符由字母（a～z，A～Z）、数字（0～9）或某些特殊符号（如 _ , $, ? , @ , . 等）组成；

② 标识符不能以数字开头，"?""$"（保留字）不能单独作为标识符；标识符是一串连续的符号，中间不能有空格符；标识符中若使用点号"."，点号必须是第一个字符；

③ 标识符有效长度为 31 个字符，若超过只保留前 31 个字符；

④ 在一个特定的源程序文件中，用户定义的标识符必须是唯一的；

⑤ 不能使用汇编语言的保留字（Reserved Word），例如，指令助记符、伪指令助记符、操作符、寄存器名和预定义符号等；

⑥ 由于汇编程序不区别字母大小写（大小写不敏感），所以标识符 ABC,abc,Abc 是相同的。

2. 指令助记符（Mnemonic Symbol）

指令助记符是帮助记忆指令的符号，反映指令的功能。它是指令语句的关键字，不能缺省。它和机器指令码（简称机器码）是一一对应的关系的。

3. 操作数（Operand）

操作数表示参与操作的对象，可以是立即数、寄存器或存储单元等。

有些指令不需要操作数，或具有隐含的操作数；有些指令具有双操作数，其间用","隔开，目的操作数一般在","前面，源操作数在后面。

4. 注释（Comments）

语句中分号";"后的内容为注释，通常是对该指令或某段程序功能的说明，可有可无。必要时，一个语句行也可以由分号开始作为阶段性的注释。汇编程序在翻译源程序时将会跳过该部分，不对它们作任何处理。

例如下列几个汇编语言指令语句：

```
        PUSH    AX
        MOV     AX,BX              ;AX←BX
NEXT：ADD    AX,BX              ;AX←AX+BX
```

注意　汇编语言源程序由(指令或伪指令)语句序列组成,每条语句占一行,每行不超过 132 个字符(MASM 5.0)。语句的 4 个组成部分要用分隔符分开:

① 标号后的“:”、注释前的“;”以及操作数间和参数间的“,”都是规定采用的分隔符,不能更改;

② 其他部分通常采用空格或制表符作为分隔符。多个空格或制表符的作用与一个相同。另外,MASM 也支持续行符“\”。

3.2　8086 的寻址方式

寻址方式就是通过确定操作数的位置把操作数提取出来的方法,简单说,就是寻找操作数的方式。操作数采用哪一种寻址方式,会影响微机运行的速度和效率。如何寻址一个操作数,对程序设计来说,也是很重要的。

操作数在什么地方? 有以下 4 种可能:

① 操作数放在操作码之后——立即数寻址;

② 操作数放在 CPU 内部的寄存器中——寄存器寻址;

③ 操作数放在存储器中——存储器寻址、串寻址;

④ 操作数放在 I/O 端口中——I/O 端口寻址。

3.2.1　与数据有关的寻址方式

3.2.1.1　固定寻址(Inherent Addressing)

有些单字节指令其操作是规定对某个固定的寄存器进行的,如加法的 ASCII 码调整指令 AAA,被调整的数总是位于 AL 中,其操作总是固定在 AL 寄存器中,也是寄存器寻址方式。

堆栈操作指令格式:

```
    PUSH    AX
```

目的操作数固定为存储器操作数,操作数的段地址存放在寄存器 SS 中,偏移地址存放在寄存器 SP 中,这个固定的操作数在指令语句中被隐含。

3.2.1.2　立即数寻址(Immediate Addressing)

操作数就在指令中,当执行指令时,直接从指令队列中取得该立即数,而不必执行总线周期。

立即数只能是源操作数,主要用来给寄存器、存储单元赋初值,指令执行速度快。可以为 8 位的数值(00H～FFH),也可以为 16 位的数值(0000H～FFFFH)。

例 3.1　将立即数 1234H 送至 AX 寄存器。

　　MOV　AX,1234H　　　　　　　;指令功能:AX←1234H,指令机器
　　　　　　　　　　　　　　　　　　;码:B83412H

如图 3.4 所示,注意操作数的高字节存放于高地址单元,低字节存放于低地址单元。

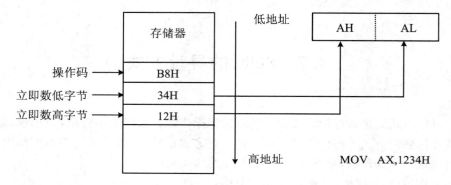

图 3.4　立即数寻址方式

立即数必须是常量(常数、符号常量或具有一定数值的表达式):

① 二进制数,后缀为 B 或 b;

② 八进制数,后缀为 Q 或 q;

③ 十进制数,后缀为 D 或 d,或者没有后缀;

④ 十六进制数,后缀为 H 或 h,以 A～F 开头时前面要加 0;

⑤ 字符串,用单或双引号括起的字符,如,"a"=61H,"ab"=6162H,"ABC"=414243H 等;

⑥ 由标识符表示的符号常量、数值表达式(由操作符连接)。

例如

　　MOV　AL , 10001111b

　　MOV　AL , 23Q

　　MOV　AX ,0F6ABH

　　MOV　AX ,"12"　　　　　　　;AX←3132H

　　MOV　AX , 5678

表示一个负数有以下两种方法:

① 直接在正数的前面加负号；

② 采用负数的补码表示，形式可以为补码的二、八、十、十六进制表示。

例如

```
MOV   AL，  −5
MOV   AL，  −101b
MOV   AL，  −5H
MOV   AL，  11111011b
MOV   AL，  0FBH
MOV   AL，  373Q
MOV   AL，  251
```

以上运行结果都是−5。

3.2.1.3　寄存器寻址(Register Addressing)

操作数存放在 CPU 内部的寄存器中，可以是 8 位寄存器：AH/AL，BH/BL，CH/CL，DH/DL 和 16 位的寄存器：AX，BX，CX，DX，SI，DI，BP 和 SP，也可是 4 个段寄存器中：CS，DS，SS 和 ES。

寄存器名称← →寄存器存放的内容

```
MOV  AX ，  BX          ;两个操作数均为寄存器寻址方式,AX←BX
MOV  CS ，  AX
MOV  IP ，  SS
```

注意　① 源和目的操作数的类型要一致！

② 源和目的操作数不能同时为段寄存器！

③ 指令执行的速度快。

3.2.1.4　存储器寻址方式(Memory Addressing)

8088/8086 的存储空间是分段管理的。

段地址是存放在默认的或用段超越前缀指定的段寄存器中。

偏移地址是相对于段地址的偏移量，又称 EA(有效地址)。

$$物理地址 PA = 段地址 * 16 + EA$$

为方便各种数据结构内存操作数的存取，8088/8086 设计了多种存储器寻址方式，可统一表达为

$$EA = BX/ BP + SI / DI + 8 / 16 位的位移量$$

注意　① 若用寄存器 BP 寻址内存单元，则默认采用的段寄存器是 SS，其他方式寻址内存时，均默认采用数据段寄存器 DS。

② 读数据时不改变源操作数的内容，称为非破坏性读出(Non Destruction

段寄存器的使用规定来进行段超越。

表 3.1   段寄存器的使用规定

访问存储器的方式	默认的寄存器	可超越的段寄存器	偏移地址
取指令	CS	无	IP
堆栈操作	SS	无	SP
一般数据访问(下列除外)	DS	CS,ES,SS	有效地址 EA
串操作的源操作数	DS	CS,ES,SS	SI
串操作的目的操作数	ES	无	DI
BP 作为基址的寻址方式	SS	CS,DS,ES	有效地址 EA

存储器寻址方式又可分为直接寻址、寄存器间接寻址、寄存器相对寻址、基址变址寻址、相对基址变址寻址和串寻址等方式。

1. 直接寻址方式(Direct Addressing)

指令包含了操作数的有效地址,默认采用数据段寄存器 DS。

例 3.2   将数据段中偏移地址 2000H 处的内存数据送至 AX 寄存器。

```
MOV      AX,[2000H]        ;指令功能:AX←DS:[2000H]
                           ;指令机器码为:A10020H
```

假定 DS=1234H,指令执行步骤如下:

① 总线接口单元 BIU 根据 CS:IP 的值通过总线控制逻辑取指到指令队列缓冲器。

② EU 负责指令的译码,执行指令。首先将 DS 的内容乘 16,作为地址加法器的一个操作数,而指令中的偏移地址值作为地址加法器的另一个操作数;计算出内存数据的物理地址

$$PA=DS*16+EA=12340H+2000H=14340H$$

③ 读内存单元 14340H 的数据到 AX 寄存器,其中,AL←[14340H],AH←[14341H]。见图 3.5。

汇编语言程序设计中,用"[]"表示存储单元的内容。

直接寻址方式中源操作数的偏移地址一般用变量名或带有变量名的表达式来表示。

可以使用段超越前缀,例如

```
MOV      AX,ES:[2000H]
```

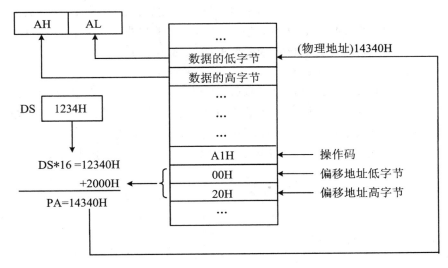

图 3.5　存储器直接寻址方式

此时,PA＝ES＊16＋2000H。

注意　对于双操作数指令,必须有一个操作数放在寄存器中,即源和目的操作数不能同时来自存储单元。

2. 寄存器间接寻址方式(Register Indirect Addressing)

① 操作数在存储器中;

② 操作数的有效地址在间址寄存器中:BX,BP,SI,DI;

③ 间址寄存器在方括号中:〔BX〕;

④ DS:BX, SI, DI　(PA ＝ DS ＊ 16 ＋ BX,SI,DI);

⑤ SS:BP　(PA ＝ SS ＊ 16 ＋ BP);

例 3.3　将数据段中 SI 指定偏移地址处的内存数据送至 AX 寄存器。

　　　　MOV　AX,〔SI〕　　　　　　　;指令功能:AX←DS:〔SI〕

该指令中的有效地址存放在寄存器 SI 中,而参与操作的数据则存放在内存的数据段中。如果 SI＝2000H,则该指令等同于 MOV AX,〔2000H〕。

　　例如

　　　　MOV　AL , 〔BX〕　　　　　; AL←〔 DS ＊ 16＋BX 〕

　　　　MOV　AX , 〔DI〕　　　　　; AL ←〔 DS ＊ 16 ＋ DI 〕

　　　　　　　　　　　　　　　　　;AH ←〔 DS ＊ 16 ＋ DI ＋1〕

　　　　MOV　AL , ES:〔SI〕　　　　; AL←〔 ES ＊ 16＋SI 〕,段超越

　　　　MOV　BL , 〔BP〕　　　　　; BL←〔 SS ＊ 16＋BP 〕

⑥ 寄存器间接寻址方式通常用来对一维数组或表格进行处理,这时只要改变间址寄存器 BX,BP,SI,DI 的内容,就可以对连续的存储器单元进行存/取操作。

3. 寄存器相对寻址方式(Register Relative Addressing)

① 操作数在存储器中;

② 操作数的有效地址是寄存器 BX,BP,SI,DI 的内容和有符号的 8 位或 16 位的位移量之和。8 位或 16 位的位移量指的是常量的数值或变量名的偏移地址值。这个数值的最大范围为 $-32\,768 \sim 32\,767$。超出范围则出错。

区分 8 位的位移量和 16 位的位移量的原因是它们关系到指令的长度。

例 3.4

```
MOV   AX,[SI+06H]              ;AX←DS:[SI+06H]
MOV   AX,[DI-04H]              ;AX←DS:[DI-04H]
```

对于事先定义的变量名

```
WVAR   DW   1234H
```

假定内存变量 WVAR 在数据段中的偏移地址为 0010H,则对于指令

```
MOV   AX,[DI+WVAR]
```

它实质上就是

```
MOV   AX,[DI+0010H]
```

而对于指令

```
MOV   AX,WVAR                  ;AX←DS:[0010H]
```

结果是 AX=1234H,这种方式就是存储器直接寻址方式。

注意 寄存器相对寻址方式的书写形式有 3 种:

```
MOV   AX,[BP]+4                ;标准格式
MOV   AX,4[BP]                 ;先写偏移量
MOV   AX,[BP+4]                ;将位移量写在括号内
```

这 3 种书写形式所表示的源操作数的物理地址都是 PA=SS*16+BP+4。段地址的要求同上,都可以用段超越前缀改变。

```
MOV   AX,ES:[BP]+4            ;EA=ES*16+BP+4
```

4. 基址变址寻址方式(Based Indexed Addressing)

将基址寄存器(BX)或基址指针寄存器(BP)的内容加上变址寄存器(SI 或 DI)的内容构成操作数的有效地址 EA,即 EA=BX/BP + SI/DI。

用 BX,则段寄存器默认为 DS;若有 BP,为 SS,都可以用段超越前缀改变段地

址。例如

```
MOV   AX,[BX+SI]              ;AX←DS:[BX+SI]
MOV   AX,[BX][SI]             ;AX←DS:[BX+SI]
MOV   BX, DS:[BP][DI]
```

5. 相对基址变址寻址方式(Relative Based Indexed Addressing)

① EA = BX/BP + SI/DI + 8 bit/16 bit Disp 利用基址寄存器(BX 或 BP)、变址寄存器(SI 或 DI)的内容,再加上一个 8 位或 16 位的位移量;

② 用 BX,则段寄存器默认为 DS;若有 BP,为 SS;

③ 都可以用段超越前缀改变段地址;

例 3.5

```
MOV   AX,[BX]+[SI]+8          ;AX←DS:[BX+SI+8]
```

同样可以写为

```
MOV   AX,8[BX][SI]
```

或者

```
MOV   AX,[BX+SI+8]
```

或者

```
MOV   AX,8[BX+SI]
```

等多种表达形式。

④ 由于基址变址和相对基址变址寻址方式采用了 2~3 个偏移量来表示有效地址,所以可以用来存/取二维或三维数组。

6. 串寻址方式(String Addressing)

这种寻址方式只适用于串操作指令。使用隐含的变址寄存器(SI,DI)间接寻址,因此它属于寄存器间址寻址方式,以后讲到串操作指令时再介绍。例如

```
MOV   SB                     ;字节传送
MOV   SW                     ;字传送
```

3.2.1.5 I/O 端口寻址方式(Input/Output Port Addressing)

8088/8086 对 I/O 端口采用独立编址方式,使用专门的输入指令 IN 和输出指令 OUT 访问 I/O 端口(接口电路中的数据寄存器)。I/O 端口寻址只适用于这两种指令。

1. 直接端口寻址(0~255)

```
IN    AL,50H                 ;字节输入指令
```

```
IN    AX,60H                    ;字输入指令
OUT   PORT,AL
OUT   PORT,AX
```

2. 间接端口寻址(＞255)

端口寄存器只能用 DX。

```
MOV  DX,383H
OUT  DX,AL
MOV  DX,380H
IN   AX,DX
```

以上所有寻址方式都是与数据有关的寻址方式。下面介绍与转移地址有关的寻址方式。

3.2.2 与转移地址有关的寻址方式

用来确定转移指令和 CALL 指令的转向地址。

3.2.2.1 段内直接转移

CS 不变,修改 IP。

指令的格式:

　　　转移指令　转向地址(指令的标号)

机器指令的格式:

　　　转移指令的机器码　8 位/16 位的位移量

转向的有效地址是当前的 IP 寄存器的内容和指令中指定的 8 位或 16 位位移量之和。这种方式的转向有效地址用相对于当前 IP 值的位移量来表示,所以它是一种相对寻址方式。

位移量＝ 转向指令的 EA－当前的 IP 值(转向的有效地址和当前的 IP 之差)

两种转移:

① 近转移(Near)范围:－32768～32767(段内转移);

② 短转移(Short)范围:－128～127。

```
JMP  NEAR  PTR  PROGIA       ;段内转移、相对寻址:IP←IP+16 位的位移量,
                             ;NEAR PTR 可以省略
JMP  SHORT  QUEST            ;短转移:IP←IP+8 位的位移量
```

其中,PROGIA 和 QUEST 均为转向的符号地址(转向指令的标号),在机器指令中用位移量来表示。用于条件转移指令时,位移量只允许 8 位,即范围为－128～127;无条件转移指令在位移量为 8 位时称为短跳转。

3.2.2.2　段内间接寻址

转向的有效地址是一个寄存器或是一个存储单元的内容。

JMP　BX	；IP←BX
JMP　WORD　PTR [BX+TABLE]	；IP←DS：[BX+TABLE 的偏移地址]所指向的
	；字存储单元的内容

其中,WORD PTR 为操作符,表明转向地址是一个字的有效地址,即它是一种段内转移。TABLE 为内存变量名。如图 3.6 所示。

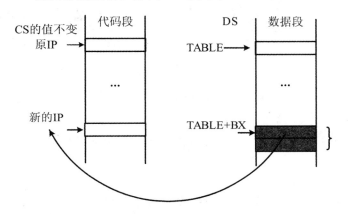

图 3.6　带偏移量的段内间接寻址示意图

3.2.2.3　段间直接寻址

指令中直接提供了转向的段地址和偏移地址,所以只要用指令中指定的偏移地址取代 IP 寄存器的内容,用指令中指定的段地址取代 CS 寄存器的内容就完成了从一个段到另一个段的转移操作,用在子程序设计中。

例 3.6

　　JMP　FAR　PTR　NEXTPRO

其中,NEXTPRO 为转向的符号地址,FAR PTR 表示段间转移的操作符。

3.2.2.4　段间间接寻址

用存储器中的两个相继字的内容来取代 IP 和 CS 寄存器的原始内容以达到段间转移的目的。这里的存储单元的地址是由指令指定除立即数方式和寄存器方式以外的任何一种数据寻址方式取得。

例 3.7

　　JMP　DWORD　PTR　[BX+TABLE]　；(IP←EA；CS←EA+2)

其中,[BX＋TABLE]说明数据寻址方式为寄存器相对寻址方式,DWORD PTR用来说明转向地址需要使用双字操作数。见图3.7。

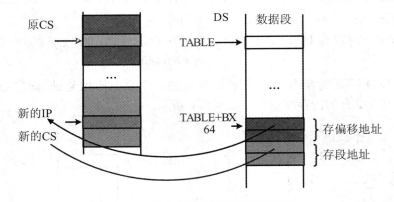

图3.7 例3.7 段间间接寻址示意图

注意 ① 条件转移指令只能使用段内直接寻址方式,且位移量只能为8位;② JMP和CALL指令可以使用4种寻址方式中的任何一种。

3.3 8086指令系统

8086指令系统包含6大类99小类133条指令。其中6大类为:
① 数据传送类;
② 算术运算类;
③ 逻辑运算与移位类;
④ 串操作类;
⑤ 控制转移类;
⑥ 处理器控制类。

详细见附录2:指令系统一览表。为了帮助大家熟悉8086指令系统,表3.2列出了8086指令常用的操作数符号及其含义。

表3.2 事先约定的操作数的表达符号

操作数符号	含 义
i8	一个8位的立即数
i16	一个16位的立即数

操作数符号	含　义
imm	代表 i8 或 i16
r8	任意一个 8 位的通用寄存器 AH,AL,BH,BL,CH,CL,DH,DL
r16	任意一个 16 位的通用寄存器 AX,BX,CX,DX,SI,DI,BP,SP
reg	代表 r8 或 r16
seg	任意一个段寄存器 CS,SS,DS,ES
m8	一个 8 位的内存单元
m16	一个 16 位的内存单元
mem	代表 m8 或 m16
dst	目的操作数
src	源操作数

3.3.1　数据传送类指令

3.3.1.1　传送指令 MOV

指令格式:

　　MOV　dst,src　　　　　　　　;dst←src

例如

　　MOV　reg/mem,imm　　　　;立即数送寄存器或内存
　　MOV　reg/mem/seg,reg　　;寄存器送寄存器(包括段寄存器)或内存
　　MOV　reg/seg,mem　　　　;内存送寄存器(包括段寄存器)
　　MOV　reg/mem,seg　　　　;段寄存器送内存或寄存器

功能:将一个字节或字操作数从源地址送到目的地址。见图 3.8。

注意　① 不能在两个内存单元之间使用 MOV,必须借助通用寄存器作为数据传递的桥梁。例如

　　MOV　AL,[SI]
　　MOV　[DI],AL

② 不能用 CS 作为目的操作数,IP 只能隐含使用。

③ 段寄存器之间不能直接用 MOV。

④ 立即数不能作为目的操作数。

⑤ 不能将立即数直接送段寄存器。

⑥ 目的操作数和源操作数必须类型一致。

寄存器有明确的类型,对应的立即数或存储器操作数只能是字节或字;但将立即数输入存储单元时,必须显式指明存储单元是字节类型还是字类型。

⑦ MOV 指令不影响状态标志。

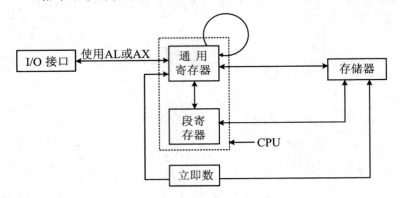

图 3.8　数据传送关系图

例 3.8

MOV　[BX+SI],200	;非法指令,[BX+SI]指向的存储单元类型不 ;明确
MOV　BYTE PTR [SI],0AH	;正确,说明是字节操作
MOV　WORD PTR [DI+5],0BH	;正确,DS:[DI+5]←000BH,字操作

3.3.1.2　堆栈操作

堆栈是一个以"先进后出"方式工作的内存区域,使用 SS 记录段地址;堆栈指针寄存器 SP 指向栈顶的偏移地址。

堆栈常用来保存地址、运算结果等重要数据,以便随时恢复它们。

SP 永远指向栈顶,BP 可作为间址寄存器用以访问堆栈数据(一般令 BP=SP)。

1. 进栈指令 PUSH

指令格式:

　　　　PUSH　src(r16/m16/seg)

其中,src 可以是 r16 或 m16 或 seg,目的操作数固定为堆栈数据。

执行操作:

① SP←SP−2;

② SS:[SP]←r16/m16/seg。

先使 SP 的内容减 2,然后将一个字操作数压入堆栈。先高字节,后低字节。

2. 出栈指令 POP

指令格式：

　　　　POP　dst(r16/m16/seg)

其中,dst 可以是 r16 或 m16 或 seg,源操作数固定为堆栈数据。

执行操作：

① r16/m16/seg←SS:[SP];

② SP←SP+2。

将一个字操作数弹出堆栈,先低字节,后高字节,然后堆栈指针 SP 加 2。

例 3.9　将 16 位段寄存器 CS 的内容压入堆栈,然后弹出堆栈至段寄存器 DS,已知:SS=1500H,SP=0008H,CS=12FAH,其示意图见图 3.9 和图 3.10。

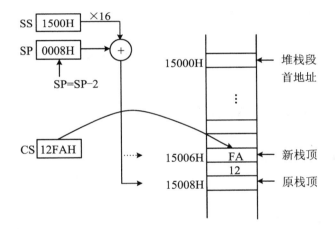

图 3.9　PUSH　CS 指令操作过程示意图

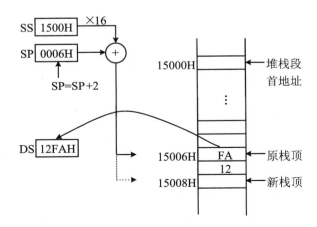

图 3.10　POP　DS 指令操作过程示意图

注意 ① 堆栈是字操作。

② 堆栈指针永远指向栈顶,不要轻易修改 SP 的值。

③ 立即数不能作为目的操作数。即不能弹出一个数据到立即数。

④ CS 作为目的操作数时,一般是子程序段间调用情况。

⑤ 堆栈指令不影响标志位。

⑥ 按照"先进后出"的原则编写进栈、出栈指令顺序。

例 3.10 对于下面的程序段,它的功能是在某个子程序的开始保存寄存器 AX, BX 和 CX 的内容到堆栈中,子程序结束后则恢复相应的 AX,BX 和 CX 的内容:

```
PUSH    AX                              ;保护现场
PUSH    BX
PUSH    CX
...
POP     CX                              ;恢复现场
POP     BX
POP     AX
```

3.3.1.3 交换指令 XCHG

指令格式:

```
XCHG   reg,reg/mem
```

也可表达为:

```
XCHG   reg/mem,reg
```

执行操作:reg← →reg/mem。

实现 CPU 内部通用寄存器之间和内部通用寄存器与内存单元之间内容(字或字节)的互换。

例 3.11

```
WVAR    DW ?                        ;在数据段中定义
...
;代码段:
MOV        AX,1199H                 ;AX=1199H
XCHG       AH,AL                    ;AX=9911H
MOV        WVAR,5566H              ;字变量 WVAR=5566H
XCHG       AX,WVAR                 ;AX=5566H,WVAR=9911H
XCHG       AL,BYTE PTR WVAR+1      ;AX=5599H,WVAR=6611H
```

注意 ① 段寄存器和立即数不能作为其中的一个操作数。

② 两个操作数不能同为存储器操作数。

③ 不影响标志位。

3.3.1.4 换码指令(或称查表转换指令)XLAT

指令格式:

    XLAT

也可表达为:

    XLAT Table_Name

执行操作:AL←[BX+AL]。

其中,源操作数为寄存器相对寻址方式,目的操作数为寄存器寻址方式。Table_Name为字节表格的首地址(变量名),是为提高程序的可读性而设置的。

使用该指令的步骤如下:

① 在内存区域建立一个字节表格。表格的内容是要转换成的目的代码;

② 在代码段中,当使用该指令之前,首先应将表格的首地址(表格中第一个数据的偏移地址)存放在 BX 寄存器中;

③ 需要转换的码(待查数据在表格中的位置)存放在 AL 寄存器中。此时 AL 中应是相对于表格首地址的位移量。表格最大为 256 个字节;

④ 最后执行换码指令,执行后 AL 寄存器的内容为查表结果。见图 3.11。

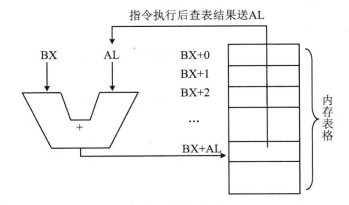

图 3.11 换码指令 XLAT 示意图

注意 ① XLAT 指令中没有显示指明操作数,固定使用 BX 和 AL 寄存器。这种寻址方式也被称为固定寻址方式或隐含寻址方式。

② XLAT 指令默认的缓冲区在数据段 DS,但也可进行段超越。例如

    XLAT ES:Table_Name

③ 该指令不影响标志位。

例 3.12 将首地址为 400H 的表格中 3 号数据(假设为 46H)取出。

```
MOV   BX,400H      ;BX←400H
MOV   AL,03H       ;AL←03H
XLAT              ;AL←46H
```

3.3.1.5　输入/输出指令

输入输出指令的一个操作数来自外设(准确地说,来自接口电路)。

1. I/O 寻址方式

8088/8086 采用低 16 位地址线 $A_{15} \sim A_0$ 寻址独立于存储空间的 64 K 外设地址空间,指令中设计了两种表达 I/O 地址的方法:

① 直接寻址方式:用 00H～FFH 表示的最低 0～255 个 8 位的 I/O 地址。

② 间接寻址方式:用 DX 寄存器表示的全部 16 位 I/O 地址。

2. 输入指令 IN

指令功能:将指定的 I/O 地址的外设数据输入 CPU 的累加器 AL 或 AX。

指令格式:

```
IN   AL,i8      ;字节输入:AL←I/O 端口 i8(直接寻址)
IN   AL,DX      ;字节输入:AL←I/O 端口 DX(DX 寄存器间接寻址)
IN   AX,i8      ;字输入:AX←I/O 端口 i8(直接寻址)
IN   AX,DX      ;字输入:AX←I/O 端口 DX(DX 寄存器间接寻址)
```

3. 输出指令 OUT

指令功能:将 AL 或 AX 的内容输出到指定的 I/O 端口地址的外设。

指令格式:

```
OUT   i8,AL     ;字节输出:I/O 端口 i8(直接寻址)←AL
OUT   DX,AL     ;字节输出:I/O 端口 DX(DX 寄存器间接寻址)←AL
OUT   i8,AX     ;字输出:I/O 端口 i8(直接寻址)←AX
OUT   DX,AX     ;字输出:I/O 端口 DX(DX 寄存器间接寻址)←AX
```

4. 数据交换方式

由于由 8088 CPU 构成的 IBM-PC 计算机的数据线为 8 位宽度,若使用输入输出指令传送字数据,则需要两个端口参与操作。每次输入输出传送一个字节,CPU 内部利用 AL;传送一个字,利用 AX。后者的实质是低 I/O 地址数据与 AL 之间传送,高 I/O 地址数据与 AH 传送,仍然是"低对低、高对高"的形式。

例 3.13

```
OUT   DX,AX     ;将 AL 中的数据输出到 DX 所指的端口,同时将
               ;AH 中的内容输出到 DX+1 所指的端口
```

注意　① 虽然 I/O 指令在表示形式上是 8 位立即数 i8 和寄存器 DX,但含义

是指 I/O 地址。

② 直接寻址的指令格式为长格式;间接寻址的指令格式为短格式。当端口号 <256,使用长格式,端口号≥256 时只能使用短格式(DX)。

③ 输入/输出指令不影响标志位。

3.3.1.6　地址传送指令

地址传送指令将存储单元的逻辑地址送至指定的寄存器中。

1. 有效地址传送指令

指令格式:

```
    LEA   r16,mem                    ;r16←mem 的有效地址
```

指令功能:将存储器操作数的有效地址传送到 16 位通用寄存器中。

例 3.14

```
    MOV   BX,400H
    MOV   SI,3CH
    LEA   BX,[BX+SI+0F62H]     ;BX=139EH,存放的是存储单元的 EA
```

注意　微处理器执行该指令后,BX 得到内存单元的有效地址,它不是该单元 的内容。汇编语言中有一个操作符 OFFSET,可以在汇编的过程中得到内存变量 的偏移地址。

例 3.15

```
    WVAR   DW      4142H          ;假设 WVAR 的偏移地址为 0004H
    …
    MOV    AX,WVAR               ;AX←4142H
    LEA    SI,WVAR               ;SI=0004H
    MOV    CX,[SI]               ;CX=4142H
    MOV    DI,OFFSET WVAR        ;DI=0004H
    MOV    DX,[DI]               ;DX=4142H
```

2. 指针传送指令

指令格式:

```
    LDS   r16,mem         ;r16←[mem],DS←[mem+2],r16 通常指定为 SI
    LES   r16,mem         ;r16←[mem],ES←[mem+2],r16 通常指定为 DI
```

指令功能:将源操作数指定的 4 个相继字节送到由指令指定的寄存器和 DS 或 ES 寄存器中。

上述两条指令完成了 32 位地址指针的传送。注意这里 mem 是一个双字类型 的操作数。例如

　　　LDS　BX,[BX+SI]　　　;假设 BX=4000H,SI=120H,DS=6000H
　　　　　　　　　　　　　　;(64120H)=3355H,(64122H)=6677H

指令的执行结果:BX=3355H,DS=6677H。

例如

　　　LES　BX,[BX+SI]　　　;假设 BX=4000H,SI=120H,DS=6000H
　　　　　　　　　　　　　　;(64120H)=3355H,(64122H)=6677H

指令的执行结果:BX=3355H,ES=6677H。

注意　① 以上 3 条指令指定的寄存器都不能使用段寄存器,且源操作数必须使用除立即数方式及寄存器方式以外的其他寻址方式。

② 这些指令都不影响标志位。

3.3.1.7　标志传送指令

① LAHF　　　　　　　　　;load AH from flags

指令功能:AH ← FLAGS 的低字节,即状态标志位 SF,ZF,AF,PF 和 CF 分别输入 AH 的第 7,6,4,2,0 位。

② SAHF　　　　　　　　　;store AH in flags

指令功能:FLAGS 低字节← AH,即根据 AH 的内容(第 7,6,4,2,0 位)设置相应的状态标志位 SF,ZF,AF,PF 和 CF,所以 SAHF 只影响状态标志位的低 8 位。

③ PUSHF　　　　　　　　;push flags onto stack

指令功能:SP ← SP−2;SS:SP ← FLAGS。

④ POPF　　　　　　　　　;pop flags off stack

指令功能:FLAGS ← SS:SP;SP ← SP + 2。

PUSHF 和 POPF 利用堆栈间接操作所有的标志位,后者影响标志位。

3.3.2　算术运算类指令

算术运算指令用来执行二进制的算术运算:加减乘除。这类指令会根据运算结果影响状态标志,有时要利用某些标志才能得到正确的结果。使用它们要留心有关状态标志的变化。

3.3.2.1　加法减法指令

$$
\text{加法指令:}\begin{cases} \text{ADD} \\ \text{ADC} \\ \text{INC} \end{cases} \quad \text{减法指令:}\begin{cases} \text{SUB} \\ \text{SBB} \\ \text{DEC} \\ \text{NEG} \\ \text{CMP} \end{cases}
$$

注意　① DEC,INC,NEG 为单操作数指令,其余均为双操作数指令。

② 参与运算的操作数可以是 8 位或 16 位的操作数。

③ 对于双操作数指令,编程者必须认为两个操作数同为有符号数或无符号数;对于两个操作数同为有符号数和同为无符号数的加减运算可以采用同一套指令,运算结果的判断要根据不同的状态标志;无符号数和有符号数根本上的区别是:前者所有的位都用来表示数值,后者最高有效位表示数值的符号(补码表示);从而导致两种类型的数据表示数值范围的不同。

有符号数:

8 位:　　　$-128 \sim 127$

16 位:　　$-32\,768 \sim 32\,767$

无符号数:

8 位:　　　$0 \sim 255$

16 位:　　$0 \sim 65\,535$

对于有符号数:溢出标志位(OF)=1,表示运算结果溢出,即运算结果出错,不管 CF 的值如何;

对于无符号数:进位标志位 CF=1,表示运算结果最高有效位有进位,也可以说有溢出,但并不代表结果出错,OF 的状态对运算结果的判断不起作用。

采用双操作数的加减法指令和后面介绍的逻辑运算指令(分别是 ADD,ADC,SUB,CMP 和 AND,OR,XOR,TEST)具有共同的指令格式:

运算指令助记符　reg,imm/reg/mem

运算指令助记符　mem,imm/reg

也可以表示为:

运算指令助记符　dst , src

注意　① 源操作数可以是任意与数据有关的寻址方式。

② 目的操作数只能是立即数寻址方式以外的其他寻址方式。

③ 两个操作数不能同时为存储器寻址方式。

④ 运算结果存放在目的操作数中。

⑤ 同一条指令中,两个操作数的类型必须一致。

下面逐个介绍加法减法指令:

1. 加和减指令

　　ADD　dst,src　　　;加法:dst←dst+src

ADD 指令使目的操作数加上源操作数,和的结果送至目的操作数。

　　SUB　dst,src　　　;减法:dst←dst-src

SUB 指令使目的操作数减去源操作数,差的结果送至目的操作数。

2. 带进位的加和减指令

ADC　dst,src　　　　　　;加法:dst←dst+src+CF

SBB　dst,src　　　　　　;减法:dst←dst−src−CF

ADC 和 SBB 指令主要用于与 ADD 和 SUB 指令相结合实现多精度数的加法和减法。

例 3.16　无符号数的加法和减法运算的程序段:

MOV　AX,7856H

MOV　DX,8234H

ADD　AX,8998H　　　　;AX=01EEH,CF=1

ADC　DX,1234H　　　　;DX=9469H,CF=0

SUB　AX,4491H　　　　;AX=BD5DH,CF=1

SBB　DX,8000H　　　　;DX=1468H,CF=0

上述程序段完成,则

DX,AX=82347856H+12348998H−80004491H=1468BD5DH

3. 比较指令 CMP

CMP　dst,src　　　　　　;作减法运算:dst−src

CMP 指令将目的操作数减去源操作数,但差值不送到目的操作数,即不改变目的操作数。比较指令通过减法运算影响状态标志,用于比较两个操作数的大小关系,也可为条件转移指令提供判断依据,见表 3.3。

表 3.3　利用状态标志反映两数之间的关系

两数比较结果 （A−B）		受影响标志			
		CF	ZF	SF	OF
A=B(Equal)		0	1	0	0
无符号数	A<B (Below)	1	0	—	—
	A>B (Above)	0	0	—	—
有符号数	A>B (Greater)	—	0 0	0 1	0 1
	A<B (Less)	—	0 0	0 1	1 0

Below 和 Above（高于和低于）指的是两个无符号数之间的关系;Greater 和 Less（大于和小于）指的是两个有符号数之间的关系。

对于表 3.3 有下面几点说明:

① "—" 表示不确定,或者说该标志位的值没有意义,不能成为 A,B 两数进行比较的判断条件。

② A 是否等于 B,只需关心 ZF 的值,ZF=1,两数相等;ZF=0,两数不等;其余的标志一概不管用,无需关心。

A 和 B 若都被认为是无符号数,只需关心进位位 CF 的值。计算机不关心操作数是有符号数还是无符号数,不管你让它做加法或减法运算,它一律用加法器(全加器、半加器)电路实现,也就是说它只会相加。

例如,假设 A=2,B=3,都是 8 位的操作数,对于 A−B,首先要将其变为 A+(−B),此时,A=00000010b,−B 的结果为(进行求补运算,或者求−3 的补码,因为是负数,两者意义相同):

先将 B 按位取反:11111100b;再加 1:11111101b。

由上可得 A+(−B)=11111111b,相加结果没有进位。因为是减法运算,进位位取反,故 CF=1,表示减法运算有借位。

若 A=3,B=2,对于 A−B,同样要将其变为 A+(−B),此时 A=00000011b;对于 −B:

求 B 的反码:11111101b;再加 1:11111110b。

由上可得 A+(−B)=00000001b,相加结果有进位。因为是减法运算,进位位取反,故 CF=0,表示减法运算无借位。

③ 对于 A 和 B 都是有符号数,情况复杂一些,依靠 SF,OF 两个标志位的内容才能判断 A 和 B 谁大谁小。

$$\begin{cases} SF \oplus OF = 0,表示 A > B \\ SF \oplus OF = 1,表示 A < B \end{cases}$$

4. 加、减 1 指令

```
INC   reg/mem        ;加 1:reg/mem←reg/mem+1
DEC   reg/mem        ;减 1:reg/mem←reg/mem−1
```

INC 指令对操作数加 1,DEC 指令对操作数减 1,操作数可以是寄存器或存储器。设计加、减 1 指令的目的,主要是用于对计数器和地址指针的调整,所以它们不影响进位 CF 标志,但影响其他状态标志位。

5. 求补指令 NEG

```
NEG   reg/mem        ;reg/mem←0−reg/mem,单操作数指令
```

求补运算也可以表达为:将操作数按位取反后加 1。如果将操作数看成是有符号数,求补运算将一个正整数变为负整数,将一个负整数变为正整数,而绝对值不变。

NEG 指令对状态标志位的影响：

① 只有当操作数为 0 时，求补运算的结果使 CF＝0；其他情况则均为 1。

② 当操作数为字节型操作数，且为－128，以及操作数为字型操作数，且为－32 768时，求补运算的结果使 OF＝1，其他情况均为 0。

例 3.17　根据以上所学指令，编写计算 3－2 的程序段。

3 的二进制补码表示为：00000011b；

－2 的二进制补码表示为：00000010b→取反：11111101b→加 1：11111110b。

可以使用一条指令完成：

　　　MOV　AL,3－2

或

　　　MOV　AL,00000011b－00000010b

或

　　　MOV　AL,00000011b＋1111 1110b　　　　　;3 的补码加(－2)的补码

以上指令执行后不影响标志位。

使用算术运算类指令：

　　　MOV　AL,3
　　　SUB　AL,2

或

　　　MOV　AL,3
　　　ADD　AL,－2

或

　　　MOV　AL,3
　　　MOV　BL,2
　　　NEG　BL
　　　ADD　AL,BL

3.3.2.2　符号扩展指令

符号扩展指令通过将带符号操作数的符号位(即最高位)进行扩展的操作把一个 8 位的有符号数扩展为 16 位有符号数或 16 位有符号数扩展为 32 位有符号数。即将字节转换为字，字转换为双字，而有符号操作数的真值并未改变。

　　　CBW　　　;AL 扩展为 AX;AL 不变,AH 中的所有位等于 AL 的最高位
　　　CWD　　　;AX 扩展为 DX,AX;AX 不变,DX 中所有位等于 AX 的最高位

注意　① 要进行符号扩展的数据一定要首先放到累加器 AL 或 AX 中。

② 符号扩展指令通常用来获得有符号数的倍长数据，例如将有符号除法运算中的被除数进行符号扩展；对无符号数应该采用直接使高 8 位或高 16 位清 0 的方

法,获得倍长的数据。

③ 不影响状态标志位。

3.3.2.3　乘法和除法指令

乘法和除法指令分别实现两个二进制操作数的相乘和相除运算,并针对有符号数和无符号数设计了不同的指令。而加减指令不分有符号数和无符号数。

1. 乘法指令

MUL	r8/m8	;无符号字节乘法:AX←AL * r8/m8
MUL	r16/m16	;无符号字乘法:DX,AX←AX * r16/m16
IMUL	r8/m8	;有符号字节乘法:AX←AL * r8/m8
IMUL	r16/m16	;有符号字乘法:DX,AX←AX * r16/m16

注意　① 乘法指令源操作数显式给出;源操作数不能为立即数。目的操作数隐含使用了一个操作数 AX 和 DX,乘积存放在 AX 或 DX,AX 中。

② 乘法指令对除 CF 和 OF 以外的状态标志位无定义。

无定义:指指令执行后,标志位的状态不确定;

不影响:标志位维持原状态不变。

对于 MUL 指令,若乘积的高一半(AH 或 DX)为零,则 CF=OF=0;否则,CF=OF=1。

对于 IMUL 指令,若乘积的高一半为低一半的符号扩展,则 CF=OF=0;否则,CF=OF=1 。

作用:MUL 可用来检查字节相乘的结果是字节还是字;IMUL 可用来检查字相乘的结果是字还是双字。

③ MUL 和 IMUL 指令除操作数分别是无符号数和有符号数以外,其他都相同。由于同一个二进制码表示无符号数和有符号数时,真值可能不同。所以分别采用 MUL 和 IMUL 指令后,乘积的结果也可能不同。

④ 有符号数乘法指令执行过程:绝对值相乘 → 异号则求补。

例3.18　若 AL = 0B4H,BL = 11H,求指令 IMUL BL 和 MUL BL 执行后的乘积值和 CF,OF 的结果。

解　AL=0B4H,是无符号数的 180D,有符号数的−76D;

BL=11H,是无符号数的 17D,有符号数+17D。

执行 IMUL BL 的结果为

$$AX = 0FAF4H = -1292D$$
$$CF = OF = 1$$

执行 MUL BL 的结果为

$$AX = 0BF4H = 3060D$$

$$CF = OF = 1$$

2. 除法指令

DIV   r8/m8   ;无符号数字节除法:AL←AX÷r8/m8 的商
                          ;AH← AX÷r8/m8 的余数
DIV   r16/m16   ;无符号数字除法:AX←DX,AX÷r16/m16 的商
                          ;DX← DX,AX÷r16/m16 的余数
IDIV   r8/m8   ;有符号数字节除法:AL←AX÷r8/m8 的商
                          ;AH← AX÷r8/m8 的余数
IDIV   r16/m16   ;有符号数字除法:AX←DX,AX÷r16/m16 的商
                          ;DX← DX,AX÷r16/m16 的余数

注意   ① 除法指令的目的操作数(也是被除数)必须为 AX 或 DX,AX,源操作数则显式给出;源操作数不能为立即数。对于有符号数的除法运算,余数的符号和被除数相同。

② 除法指令对所有的状态标志位无定义。

③ 对于 DIV 指令,除数为 0,字节除时商超过 8 位,或者在字除时商超过 16 位,发生除法溢出。

对于 IDIV 指令,除数为 0,在字节除时商不在-128~127 范围内,或者在字除时商不在-32 768~32 767 范围内,发生除法溢出。

除法运算发生溢出时,微处理器就产生编号为 0 的内部中断(除法错中断)。实际编程中应注意这个问题,应进行溢出判断及处理,避免发生溢出情况。

④ DIV 和 IDIV 指令除操作数分别是无符号数和有符号数以外,其他都相同。由于同一个二进制码表示无符号数和有符号数时,真值可能不同;所以分别采用 DIV 和 IDIV 指令后,商和余数也可能不同。

例 3.19   若 AX = 0400H,BL = 0B4H,求指令 IDIV BL 和 DIV BL 执行后的结果。

解   AX=400H 是无符号数的 1024D,有符号数的+1024D;

BL=0B4H 是无符号数的 180D,有符号数 -76D。

执行 DIV BL 的结果为

$$AH = 7CH = 124D   (余数)$$
$$AL = 05H   (商)$$

执行 IDIV BL 的结果为

$$AH = 24H = 36D   (余数)$$
$$AL = 0F3H = -13D   (商)$$

例 3.20   计算(W-(X * Y+Z-220))/X,设 W,X,Y,Z 均为 16 位有符号数,分别存放在变量名 W,X,Y,Z 所指向的存储单元中。要求将计算结果的商存

入 AX,余数存入 DX,或者存放到变量名 RESULT 指向的内存区域中。完整的源程序如下:

```
DATA      SEGMENT              ;数据段
      W          DW   -304
      X          DW   10
      Y          DW   -12
      Z          DW   20
      RESULT  DW  2   DUP(?)
DATA      ENDS
;
CODE      SEGMENT              ;代码段
    ASSUME      CS:CODE,DS:DATA
START:
      MOV   AX,DATA
      MOV   DS,AX              ;初始化 DS
      MOV   AX,X
      IMUL   Y                 ;计算 X*Y
      MOV   CX,AX
      MOV   BX,DX              ;乘积 DX,AX 暂存于 BX,CX 中
      MOV   AX,Z
      CWD                      ;将 Z 带符号扩展到 DX,AX 中
      ADD   CX,AX
      ADC   BX,DX              ;计算 X*Y+Z,结果在 BX,CX 中
      SUB   CX,220
      SBB   BX,0               ;计算 X*Y+Z-220,结果在 BX,CX 中
      MOV   AX,W
      CWD                      ;DX,AX←W
      SUB   AX,CX
      SBB   DX,BX              ;计算 W-(X*Y+Z-220),存在 DX,AX 中
      IDIV   X                 ;最后除以 X,商在 AX,余数在 DX
      MOV   RESULT,AX
      MOV   RESULT+2,DX        ;结果转存到 RESULT 指向的内存区域
      MOV   AH,4CH             ;带返回码结束
      INT   21H               ;返回 DOS
CODE ENDS
      END   START
```

3.3.2.4　十进制调整指令

因为人们最常用的是十进制数,所以我们需要 BCD 码。

BCD 码即 Binary Coded Decimal,就是二进制编码的十进制数;压缩的 BCD 码即 packed BCD format,又称为 8421 码,用 4 个二进制的位表示 1 个十进制的位,一个字节可以表示两个十进制位,可以表示的十进制数的范围为:0~99。

非压缩的 BCD 码即 unpacked BCD format,用 8 个二进制位表示 1 个十进制位 0~9,高 4 位任意,通常将高 4 位设置为 0。

ASCII 码是一种非压缩的 BCD 码,见表 3.4。

表 3.4　几种编码的对照表

十进制	二进制码		压缩 BCD 码		非压缩 BCD 码		ASCII 码
0	0000b	0H	0000b	0H	×××0000b	×0H	30H
1	0001b	1H	0001b	1H	×××0001b	×1H	31H
2	0010b	2H	0010b	2H	×××0010b	×2H	32H
3	0011b	3H	0011b	3H	×××0011b	×3H	33H
4	0100b	4H	0100b	4H	×××0100b	×4H	34H
5	0101b	5H	0101b	5H	×××0101b	×5H	35H
6	0110b	6H	0110b	6H	×××0110b	×6H	36H
7	0111b	7H	0111b	7H	×××0111b	×7H	37H
8	1000b	8H	1000b	8H	×××1000b	×8H	38H
9	1001b	9H	1001b	9H	×××1001b	×9H	39H
10	1010b	AH					
11	1011b	bH					
12	1100b	CH					
13	1101b	DH					
14	1110b	EH					
15	1111b	FH					

调整的原理,以 BCD 码表示的数的相加为例进行说明。

原则:若个位向十位有进位,则加 6 调整。

对于程序员来说,无须知道调整的原理,关键是提供正确的用 BCD 码表示的数据,将数据进行加减乘除运算后,经过相应的 BCD 码调整指令执行后,便可得到正确的 BCD 码形式的结果。

$$
\begin{array}{r}
7 \\
+6 \\
\hline
13
\end{array}
\qquad
\begin{array}{r}
0111\,b \\
+0110\,b \\
\hline
1101\,b \\
+0110\,b \\
\hline
0011\,b
\end{array}
$$

1

1. 压缩 BCD 码加、减法调整指令

　　DAA　　　　　;将 AL 中的加和调整为压缩 BCD 码

　　DAS　　　　　;将 AL 中的减差调整为压缩 BCD 码

（1）DAA

执行的操作:AL←将 AL 中的和调整为压缩的 BCD 码的格式。

该指令执行前:

① 必须执行 ADD 或 ADC 指令;

② 加法指令必须将两个压缩的 BCD 码相加;

③ 相加的结果必须存放在 AL 中。

调整的方法（机器行为）:

如果 $AF=1$ 或 $(AL)_{0\sim3}=A\sim F$,$(AL)\pm 6 \to (AL)$,$AF=1$;

如果 $CF=1$ 或 $(AL)_{4\sim7}=A\sim F$,$(AL)\pm 60H \to (AL)$,$CF=1$。

（2）DAS

执行的操作：AL←将 AL 中的差调整为压缩的 BCD 码的格式。

该指令执行前:

① 必须执行 SUB 或 SBB 指令;

② 减法指令必须将两个压缩的 BCD 码相减;

③ 相减的结果必须存放在 AL 中。

　　注意　DAA,DAS 对 OF 无定义,影响其他的标志位。例如,CF 反映压缩 BCD 码相加的进位或相减的借位。

　　例 3.21　计算 $28+68=$?

编写程序段:

　　MOV　AL,00101000b　　　;(28)BCD

　　MOV　BL,01101000b　　　;(68)BCD

　　ADD　AL,BL　　　　　　;AL = ?　　CF,AF = ?

　　DAA　　　　　　　　　;AL = ?　　CF,AF = ?

执行 ADD 指令后,AL=90H,CF=0,AF=1;

执行 DAA 指令后,因 AF=1,所以 AL←AL+6。

最后得到:AL=96H,CF=0,AF=1。

例 3.22 计算 1834+2789=?

```
MOV   AL,34H
MOV   BL,89H
ADD   AL,BL
DAA
MOV   DL,AL
MOV   AL,18H
MOV   BL,27H
ADC   AL,BL
DAA
MOV   DH,AL
```

结果 4623 保存在 DX 中。

例 3.23

```
MOV   AL,64H          64H
MOV   BH,37H        — 37H
SUB   AL,BH          2DH
DAS                — 6H
                     27H
```

AL=27H

CF=0,AF=1

例 3.24 压缩 BCD 码的加、减法运算。

```
MOV   AL,56H       ;用压缩 BCD 码表示 56H
MOV   BL,35H       ;用压缩 BCD 码表示 35H
ADD   AL,BL
DAA                ;调整后,AL=91H,即和为 91
SUB   AL,49H       ;91—49=42
DAS                ;调整后,AL=42H,即差为 42
```

例 3.25 BCD1=1234H,BCD2=4612H,计算 BCD3=BCD1−BCD2。

```
BCD1  DB   34H,12H      ;在数据段定义
BCD2  DB   12H,46H
BCD3  DB   2 DUP(?)
…
```

```
MOV   AL,BCD1              ;代码段
SUB   AL,BCD2
DAS
MOV   BCD3,AL
MOV   AL,BCD1+1
SBB   AL,BCD2+1
DAS
MOV   BCD3+1,AL
```

计算结果为 6622H,你也许会以为结果错了,其实,结果是对的。6622 是
-3378 的 4 位十进制数的补码。

(2) 非压缩的 BCD 码调整指令

① AAA(ASCII Adjust for Addition)加法的 ASCII 调整指令;

② AAS(ASCII Adjust for Subtraction)减法的 ASCII 调整指令;

③ AAM(ASCII Adjust for Multiplication)乘法的 ASCII 调整指令;

④ AAD(ASCII Adjust for Division)除法的 ASCII 调整指令。

这一组指令适用于 ASCII 码数字的调整,也适用于一般的非压缩 BCD 码数字
的调整。

(3) AAA

执行的操作:AL←将 AL 中的和调整到非压缩 BCD 码格式,AH←AH ＋ AL
调整后产生的进位值。

前期准备:两个非压缩 BCD 码数之和存于 AL 中。

调整的步骤(机器作为):

① $(AL)_{0\sim3}=0\sim9$,且 AF=0 ,跳到第③步执行;

② $(AL)_{0\sim3}=A\sim F$,或 AF=1 ,则 AL←AL+6 ,AH←AH+1,将 AF 置 1;

③ 清除 AL 的高 4 位:$(AL)_{4\sim7}=0000b$;

④ AF 位的值送 CF。

例 3.26

```
MOV   AX,0535H
MOV   BL,39H
ADD   AL,BL
AAA
```

结果:AX=0604H,CF=1,AF ＝1。

(4) AAS

执行的操作:AL←将 AL 中的差调整到非压缩 BCD 码格式,AH←AH － AL
调整后产生的借位值。

前期准备:两个非压缩 BCD 码数之差存于 AL 中。

调整的步骤(机器作为):

① $(AL)_{0\sim3}=0\sim9$,且 AF=0,跳到第③步执行;

② $(AL)_{0\sim3}=A\sim F$,或 AF=1,则 AL←AL−6,AH←AH−1,将 AF 置 1;

③ 清除 AL 的高 4 位:$(AL)_{4\sim7}=0000b$;

④ AF 位的值送 CF。

AAA 和 AAS 指令只影响 AF 和 CF 标志。

注意 ① 如果调整中产生了进位或借位,CF=AF=1;否则,CF=AF=0。

② AAA 和 AAS 对其他标志无定义,调整后都使 AL 的高 4 位清 0。

③ 调整前应将加和或减差存入 AL 寄存器中。

例 3.27 非压缩 BCD 码的加、减法运算。

```
MOV   AX,0604H        ;十进制数 64
MOV   BL,07H          ;十进制数 7
ADD   AL,BL
AAA                   ;结果为 AX←0701H,对应的是十进制数 71
SUB   AL,3
AAS                   ;结果为 AL←0608H,即 71−3=68
```

(5) AAM

执行的操作:AX←将 AX 中的乘积调整为非压缩的 BCD 码。

调整操作:AH←乘积的十进制码的高位,AL←乘积的十进制码的低位。

非压缩 BCD 码乘法调整指令 AAM 跟在以 AX 为目的操作数的 MUL 的指令之后,对 AX 中存放的乘积进行非压缩 BCD 码调整。利用 MUL 相乘的两个非压缩的 BCD 码的高 4 位必须为 0。

(6) AAD

执行的操作:将 AX 中的非压缩 BCD 码扩展成二进制数。

调整操作:AL←10 * AH+AL, AH←0。

非压缩的 BCD 码除法调整指令 AAD 和其他的调整指令的应用情况不同。它是先将存放在 AX 寄存器中的两位非压缩 BCD 码(被除数)进行调整,然后再利用 DIV 指令除以一个 1 位的非压缩 BCD 码数,执行后就得到非压缩 BCD 码的除法结果。要求 AL,AH 和除数的高 4 位均为 0。

状态标志:据(AL)设 PF,SF,ZF,而 AF,OF,CF 无定义。

例 3.28 非压缩 BCD 码的乘法和除法运算。

```
MOV   AX,0905H        ;AX=0905H,作为非压缩 BCD 码表示十进制数 95H
MOV   BL,08H          ;BL=08H,表示 8 的非压缩 BCD 码
```

MUL　BL	;按照二进制数进行乘法运算:
	;AX＝AL＊BL＝05H＊08H＝0028H
AAM	;按照非压缩 BCD 码进行调整:AX＝0400H
	;从而实现非压缩 BCD 码的乘法:5＊8＝40
MOV　BL,06H	;BL＝06H,被认为是非压缩 BCD 码表示的 6
AAD	;进行二进制扩展:AX＝0400H＝0028H
	;将非压缩 BCD 码数表示为二进制码数
DIV　BL	;除法运算,商 AL＝06H,余数 AH＝04H
	;实现非压缩 BCD 码的除法运算:40＝6＊6＋4

注意　① 对于非压缩 BCD 码乘法和除法调整指令,要求非压缩 BCD 码的高 4 位均为 0。

② AAM 和 AAD 指令根据结果设置 SF,ZF 和 PF,但对 OF,CF 和 AF 没有定义。

3.3.3　逻辑运算与移位类指令

当需要对字节或字数据中的各个二进制位进行操作时,可以考虑采用逻辑运算与移位类指令。ADD,ADC,SUB,SBB,CMP 和 AND,OR,XOR,TEST 具有相同的指令格式:

    运算指令助记符　reg,imm/reg/mem
    运算指令助记符　mem,imm/reg

以上格式表明了操作数的寻址方式。也可统一表示为

    运算指令助记符　dst,src

3.3.3.1　逻辑运算指令

AND	dst,src	;逻辑与指令:dst←dst $\wedge$ src
OR	dst,src	;逻辑或指令:dst←dst $\vee$ src
XOR	dst,src	;逻辑异或指令:dst←dst $\oplus$ src
TEST	dst,src	;测试指令:dst $\wedge$ src
NOT	reg/mem	;逻辑非指令 reg/mem←～reg/mem

逻辑运算指令用来对字节或字数据按位进行逻辑运算:

① AND:只有相"与"的两个位都为 1,结果才是 1;否则结果为 0;

② OR:只要相"或"的两位有一个为 1,结果是 1;否则结果为 0;

③ NOT:原来为 0 的位置为 1;原来为 1 的位置为 0;

④ XOR:相"异或"的两位不相同时结果为 1,相同时结果为 0。

注意　① 双操作数逻辑运算指令均设置 CF＝OF＝0,根据结果设置 SF,ZF 和 PF,对 AF 未定义。NOT 指令不影响状态标志位。

例 3.29

```
MOV   AL,75H            ;AL←75H
AND   AL,32H            ;AL←30H,CF=OF=0,SF=0,ZF=0,PF=1
OR    AL,71H            ;AL←71H,CF=OF=0,SF=0,ZF=0,PF=1
XOR   AL,0F1H           ;AL←80H,CF=OF=0,SF=1,ZF=0,PF=0
NOT   AL               ;AL←7FH,不改变状态标志位
```

　　② 逻辑运算指令除了可以进行逻辑运算以外,经常用来处理操作数的某些位,例如可屏蔽某些位(将这些位置 0),或使某些位置 1,或将某些位取反,或使用 TEST 指令测试某些位。

例 3.30

```
MOV   AL,01011111b
AND   AL,11111100b      ;AL←01011100b,屏蔽 AL 的第 0,1 两位
OR    AL,00100000b      ;AL←01111100b,将 AL 的第 5 位置 1
XOR   AL,00110000b      ;AL←01001100b,将 AL 的第 4,5 位取反
XOR   AX,AX            ;作用? 清零
```

　　TEST 指令对两个操作数执行按位逻辑与的运算,但结果不送目的操作数,只根据结果设置状态标志位。TEST 指令通常用于检测操作数中某些位的状态,但又不希望改变原操作数的情况。这条指令之后,一般都是条件转移指令,目的是利用测试结果对状态标志位的影响作为判断条件转向不同的程序段。

例 3.31

```
TEST   AL,80H
```

　　指令用来测试 AL 的最高位为 0 还是 1。相与结果为 0,ZF=1,表示 AL 的最高位为 0,表示 AL 符号位为 0;否则为 1,ZF=0,可以表明 AL 是有符号数的负数。

　　练习:

　　(1)用一条逻辑运算指令清除 BX 寄存器。例如

```
XOR   BX,BX
```

或

```
AND   BX,0
```

　　(2)用一条逻辑运算指令使 DX 的高 3 位为 1,其余的位保持不变。例如

```
OR   DX,1110000000000000b
```

　　(3)用一条逻辑运算指令使 BL 的低 4 位为 0,其余的位保持不变。例如

```
AND   BL,11110000b
```

　　(4)用一条逻辑运算指令使 AX 中和 BX 中的对应位不相同的位均置位为 1。例如

```
XOR   AX,BX
```

3.3.3.2　移位指令

移位指令分为算术移位、逻辑移位两类,分别具有左移和右移操作,见图 3.12。

SHL	reg/mem,1/CL	;逻辑左移:reg/mem 左移 1/CL 位,最低位补 ;0,最高位进入 CF
SHR	reg/mem,1/CL	;逻辑右移:reg/mem 右移 1/CL 位,最高位补 0, ;最低位进入 CF
SAL	reg/mem,1/CL	;算术左移:与 SHL 是同一条指令
SAR	reg/mem,1/CL	;算术右移:reg/mem 右移 1/CL 位,最高位不变, ;最低位进入 CF

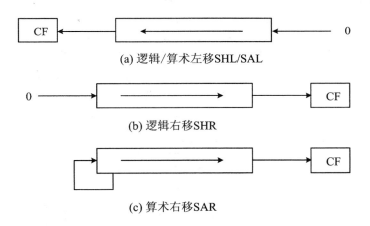

(a) 逻辑/算术左移SHL/SAL

(b) 逻辑右移SHR

(c) 算术右移SAR

图 3.12　移位指令的操作

注意　① 4 条(实际为 3 条)移位指令的目的操作数可以是寄存器或存储单元,后一个操作数表示移位的位数,为 1 表示移动一位;移位位数大于 1,则由 CL 寄存器的值表示。

② 移位指令按照移入的位来设置 CF,根据移位后的结果影响 SF,ZF 和 PF,对 AF 没有定义;如果进行一位移动,则按照操作数的最高符号位是否改变来确定 OF,有改变,OF=1;否则,OF=0。移位次数大于 1,OF 不确定。

③ 逻辑移位指令和算术移位指令可以实现无符号数和有符号数的乘或除 2,4,8,…。左移相当于乘 2,右移相当于除 2,商在操作数中,余数由 CF 标志反映。

例 3.32　将 AL 寄存器的无符号数乘以 10。

XOR	AH,AH	;利用异或运算,实现 AH=0,同时 CF=0
SHL	AX,1	;AX←2 * AL
MOV	BX,AX	;保存 BX←AX=2 * AL
SHL	AX,1	;AX←4 * AL

```
SHL   AX,1              ;AX←8 * AL
ADD   AX,BX             ;AX←8 * AL+2 * AL=10 * AL
```

3.3.3.3　循环移位指令

循环移位指令类似移位指令,但要求将一端移出的位返回到另一端形成循环。可分为不带进位循环移位和带进位循环移位指令,分别具有左移和右移操作,见图 3.13。

```
ROL   reg/mem,1/CL       ;不带进位循环左移
ROR   reg/mem,1/CL       ;不带进位循环右移
RCL   reg/mem,1/CL       ;带进位循环左移
RCR   reg/mem,1/CL       ;带进位循环右移
```

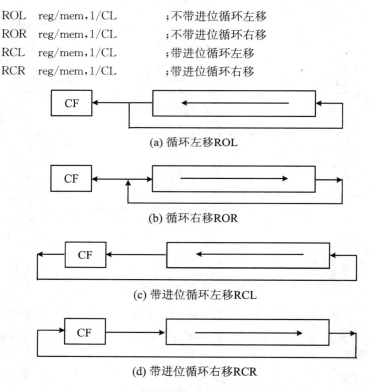

(a) 循环左移ROL

(b) 循环右移ROR

(c) 带进位循环左移RCL

(d) 带进位循环右移RCR

图 3.13　循环移位指令的操作

注意　循环移位指令的操作数形式(寻址方式)和移位指令相同,按指令功能设置进位标志 CF,不影响 AF,ZF,PF,SF 标志。对 OF 的影响,循环移位指令同移位指令是一样的。

例 3.33　实现 32 位数的联合左移 1 位:高 16 位在 DX 中,低 16 位在 AX 中。

```
SAL   AX,1
RCL   DX,1
```

例 3.34　将 DB_BCD 开始的两个字节 2 位非压缩 BCD 码合并到 DL 中。

```
DB_BCD    DB   04H,08H
...
MOV       DL,DB_BCD              ;取低字节
AND       DL,0FH                ;屏蔽高 4 位,保留低 4 位
MOV       DH,DB_BCD+1           ;取高字节
MOV       CL,4                  ;设置循环移位次数
SHL       DH,CL                 ;移到高 4 位,或用 ROL DH,CL
OR        DL,DH                 ;合并,或使用 ADD DL,DH
```

例 3.35　编写程序段,将 DX:AX 中的双字右移 4 位。

```
MOV       CL,4
SHR       AX,CL
MOV       BL,DL                 ;保留 DL 的值
SHR       DX,CL
SHL       BL,CL
OR        AH,BL                 ;将 DX 向右移出的 4 位加到 AH 的高 4 位
```

图 3.14 所示为该操作过程示意图。

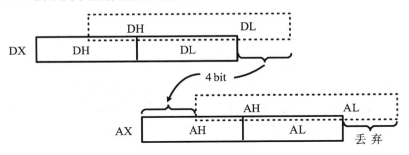

图 3.14　例 3.35 循环移位操作示意图

3.3.4　控制转移类指令

在 8086 CPU 中,用户程序执行时,程序代码被安排在代码段,由代码段寄存器 CS 指定段地址,指令指针寄存器 IP 指定代码的偏移地址。当程序顺序执行时,CPU 根据每条指令的长度自动增量 IP 的值。

当程序遇到分支、循环和子程序调用时,需要采用控制转移类指令修改 CS 和 IP 寄存器的内容以达到改变程序执行顺序的目的。

注意　汇编语言不允许直接修改 CS 和 IP,例如

```
MOV   CS,200H
```

　　　　　　MOV　　IP,100H

是错误的。

　　那么,我们如何改变 CS 和 IP 的值,或者说怎样跳转到目的地址(也称为目标地址或转移地址)呢? 首先我们先复习一下与转移有关的寻址方式,主要有两种寻址方式:

　　① 直接寻址方式:指令代码中的操作数提供目的地址的偏移地址 IP 或提供目的地址的 CS:IP。例如

　　　　　　JMP　　LABEL
　　　　　　JMP　　FAR PTR LABEL

　　注意　LABEL 是代码段中的标号。

　　② 间接寻址方式:指令代码中的操作数为寄存器操作数或存储单元操作数,目的地址的 IP 或 CS:IP 由操作数的内容决定。例如

　　　　　　MOV　　BX,2000H
　　　　　　JMP　　BX　　　　　　　　　　;指令执行后,IP=2000H
　　　　　　JMP　　WORD PTR [BX]　　　　;指令执行后,IP=DS:2000H 字存储单元的内容

　　而对于

　　　　　　JMP　　DWORD PTR [BX]

指令执行后,IP=DS:2000H 指向的字数据,CS=DS:2002H 指向的字数据。

　　转移到的目的地址有多远呢? 8086 分为段内转移和段间转移:

　　① 段内转移:在当前代码段 64 KB 的范围内转移,不需要更改 CS 的值,只要改变 IP 的内容,称为近转移(Near Jump)。其位移量为 ±32 KB(-32 768～32 767)。

　　段内转移的范围为-128～127,这个位移量可以用一个字节来表示,称为短转移(Short Jump)。

　　② 段间转移:从当前的代码段跳转到另外一个代码段,此时需要更改 CS 和 IP 的值。这种转移也称为远转移(Far Jump),8086 支持 1 MB 物理地址范围内的跳转。

　　注意　① 对于段内转移,目的地址只需要用一个 16 位的字数据来表达偏移地址或位移量,被称为 16 位近指针。

　　② 对于段间转移,目的地址必须用一个 32 位的数据(双字)表达逻辑地址,被称为 32 位远指针。

3.3.4.1　无条件转移指令

　　所谓无条件转移,就是无任何先决条件就能使程序改变执行顺序。处理器只

要执行无条件转移指令 JMP,就能使程序转移到指定的目的地址,从目的地址处开始执行指令。

JMP 指令根据目的地址的寻址方式和转移的范围,可以分为以下 4 种情况:

1. 段内直接短转移

指令格式:

    JMP　SHORT　LABEL

执行的操作:IP←IP + 8 位的位移量。

8 bit Disp = LABEL 的 EA-当前指令执行后的 IP 的值

范围为-128～127,SHORT 为运算符。如果 Disp 超过这个范围,程序汇编时便出错! Disp>0,表示向前转移;Disp<0,表示向后转移。

例 3.36

    JMP　SHORT　HELLO

    …

    HELLO:MOV　AL,3

    …

2. 段内直接近转移

指令格式:

    JMP　NEAR PTR　LABEL

执行的操作:IP←IP + 16 位的位移量。

范围为-32 768～32 767,Disp>0,表示向前转移;Disp<0,表示向后转移。

3. 段内间接转移

    JMP　r16/m16　　　　;IP←r16/m16

例如

    JMP　BX

    JMP　WORD　PTR　[BX]

4. 段间直接(远)转移

指令格式:

    JMP　FAR　PTR　LABEL

执行的操作:IP←LABEL 的段内偏移地址;CS←LABEL 所在段的段地址。

图 3.15 所示为段间直接转移示意图。

5. 段间间接转移

指令格式:

    JMP　DWORD PTR mem32

执行的操作:IP←mem32 低地址对应的字；CS←mem32 高地址对应的字。

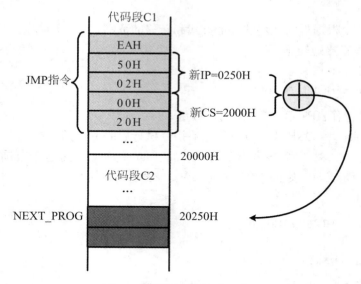

图 3.15　段间直接转移示意图

用一个双字存储单元表示要跳转的目标地址。这个目标地址存放在内存中连续的两个字单元中,其中,低字送 IP 寄存器,高字送 CS 寄存器。例如

　　JMP　DWORD　PTR　[SI]
　　JMP　DWORD　PTR　ALPHA[BP][DI]

例 3.37

　　C1　SEGMENT
　　...
　　　　JMP　FAR　PTR　NEXT_PROG
　　...
　　C1　ENDS
　　　　...
　　C2　SEGMENT
　　　　...
　　NEXT_PROG:
　　...
　　C2　ENDS

注意　无条件转移指令不影响标志。

3.3.4.2　条件转移指令

条件转移指令 Jcc 根据指定的条件确定程序是否转移,其中 cc 指代转移条件。如果满足条件,则程序转移到目的地址去执行程序;不满足条件,则程序将顺序执行下一条指令。

　　　　Jcc　LABEL　　;条件满足,发生转移:IP←IP+8 位的位移量;
　　　　　　　　　　　　;否则,顺序执行

注意　① 条件转移指令 Jcc 只支持段内短转移的寻址方式,只能实现段内−128~127 个单元范围的跳转,其间共有多少条指令是不确定的。

② 条件转移指令不影响标志,但利用状态标志作为控制转移的条件。Jcc 中的 cc 表示利用标志判断的条件。同一条指令可能有多个助记符形式,这只是为了便于记忆,方便使用。

③ 因为条件转移指令要利用影响标志的指令执行后所设置的标志状态以形成判断条件,所以在条件转移指令之前,常有 CMP、TEST、加减运算、逻辑运算、CMPS、SCAS 等指令。

条件转移指令按所依据的条件可分为以下几种情况:

① 根据单个标志位的状态,决定是否转移,见表 3.5。

表 3.5　根据单个标志位的状态控制转移的条件转移指令

助记符	标志位(转移条件)	说　明
JC	CF=1	有进位或借位
JNC	CF=0	无进位或借位
JZ/JE	ZF=1	等于零/相等
JNZ/JNE	ZF=0	不等于零/不相等
JS	SF=1	符号为负
JNS	SF=0	符号为正
JO	OF=1	有溢出
JNO	OF=0	无溢出
JP/JPE	PF=1	"1"的个数为偶
JNP/JPO	PF=0	"1"的个数为奇

例 3.38　将 AX 中的无符号数除以 2,如果是奇数则加 1 后除以 2。

　　TEST　AX,01H　　　;测试 AX 的最低位 D_0,同时,CF=0
　　JZ　　SET_EVEN　　;ZF=1,即 D_0=0:AX 是偶数,程序转移

```
        ADD    AX,1              ;ZF=0，即 D₀=1:AX 是奇数,AX←AX+1
SET_EVEN：
        SHR    AX,1              ;AX←AX/2
```

例 3.39　寄存器 AL 中是字母"Y"或"y",则令 AH=0,否则令 AH=-1。

```
        …
        CMP    AL,"y"
        JE     NEXT
        CMP    AL,"Y"
        JE     NEXT
        MOV    AH,-1
        JMP    DONE
NEXT：
        MOV    AH,0
DONE：…
```

② 比较无符号数的高低(Above or Below,设 A 和 B 为无符号数),见表 3.6。

表 3.6　用于无符号数的条件转移指令

助记符	标志位(转移条件)	说明
JA/JNBE	CF=0 且 ZF=0	A>B
JAE/JNB	CF=0 或 ZF=1	A≥B
JB/JNAE	CF=1 且 ZF=0	A<B
JBE/JNA	CF=1 或 ZF=1	A≤B

当 A=B 时,用 JZ/JE。

③ 比较有符号数的大小(Greater or Less,设 A 和 B 为有符号数),见表 3.7。

表 3.7　用于有符号数的条件转移指令

助记符	标志位(转移条件)	说明
JG/JNLE	SF=OF 且 ZF=0	A>B
JGE/JNL	SF=OF 或 ZF=1	A≥B
JL/JNGE	SF≠OF 且 ZF=0	A<B
JLE/JNG	SF≠OF 或 ZF=1	A≤B

当 A=B 时,用 JZ/JE。

④ 测试 CX 的值作为转移的依据。

```
    JCXZ    LABEL            ;当 CX=0,转移
```

例 3.40　将 AX 和 BX 中较大的数值存放在 WMAX 单元。

```
CMP       AX,BX              ;比较 AX 和 BX
    JAE     NEXT             ;若 AX>=BX(无符号数),转移到 NEXT 处
    XCHG  AX,BX              ;若 AX<BX,交换
NEXT:
    MOV   WMAX,AX
```

如果认为 AX,BX 存放的是有符号数,则条件转移指令用 JGE。

3.3.4.3　循环控制指令

一段代码序列需要多次执行可以使用循环结构。8088 CPU 设计了一系列针对计数器 CX 的循环控制指令。

```
    LOOP    LABEL            ;循环:CX←CX−1;若 CX≠0,转移到 LABEL 执行
    LOOPE/LOOPZ   LABEL      ;相等循环:CX←CX−1;若 CX≠0 且 ZF=1,转移
    LOOPNE/LOOPNZ LABEL      ;不等循环:CX←CX−1;若 CX≠0 且 ZF=0,转移
```

LOOP 指令首先将 CX 减 1,然后判断计数值 CX 是否为 0;若 CX 不为 0,则转移到标号处执行;等于 0,按顺序执行。LOOPE 和 LOOPNE 又要求同时 ZF=1 或 ZF=0 才进行转移,用于判断结果是否相等(或为 0),以便提前结束循环。标号到循环指令之间的代码序列就是循环体。

JCXZ 指令判定 CX 是否为 0;当 CX=0,转移到标号处,否则按顺序执行指令。该指令通常用在循环程序的开始,使得循环次数为 0 时能够跳过循环体。

循环控制指令中的操作数 LABEL 只能采用段内直接短转移寻址方式,转移范围较小(段内−128~127 个字节单元)。另外,循环控制指令不影响标志。

例 3.41　将数据段 SBUF 指示的 1 KB 数据传送到附加段 DBUF 缓冲区。

```
    MOV   CX,400H            ;设置循环次数:1 K=1 024=400H
    MOV   SI,OFFSET SBUF
    MOV   DI,OFFSET DBUF
AGAIN:
    MOV   AL,[SI]
    MOV   ES:[DI],AL
    INC     SI               ;SI 和 DI 指向下一个字节存储单元
    INC     DI
    LOOP  AGAIN
```

LOOP 指令能够实现简单的计数循环,比较常用。实际上,它相当于如下两条

指令：

```
    DEC    CX
    CMP    CX,0
    JNZ    AGAIN
```

例 3.42　有一串 L 个字符的字符串存储于首地址为 ASCII_STR 的存储区中。如果要求在字符串中查找空格符（ASCII 码：20H），找到则继续执行程序，找不到则转到 NOT_FOUND 去执行。

```
    MOV       CX,L
    MOV       SI,-1
    MOV       AL,20H
NEXT：
    INC       SI
    CMP       AL,ASCII[SI]
    LOOPNE    NEXT              ;CX≠0 并且空格符没找到,继续循环
    JNZ       NOT_FOUND
    …
NOT_FOUND：
    …
```

程序的执行有两种可能性：

① 在查找中找到"SPACE"，此时 ZF＝1 因此提前结束循环。

在执行 JNZ 指令时因不满足测试条件而顺序地继续执行。

根据 SI 的值可以确定空格在字符串中的位置。如果程序中有多个空格,本程序只能查找到第一个空格。也就是说它只能判断有或没有,若有的话,不能确定有多少。

② 若一直查找到字符串结束还没找到"SPACE"，此时因 CX＝0 而结束循环，但在执行 JNZ 指令时因 ZF＝0 而转移到 NOT_FOUND 去执行指令。

3.3.4.4　子程序指令

子程序结构又称为过程（Procedure）。将程序中某些具有独立功能的部分编写为独立的程序模块,称为子程序。图 3.16 所示为子程序调用程序示意图。

```
    CALL              ;调用
    RET(Return)       ;返回
```

当主程序或其他程序（统称调用程序）需要执行这个功能时,用 CALL 指令调用该子程序（又称为被调用程序或子过程）;于是计算机转移到这个子程序的起始处执行指令。在子程序的最后,用 RET 指令返回调用它的程序,继续执行后续指

令。CALL 和 RET 均不影响标志位。

不同于前面的无条件或条件转移指令,子程序调用必须返回。

特点:使用堆栈保存 CALL 指令后面那条指令的地址(CS 和 IP)。保存的方法是将逻辑地址压入堆栈。当子程序执行结束后从堆栈中弹出返回逻辑地址,子程序就可以返回到调用程序继续执行。而这正是返回指令 RET 的功能。

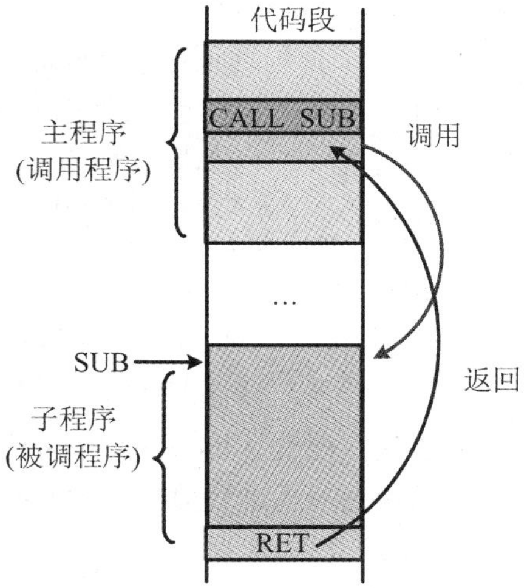

1. 子程序调用指令 CALL

根据调用范围和寻址方式的不同,CALL 指令有以下几种使用情况:

① 直接寻址的段内调用,只需将 IP 压入堆栈,然后转移。

图 3.16　子程序调用程序示意图

```
CALL   SUB_LABEL          ;IP 入栈:SP←SP-2,SS:[SP]←IP
                          ;实现转移:IP=IP+16 位的位移量
```

SUB_LABEL 的默认属性为 NEAR。

② 间接寻址的段内调用,需将 IP 压入堆栈,然后转移。

```
CALL   r16/m16            ;IP 入栈:SP←SP-2,SS:[SP]←IP
                          ;实现转移:IP←r16/m16
```

③ 直接寻址的段间调用,需将 CS 和 IP 压入堆栈,然后转移。

```
CALL   FAR PTR SUB_LABEL  ;CS 入栈:SP←SP-2,SS:[SP]←CS
                          ;IP 入栈:SP←SP-2,SS:[SP]←IP
                          ;实现转移:IP←SUB_LABEL 的偏移
                          ;地址和 CS←SUB_LABEL 的段地址
```

④ 间接寻址段间调用,需将 CS 和 IP 同时压入堆栈,然后转移。

```
CALL   DWORD PTR mem      ;CS 入栈:SP←SP-2,SS:[SP]←CS
                          ;IP 入栈:SP←SP-2,SS:[SP]←IP
                          ;实现转移:IP←[mem],CS←[mem+2]
```

实际编程中,汇编程序会自动确定是段内调用还是段间调用,同时也可以使用 NEAR PTR 或 FAR PTR 操作符强制成为近调用或远调用。

2. 子程序返回指令 RET

RET 指令用在子程序中,实现子程序的返回。根据返回范围和有无参数,

RET 指令也有 4 种情况：

```
RET              ;无参数,段内返回。弹出 IP:IP←SS:[SP],SP←SP+2
RET    i16       ;有参数,段内返回。弹出 IP:IP←SS:[SP],SP←SP+2
                 ;调整堆栈指针:SP←SP+i16
RET              ;无参数,段间返回。弹出 IP:IP←SS:[SP],SP←SP+2,
                 ;弹出 CS:CS←SS:[SP],SP←SP+2
RET    i16       ;有参数,段间返回。弹出 IP:IP←SS:[SP],SP←SP+2,
                 ;弹出 CS:CS←SS:[SP],SP←SP+2
                 ;调整堆栈指针:SP←SP+i16
```

i16 必须是偶数,SP←SP+i16 的意义是废除 CALL 指令调用前压入堆栈的数据。i16 的值是压入堆栈数据个数的两倍。也可以在调用程序中 CALL 指令之后修改 SP 的值。

CALL 和 RET 指令不影响状态标志位。

例 3.43　编写一个程序,将 DL 低 4 位中的一位十六进制数转换为 ASCII 码的子程序。

```
HTOASC    PROC                     ;定义一个过程,名为 HTOASC,入口参数为 DL
          AND     DL,0FH           ;屏蔽高 4 位
          OR      DL,30H           ;DL 的高 4 位变为 3
          CMP     DL,39H           ;是 0~9 还是 AH~FH?
                                   ;对应 ACSII 码:30H~39H,41H~46H
          JBE     HTOEND           ;小于等于 39H,转换结束
          ADD     DL,7             ;数值在 3AH 和 3FH 之间,还要加 7
HTOEND: RET                        ;子程序返回,出口参数:DL=转换的 ASCII 码
HTOASC    ENDP
```

调用程序采用子程序名作为标号实现调用,调用之前根据需要提供入口参数,调用后要相应处理子程序返回的出口参数(子程序处理的结果)。有的子程序可能没有入口参数或出口参数,只完成一定的功能。下面举例说明在某一程序代码段中调用上面我们设计的子程序:

```
      ...
      MOV    DL,28H                ;提供入口参数
      CALL   HTOASC                ;调用子程序,执行后转换的结果仍保存在 DL 中
      ...                          ;处理出口参数,例如,显示等…DL=38H
```

3.3.4.5　中断和系统功能调用

中断和系统功能调用也属于控制转移类指令,将第 6 章详细介绍。

3.3.5　串操作类指令

在程序设计中,经常需要对内存中一个连续区域的数据(如数组、字符串等)进行传送、比较等操作。为了更好地支持这种数据类型的操作,8086 CPU 设计了串操作指令,同时还有重复前缀可以实现循环。

MOVS(Move string)　　　　　　串传送
CMPS(Compare string)　　　　　串比较
SCAS(Scan string)　　　　　　　串扫描
LODS(Load form string)　　　　 读取串
STOS(Store into string)　　　　 存入串

与上述基本指令配合使用的前缀:

REP(Repeat)　　　　　　　　　　　　　　　　　　　　重复
REPZ/REPE(Repeat while zero/equal)　　　　　　为零/相等 则重复
REPNZ/REPNE(Repeat while not zero/not equal)　不为零/不相等 则重复

表 3.8　串操作类指令的隐含参数

隐含的参数	隐含参数的存放处
源字符串的起始地址	DS:SI
目的字符串的起始地址	ES:DI
重复操作次数	CX
串比较、串扫描的 重复操作终止条件之一	ZF 标志位的值
SCAS 指令的扫描值	AL/AX
LODS 指令的目的操作数	AL/AX
STOS 指令的源操作数	AL/AX
传送方向	DF=0,SI,DI 自动增量 DF=1,SI,DI 自动减量

串操作指令采用了特殊的寻址方式,说明如下:

① 源操作数用寄存器 SI 作为间址寻址,默认在数据段 DS 中,即 DS:[SI];允许段超越。

② 目的操作数用寄存器 DI 作为间址寻址,默认在附加段 ES 中,即 ES:[DI];不允许段超越。

③ 每执行一次串操作,源地址指针 SI 和目的地址指针 DI 将自动修改:±1 或

±2；对于以字节为单位的串操作指令，地址指针应该±1，对于以字为单位的串操作指令，地址指针应该±2。

④ 当 DF＝0（执行 CLD 指令，对 DF 置 0），地址指针应＋1 或＋2。

⑤ 当 DF＝1（执行 STD 指令，对 DF 置 1），地址指针应－1 或－2。

3.3.5.1　传送数据串

这组串操作指令实现对数据串的传送 MOVS、存储 STOS 和读取 LODS，可以配合 REP 重复前缀，它们不影响标志。

1. 串传送指令 MOVS

将数据段中的一个字节或字数据，传送到附加段的内存单元。

```
MOVS   mem,mem(或 MOVS   dst,src)
MOVSB                ;字节串传送:ES:[DI]←DS:[SI],然后:SI←SI±1,DI←DI±1
MOVSW                ;字串传送:ES:[DI]←DS:[SI],然后:SI←SI±2,DI←DI±2
```

对于第一种格式，应在操作数中表明是字还是字节传送：

```
MOVS   ES:BYTE PTR [DI],DS:[SI]
```

使用 MOVS 指令时要特别注意传送的方向。如果源串和目的串不重叠，采用哪种传送方向都一样。如果源串和目的串部分重叠，则传送的方向为：如果源串的起始地址低于目的串的起始地址，则应自动减量（DF＝1）；如果源串的起始地址高于目的串的起始地址，则应自动增量（DF＝0）。如图 3.17 所示。

2. 串存储指令 STOS

将 AL 或 AX 的内容存入附加段的内存单元。图 3.17 所示为串传送方向示意图。

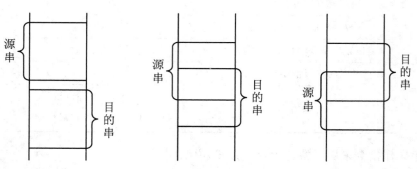

图 3.17　串传送方向示意图

```
STOS   dst(mem)      ;dst←AL 或 AX
STOSB                ;字节串存储:ES:[DI]←AL;然后:DI←DI±1
STOSW                ;字串存储:ES:[DI]←AX;然后:DI←DI±2
```

3. 串读取指令 LODS

将数据段中的一个字节或字数据读到 AL 或 AX 寄存器。

LODS　src(mem)	;AL 或 AX←src
LODSB	;字节串读取:AL←DS:[SI];然后:SI←SI±1
LODSW	;字串读取:AX←DS:[SI];然后:SI←SI±2

4. 重复前缀指令 REP

用在 MOVS,STOS 指令之前,利用 CX 作为计数器保存数据串的长度,可以理解为"当数据串没有结束(CX≠0),则继续传送"。

REP　MOVS　STOS	;每执行一次串指令,CX=CX−1;直到 CX=0,重复执行
	;结束

使用 REP 前缀,应做好以下准备工作:

① 将存放于数据段中的源串首地址(若反向传送应是末地址)存入 SI 寄存器中;

② 将存放于附加段中的目的串首地址(若反向传送应是末地址)存入 DI 寄存器中;

③ 数据串的长度存入 CX 寄存器中;

④ 建立方向标志。

下面两条指令用于建立方向标志:

CLD(Clear Direction Flag)	;是使 DF=0,执行串指令后地址自动增量
STD(Set Direction Flag)	;是使 DF=1,执行串指令后地址自动减量

图 3.18 所示为传送数据串示意图。

例 3.44　在数据段中有一字符串,其长度为 17,要求传送到附加段。

DATA	SEGMENT	;定义数据段
MESS1	DB　"PERSONAL COMPUTER"	
DATA	ENDS	
EXTRA	SEGMENT	;定义附加段
MESS2	DB　　17 DUP (?)	
EXTRA	ENDS	
CODE	SEGMENT	
	ASSUME CS:CODE,DS:DATA,ES:EXTRA	
START:		
MOV	AX,DATA	
MOV	DS,AX	
MOV	AX,EXTRA	
MOV	ES,AX	

```
        LEA      SI,MESS1
        LEA      DI,MESS2
        MOV      CX,17
        CLD
        REP      MOVSB
        MOV      AH,4CH
        INT      21H
CODE  ENDS
        END      START
```

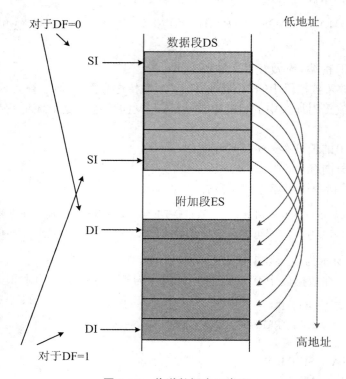

图 3.18　传送数据串示意图

3.3.5.2　检测数据串

这组串操作指令实现对数据串的比较 CMPS 和扫描 SCAS。由于串比较和串扫描实质上是进行减法运算，所以它们像减法指令一样影响标志。这两个串操作指令可以配合重复前缀 REPE/REPZ 和 REPNE/REPNZ,通过 ZF 标志说明两数是否相等。

1. 串比较指令 CMPS

用源数据串减去目的数据串,以比较两者间的关系。

CMPS　　mem,mem(或者 CMPS　　dst,src)
CMPSB　　;字节串比较:DS:[SI]−ES:[DI],然后:SI←SI±1,DI←DI±1
CMPSW　　;字串比较:DS:[SI]−ES:[DI],然后:SI←SI±2,DI←DI±2

2. 串扫描指令 SCAS

用 AL/AX 的内容减去目的数据串,以比较两者间的关系。

SCAS　　dst(mem)
SCASB　　;字节串扫描:AL−ES:[DI],然后:DI←DI±1
SCASW　　;字串扫描:AX−ES:[DI],然后:DI←DI±2

3. 重复前缀指令 REPE 或 REPZ

用在 CMPS,SCAS 指令之前(中间至少要有一个空格),利用 CX 保存数据串的长度,同时判断比较是否相等,可以理解为"当数据串没有结束(CX≠0),并且串相等(ZF=1),则继续进行比较",指令格式如下:

REPZ/REPE　(串比较或串扫描指令)

执行操作为:

① 若 CX=0 或者 ZF=0,重复执行结束;
② CX=CX−1;
③ 执行其后的串操作指令;
④ 重复①~③。

4. 重复前缀指令 REPNE 或 REPNZ

用在 CMPS,SCAS 指令之前(中间至少要有一个空格),利用 CX 保存数据串的长度,同时判断比较是否不相等,可以理解为"当数据串没有结束(CX≠0),并且串不相等(ZF=0),则继续进行比较",指令格式如下:

REPNZ/REPNE　(串比较或串扫描指令)

执行操作:

① 若 CX=0 或者 ZF=1,重复执行结束;
② CX=CX−1;
③ 执行其后的串操作指令;
④ 重复①~③。

注意　重复执行结束的条件是"或"的关系,只要满足条件之一就可结束。当指令执行完成,可能数据串还没有比较完,也可能数据已经比较完,编程时需要加以区分。

例 3.45　在介绍循环控制指令时举的例子:将数据段 SBUF 指示的 1 KB 的

数据传送到附加段 DBUF 缓冲区。可以改写成如下程序段：

```
MOV   CX,400H      ;循环次数:1 024=400H
LEA   SI,SBUF
LEA   DI,DBUF
CLD                ;规定 DF=0,地址增量循环
REP   MOVSB        ;重复字节传送:ES:[DI]←DS:[SI]
                   ;如果设置 CX=200H,则用 REP MOVSW
```

5. 串存储 STOS

该操作的典型应用是初始化某一内存区域。

例如,将附加段 64 KB 内存全部初始化为 0 的程序段:

```
MOV   DI,0
MOV   AX,0
MOV   CX,8000H     ;CX←32 KB=32 * 1 024
REP   STOWS        ;重复字传送:ES:[DI]←0
```

注意　DF 的值无关紧要！

例 3.46　挑出数组中的正数(不含 0)和负数,分别形成正数数组和负数数组。

假设数组 ARRAY 具有 COUNT 个字,正数组为 AYPLUS,负数组为 AYMINUS,它们都在数据段中。编写程序段如下:

```
;数据段
COUNT      EQU 10
ARRAY      DW 0023H,8000H,0F300H,…
AYPLUS     DW COUNT DUP (0)
AYMINUS    DW COUNT DUP (0)
;代码段
LEA        SI,ARRAY
LEA        DI,AYPLUS
LEA        BX,AYMINUS
;假设 ES = DS
MOV        CX,COUNT
AGAIN:LODSW               ;从 ARRAY 中取一数据到 AX
CMP        AX,0
JL         MINUS
JZ         NEXT
STOSW                     ;大于 0,是正数,存入 AYPLUS
JMP        NEXT
```

```
MINUS: XCHG  BX,DI
    STOSW                    ;将负数存入 AYMINUS
    XCHG      BX,DI
NEXT:LOOP     AGAIN
    ...
```

例 3.47　比较两个等长的字符串是否相同。

假设一个字符串 STRING1 在数据段,另一个 STRING2 在附加段,都具有 COUNT 个字符个数。相等用 0 表示,不等用－1 表示。编写程序段如下:

```
    ...
    LEA      SI,STRING1
    LEA      DI,STRING2
    MOV      CX,COUNT
    CLD
AGAIN: CMPSB               ;比较两个字符
    JNZ      UNMAT          ;出现不同的字符,转到 UNMAT,设置－1 标记
    LOOP     AGAIN          ;进行下一个字符的比较
    MOV      AL,0           ;字符串相等,设置 0 标记
    JMP      OUTPUT         ;转向 OUTPUT
UNMAT:MOV    AL,－1
OUTPUT:MOV   RESULT,AL  ;输出结果标记
    ...
```

本例若采用重复前缀实现,循环控制程序部分可修改如下:

```
    ...
    REPZ       CMPSB        ;重复比较,直到出现不相等字符或比较完
    JNZ        UNMAT        ;字符串不等,转移到 UNMAT,设置标记－1
    MOV        AL,0         ;字符串相等,设置 0 标记
    JMP        OUTPUT       ;转向 OUTPUT
UNMAT:MOV  AL,－1
OUTPUT:MOV RESULT,AL  ;输出结果标记
    ...
```

指令 REPZ　CMPSB 执行后的情况是:

① 若 ZF=0,即出现不相等的字符;

② 若 CX=0,表示比较完所有的字符。此时如果 ZF=0,说明最后一个字符不等;而如果 ZF=1,表示所有的字符都相等,也就是两个字符串相同。所以,重复比较结束后,指令 JNZ UNMAT 的条件如果成立(ZF=0),表示两个字符串不

相等。

例 3.48　AL 中存放从键盘输入的字符,在 ES 段定义字符串 COMMAND 为 "0123456789ABCDEF"共 16 个字符的 ASCII 码。使用 REPNZ SCASB 指令在 COMMAND 字符串中搜寻,若键盘输入与其中的一个字符相同,则显示该字符, 否则作为出错处理。程序段如下:

```
        ;附加段
        COMMAND  DB  "0123456789ABCDEF"
        ;代码段
        …
        MOV      AH,07H
        INT      21H                  ;从键盘输入一个字符到 AL,无回显
        MOV      DI,OFFSET   COMMAND
        CLD
        MOV      CX,10H               ;设置计数值
        REPNZ    SCASB                ;AL 与字符串中的字符一个接一个进行比较
        JNZ      ERROR                ;未找到,转向出错处理
        MOV      AH,02H
        MOV      DL,AL
        INT      21H                  ;找到,显示该字符
        JMP      EXIT                 ;转向程序结束
ERROR:
        …                             ;出错处理
EXIT:RET                              ;程序返回
        …
```

3.3.6　处理器控制类指令

处理器控制指令用于控制 CPU 的功能、修改状态标志、与外部事件同步以及 空操作等。

3.3.6.1　标志操作指令

8088/8086 有 7 条直接对单个标志进行操作的指令。如下:

```
    CLC(Clear Carry)          CF←0
    CMC(Complement Carry)     CF←C̄F
    STC(Set Carry)            CF←1
    CLD(Clear Direction)      DF←0
    STD(Set Direction)        DF←1
    CLI(Clear Interrupt)      IF←0(此时禁止所有可屏蔽中断)
```

STI(Set Interrupt)   IF←1

3.3.6.2 外部同步指令

外部同步指令共有 4 条:WAIT,ESC,LOCK 和 HLT。

1. 处理器暂停指令 HLT

指令格式:

　　HLT

功能:暂停程序的执行,并使 CPU 处于停止状态。此时 IP 寄存器中保存着 HLT 指令下一条指令的地址。只有产生一个外部中断或不可屏蔽中断(NMI),才可继续执行 HLT 指令后的指令。

HLT 指令可用于程序中等待外部中断。当程序必须等待中断时,可用 HLT 指令,而不必使用软件死循环。然后,中断使 CPU 脱离暂停状态,中断返回后执行 HLT 下一条指令。

该指令不影响状态标志位。

2. 处理器等待指令 WAIT

指令格式:

　　WAIT

功能:使 CPU 处于等待状态,等待协处理器完成当前的操作。

该指令不影响状态标志位。

WAIT 指令在 8088 的输入引脚 TEST 为高电平无效时,使 8088 进入等待状态;这时,CPU 并不做任何操作。TEST 为低电平有效时,CPU 脱离等待状态,继续执行 WAIT 指令后面的指令。该指令配合 TEST 引脚实现 8088 CPU 和 8087 协处理器同步运行。

3. 处理器交权指令 ESC

指令格式:

　　ESC

功能:使 CPU 将控制权交给协处理器。

利用 ESC 指令,可使协处理器接受 CPU 的指令以及存取存储器操作数。该指令不影响状态标志位。

当 8088 发现是一条浮点指令时,就利用 ESC 指令将浮点指令交给 8087 执行。

4. 总线封锁前缀 LOCK

指令格式:

　　LOCK　指令

其中,"指令"可以是如下格式的指令之一:

　　ADD/SUB/ADC/SBB/OR/XOR/AND　mem,reg/imm

```
NOT/NEG/INC/DEC    mem
XCHG        reg,mem
XCHG        mem,reg
```

功能:阻止其他处理器存取有 LOCK 前缀的存储器操作数。

利用该前缀可以确保协处理器不能改变 CPU 正在操作的数据。该指令不影响状态标志位。

LOCK 是一个指令前缀,它使被封锁的指令在执行期间,8088 处理器的$\overline{\text{LOCK}}$引脚输出有效的低电平,即将总线封锁,使其他处理器不能控制总线;直到该指令执行完以后,总线封锁解除。在多处理器系统环境中,有效的$\overline{\text{LOCK}}$信号将保证指令独占共享内存。

3.3.6.3　空操作指令 NOP

指令格式:

```
NOP
```

功能:完成一次空操作,除使 IP 寄存器的值增 1 外,不做任何工作。

该指令的机器码占用 1 个字节,执行该指令需 3 个时钟周期。该指令不影响状态标志位。

① 可插在其他指令之间,在循环等操作中增加延时;

② 在调试程序时取代其他指令;

③ 代码空间多余时用它来填充等。

3.3.7　中断和系统功能调用

中断是指处理器因为某种原因将当前程序挂起,转去执行一段预先安排好的例行程序,处理结束后返回被挂起的程序,上述的过程称为中断。

引起中断的原因称为中断源,8088/8086 的中断源有两种:

① 外部中断(硬件中断),它们从不可屏蔽中断引脚 NMI 或可屏蔽中断引脚 INTR 引入。NMI 引脚上的中断请求,CPU 必须立即响应;对于从 INTR 引脚来的中断请求信号,如果 IF=1,则 CPU 响应该中断,若 IF=0,CPU 不予响应。

外部中断主要用来处理 I/O 设备与 CPU 之间的通信。

② 内部中断(软件中断),包括 CPU 的专用中断和中断指令 INT i8 所产生的中断。

3.3.7.1　中断指令

8088/8086 CPU 支持 256 个中断,或称有 256 种不同类型的中断。每种类型的中断用一个编号来区别,可以用一个字节来表示,即中断类型 0 到中断类型 255。

中断指令的地址寻址方法不同于其他控制转移类指令。中断服务程序的起始地址存放在最低 00000H~003FFH 的 1 KB 的物理存储器中,形成一个中断向量表,每个中断向量占用 4 个字节的存储单元。内容是每个中断服务程序的入口地址:偏移地址和段地址。指令中只要指明中断类型号就可以转入该中断服务程序,中断服务程序的入口地址为中断类型号乘以 4 的结果所指向的内存单元的双字数据。见图 3.19。

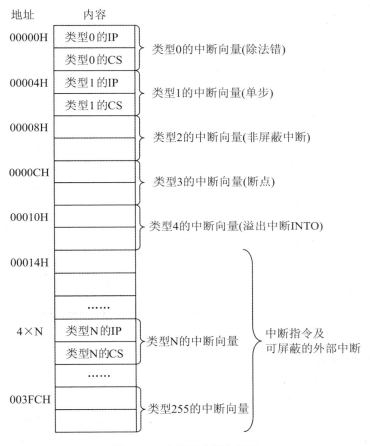

图 3.19   存储器中断向量表

中断调用指令的执行过程非常类似于子程序的调用,只不过要保存和恢复标志寄存器。计算机通常利用中断为用户提供硬件设备的驱动程序。ROM-BIOS 和 MS-DOS 都提供了丰富的中断服务程序让用户使用。因此用户程序在和 I/O 设备打交道时,可以调用相关的中断服务程序。

1. 中断调用指令 INT

指令格式:

INT i8 　　;产生 i8 号中断

　　　　　;标志寄存器入栈:SP←SP−2,SS:[SP]←FLAGS

　　　　　;CS 入栈:SP←SP−2,SS:[SP]←CS

　　　　　;IP 入栈:SP←SP−2,SS:[SP]←IP

　　　　　;实现转移:IP←i8 * 4,CS←i8 * 4+2

2. 溢出中断指令 INTO
指令格式:

INTO 　　;若溢出标志 OF=1,产生 4 号中断,否则顺序执行

　　　　 ;标志寄存器入栈:SP←SP−2,SS:[SP]←FLAGS

　　　　 ;CS 入栈:SP←SP−2,SS:[SP]←CS

　　　　 ;IP 入栈:SP←SP−2,SS:[SP]←IP

　　　　 ;实现转移:IP←10H,CS←12H

3. 中断返回指令 IRET
指令格式:

IRET 　　;实现中断返回

　　　　 ;弹出 IP: IP←SS:[SP], SP←SP+2

　　　　 ;弹出 CS: CS←SS:[SP], SP←SP+2

　　　　 ;弹出 FLAGS: FLAGS←SS:[SP], SP←SP+2

中断返回指令实现中断返回,一般位于中断服务程序的末尾。

该指令执行后,将根据堆栈中取出的值设置状态标志位和控制标志位。

3.3.7.2　8088/8086 的专用中断

1. 类型 0 中断
类型 0 中断又称为除法错中断。当 CPU 执行除法指令时,除数为 0,或者除法运算得到的商超出规定的范围(参见除法运算指令),CPU 会自动产生类型 0 的中断,转入相应的中断服务程序。该类型中断没有相应的中断指令,是优先级别最高的一种内部中断。

2. 类型 1 中断
类型 1 中断又称为单步中断。该类型中断没有相应的中断指令。当陷阱标志 TF=1 时,CPU 进入单步工作方式,即 CPU 每执行完一条指令后就自动产生类型 1 的内部中断,程序控制将转入单步中断服务程序。中断服务程序一般由调试程序提供,功能是显示 CPU 各个内部寄存器的内容以及其他信息,供用户检查每条指令运行的结果。

注意　TF 的值是由调试程序修改的,不是由被调试程序修改的。

3. 类型 2 中断

类型 2 中断是供 CPU 外部紧急事件使用的非屏蔽中断 NMI。

4. 类型 3 中断

类型 3 中断又称为断点中断。断点中断指令主要用于较大的软件调试。用户可以在程序中一些关键的地方使用断点中断指令设置断点,断点中断的服务程序也是由调试程序提供的,功能同单步中断服务程序一样,可以显示相关信息,供用户判断在断点以前的程序运行是否达到预期的结果。

5. 类型 4 中断

类型 4 中断又称为溢出中断。溢出中断是在程序中设置一条 INTO 指令实现的。如前所述,除法溢出由 0 号中断处理,该中断没有相应的中断指令,由 CPU 根据除法指令执行结果自动产生,然后转入该中断服务程序。而 INTO 可以用在有符号数的加、减运算的指令后面,一旦 OF=1,该中断服务程序给出出错信息,在溢出中断服务程序结束时,不再返回原程序,继续运行,而是将控制权交给操作系统。

若 OF=0,INTO 指令所调用的中断服务程序仅仅是对 OF 标志进行测试,然后就返回被中断的程序,继续执行,对程序的运行不产生任何影响。例如

　　　ADD　AX,VALUE

3.3.7.3　系统功能调用方法

8088/8086 除将 00H～04H 类型中断规定为专用中断以外,IBM PC 把类型 08H～1FH 中断分配给主板和扩展槽上的基本外设的中断服务程序和ROM-BIOS 中的 I/O 功能子程序调用使用,把类型 20H～0FFH 中断中的一部分分配给 DOS 操作系统使用,类型 40H～7FH 中断留给用户开发时使用。表 3.9 列出了 DOS 中断类型。

由于汇编语言仅提供 IN,OUT 指令访问外设,我们可以利用 ROM-BIOS 和 DOS 操作系统提供的丰富的中断服务程序访问外设。

表 3.9　DOS 中断类型

20H	程序结束	26H	绝对磁盘写入
21H	DOS 功能调用	27H	结束并驻留内存
22H	结束地址	28H～2EH	DOS 保留
23H	Ctrl-Break 出口地址	2FH	打印机
24H	严重错误的处理	30H～3FH	DOS 保留
25H	绝对磁盘读取		

DOS 功能子程序调用的中断号是 21H,ROM-BIOS 主要是 10H,13H,16H, 17H 等。因为每个中断服务程序都提供了多个子功能,所以利用 AH 寄存器来区别各个子功能。ROM-BIOS 则提供了更基本的不依赖于操作系统的功能调用。 DOS 模块和 ROM-BIOS 的关系如图 3.20 所示。本书只介绍几种常用的 DOS 和 ROM-BIOS 输入输出功能调用,更详细的内容请参考有关的技术手册。

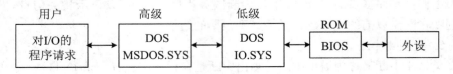

图 3.20　DOS 模块和 ROM-BIOS 的关系

ROM-BIOS 和 DOS 功能调用的方法一样,一般具有以下 4 个步骤:
① 在 AH 寄存器中设置系统功能调用号;
② 在指定的寄存器中设置入口参数;
③ 用中断调用指令 INT i8 执行功能调用;
④ 根据出口参数分析功能调用的执行情况。

3.3.7.4　常用的 DOS 输入输出功能调用

下面介绍几种常用的 DOS 输入输出功能调用。

1. AH＝01H

功能:从键盘读取一字符,并将该字符回显到屏幕。可一直等待字符输入。若按下 Ctrl＋Break 或 Ctrl＋C,则退出程序返回 DOS。

入口参数:无。

出口参数:输入字符的 ASCII 码值通过 AL 返回。

例如

```
MOV  AH,01H
INT    21H
```

2. AH＝02H

功能:在显示器当前光标位置上显示 DL 给定的字符,且将光标移动到下一个字符的位置。当输出响铃字符(ASCII 码:07H)、退格字符(08H)、回车字符(0DH)、换行字符(0AH)等时,该功能调用能自动识别并进行相应的处理。

入口参数:DL＝欲显示字符的 ASCII 码。

出口参数:无。

例如

```
MOV  DL,"A"
```

```
MOV    AH,02H
INT    21H
```

3. AH＝09H

功能:将一个以"＄"为结尾的字符串输出到屏幕当前光标开始处。"＄"的 ASCII 码值为 24H。特别提醒:2 号功能会破坏 AX 的内容,9 号功能会破坏 DX 的内容。

入口参数:DS:DX 指向字符串的首地址,即 DX 存放字符串的偏移地址。

出口参数:无。

例 3.49　屏幕提示按任意键继续,并实现按键后继续功能的程序段:

```
;数据段定义的字符串
MSGKEY    DB "Press any Key to Continue…" "＄"
;在代码段中:
…
MOV        AH,09H
LEA        DX,MSGKEY
INT        21H
MOV        AH,01H
INT        21H
…
```

4. AH＝0AH

功能:等待用户输入一个或多个字符,最后用回车确认,输入字符的 ASCII 码顺序存放在 DS:DX 指定的内存缓冲区,并在屏幕上回显。

入口参数:DS:DX 指向缓冲区。

注意　使用 0AH 号功能调用,程序员应事先定义好接收输入数据的缓冲区,注意缓冲区的格式,例如

```
;定义 0AH 号功能调用的缓冲区:
BUFFER   DB 9              ;可能输入的最多字符数,含最后的回车符
         DB 0              ;实际输入的字符数,不含最后的回车符
         DB  9 DUP (0)     ;用于存放用户输入的字符串
```

假如按下"abcd"和回车,则 BUFFER 缓冲区的内容为:09h,04h,61h,62h,63h,64h,0dh,00h,00h,00h,00h,00h。

例 3.50　利用 DOS 操作系统 09H 和 0AH 号功能调用,实现简单的人机对话功能。

```
DATA    SEGMENT
```

```
        BUFF    DB      80              ;输入时使用的缓冲区
                DB      ?
                DB      80 DUP (?)
        MSG     DB      "WHAT'S YOUR NAME?"
        CRLF    DB      0AH,0DH
                DB      "$"
        DATA    ENDS
        CODE    SEGMENT
                ASSUME  CS:CODE,DS:DATA
START:
        MOV     AX,DATA
        MOV     DS,AX           ;初始化 DS
        LEA     DX,MSG
        MOV     AH,09H
        INT     21H             ;显示提问信息
        LEA     DX,BUFF
        MOV     AH,0AH
        INT     21H             ;输入字符串(回答信息)
        XOR     BX,BX
        MOV     BL,BUFF+1
        MOV     BUFF[BX]+2,"$"  ;在输入字符串后加字符"$"
        LEA     DX,CRLF
        MOV     AH,09H
        INT     21H             ;回车换行
        LEA     DX,BUFF+2
        MOV     AH,09H
        INT     21H             ;显示用户输入的回答信息
        MOV     AH,4CH
        INT     21H
        CODE  ENDS
                END     START
```

3.3.7.5 ROM-BIOS 输入输出功能调用

在微机存储器系统中,从地址 0FE000H 开始的 8 K ROM 中装有 BIOS 的例行程序。驻留在 ROM 中的 BIOS 提供了系统加电自检、引导装入、主要 I/O 设备的处理程序以及接口控制等功能模块来处理所有的系统中断。使用 ROM-BIOS 功能调用,给用户编程带来很大的方便,用户不必了解硬件 I/O 接口的特性,可直接使用指令设置参数,然后中断调用 ROM-BIOS 中的程序。利用 ROM-BIOS 功能调用编写的程序简洁、可读性好,而且易于移植。表 3.10 列出了主要的 ROM-BIOS 中断类型。

表 3.10　ROM-BIOS 中断类型

10H	显示器	16H	键盘
11H	设备检验	17H	打印机
12H	内存大小	18H	驻留 BASIC
13H	磁盘	19H	引导
14H	通信	1AH	时钟
15H	I/O 系统扩充	40H	软盘

在很多情况下,既能选择 DOS 中断也能选择 ROM-BIOS 中断来执行同样的功能。在少数情况下必须使用 ROM-BIOS 功能调用,例如 ROM-BIOS 中断 17H 的功能 2 为读取打印机状态,它没有等效的 DOS 功能。对于 DOS 和 ROM-BIOS 都没有提供的功能,就需要考虑使用 I/O 指令在端口级上编程,或者使用高级语言编程。表 3.11 列出了 ROM-BIOS 中常用的输入、输出功能。

表 3.11　ROM-BIOS 常用的输入输出功能调用

INT	AH	功能	入口参数	出口参数
16H	00H	从键盘读一字符		AL=字符码; AH=扫描码
16H	01H	判断键盘是否有输入		ZF=1,没有输入; ZF=0,已有输入
10H	0EH	显示一个字符; 光标前移	AL=字符的 ASCII 码; BL=前景色	

例 3.51　使用 ROM-BIOS 功能调用显示字符"A"。

```
CODE    SEGMENT
        ASSUME  CS:CODE
START:
        MOV   AL,"A"
        MOV   BX,0
        MOV   AH,0EH
        INT   10H
        ;
```

```
        MOV   AH,4CH
        INT   21H
CODE  ENDS
        END   START
```

习   题

1. 什么叫寻址方式? 8088 指令系统有哪几种寻址方式?

2. 有两个 16 位数据 1234H 和 5678H 分别存放在 02000H 为首地址的存储单元中,试用图表示存储数据的情况。

3. 指出下列指令源操作数的寻址方式:

(1) MOV   AX,ARRAY[SI]

(2) MOV   AX,ES:[BX]

(3) MOV   AX,[200H]

(4) MOV   AX,[BX+DI]

(5) MOV   AX,BX

(6) MOV   AX,1200H

(7) MOV   AX,8[BX+SI]

(8) MOV   AX,[DI+20]

4. 判断下列指令书写是否正确,如有错误,指出错在何处并用正确的程序段(一条或多条指令)实现原错误指令期望实现的操作。

(1) MOV   AL,BX   (2) MOV   AL,SL

(3) INC   [BX]   (4) MOV   5,AL

(5) MOV   [BX],[SI]   (6) MOV   BL,F5H

(7) MOV   DX,2000H   (8) POP   CS

(9) MOV   ES,3278H   (10) PUSH   AL

(11) POP   [BX]   (12) MOV   [1A8H],23DH

(13) PUSH   IP   (14) MOV   [AX],23DH

(15) SHL   AX,5   (16) MUL   AX,BX

5. 根据以下要求写出相应的指令或指令序列。

(1) 把 4629H 传送给 AX 寄存器;

(2) 把 DATA 的段地址和编移地址装入 DS 和 BX 中;

(3) 把 BX 寄存器和 DX 寄存器内容相加,结果存入 DX 寄存器中;

(4) AX 寄存器中的内容减去 0360H,结果存入 AX 中;

(5) 把附加段偏移量为 0500H 字节存储单元的内容送入 BX 寄存器;

（6）AL 寄存器的内容乘以 2；

（7）AL 的带符号数乘以 BL 的带符号数,结果存入 AX 中；

（8）CX 寄存器清零；

（9）置 DX 寄存器的高 3 位为 1,其余位不变；

（10）置 AL 寄存器的低 4 位为 0,其余位不变；

（11）把 CL 寄存器的高 4 位变反,其余位不变；

（12）使 AX 中的有符号数除以 2；

（13）寄存器 AL 中的高、低 4 位交换；

（14）寄存器 DX 和 AX 组成 32 位数左移一位；

（15）求寄存器 DX 和 AX 组成的 32 位有符号数的补码。

6. 8086/8088 用什么途径来更新 CS 和 IP 的值？

7. 中断指令执行时,堆栈的内容有什么变化? 中断处理子程序的入口地址是怎样得到的?

8. 中断返回指令 IRET 和普通子程序返回指令 RET 在执行时,具体操作内容什么不同?

9. 读程序片段,指出结果。

（1）执行下列指令后 AL 内容是_____。

```
MOV   AL,08H
ADD   AL,09H
```

（2）执行下面的程序段后,AX 的内容是_____,BX 的内容是_____。

```
MOV   AX,1234H
MOV   BX,5678H
PUSH  AX
PUSH  BX
POP   AX
POP   BX
```

（3）执行下面的程序段后,AL 的内容是(80H),BL 的内容是_____。

```
MOV   AL,20H
TEST  AL,80H
JNZ   DO1
MOV   BL,0
JMP   DO2
DO1:MOV   BL,1
DO2:HLT
```

（4）下面程序段执行后,标志位 CF=_____,OF=_____。

```
MOV   AL,-64
```

```
MOV    BL,-70
ADD    AL,BL
```

（5）下面程序段执行后,AX=_____。

```
MOV    SI,0
MOV    DI,0
MOV    CX,60
REP    MOV    SB
MOV    AX,SI
```

（6）下面程序段执行后,AX=_____,BX=_____。

```
MOV    AX,92H
MOV    BX,10H
ADD    BX,70H
ADC    AX,BX
PUSH   AX
MOV    AX,20H
POP    BX
ADD    AX,BX
```

（7）源程序如下：

```
MOV    AH, 0
MOV    AL, 9
MOV    BL, 8
ADD    AL, BL
AAA
AAD
DIV    AL
```

执行上述指令序列后,AL_____,AH=_____,BL=_____。

（8）已知 AX=0FF60H,CF=1。

```
MOV    DX,96
XOR    DH,0FFH
SBB    AX,DX
```

执行上述指令序列后,AX=_____,CF=_____。

（9）设寄存器 AL,BL,CL 中内容均为 76H。

```
XOR    AL,0FH
AND    BL,0FH
OR     CL,0FH
```

执行上述指令序列后,AL=_____,BL=_____,CL=_____。

（10）已知 AX=0A33AH,DX=0F0F0H。

  AND AH,DL

  XOR AL,DH

  NEG AH

  NOT AL

执行上述指令序列后,AH=_____,AL=_____。

10. 试述指令 MOV AX,2010H 和 MOV AX,DS:[2010H] 的区别。

11. 写出以下指令中内存操作数的所在地址。

(1) MOV AL,[BX+5]

(2) MOV [BP+5],AX

(3) INC BYTE PTR[SI+3]

(4) MOV DL,ES:[BX+DI]

(5) MOV BX,[BX+SI+2]

12. 要想完成把[2000H]送[1000H]中,用指令:MOV [1000H],[2000H]是否正确? 如果不正确,应用什么方法完成?

第4章 存储器

本章重点

存储器的扩展。

4.1 微机存储器的层次结构

对于计算机的存储系统:① 容量越大越好;② 速度越快越好;③ 价格越低越好。但是半导体存储器成本高,速度较快;磁盘/光盘速度较慢,存取时间长,价格低。为解决容量、速度和价格之间的矛盾,按照现在所能达到的技术水平,仅仅用一种技术而组成的单一存储器结构是不可能满足上述要求的,将几种存储技术结合起来,形成层次结构的计算机存储系统。

图 4.1 为一种典型的存储器的层次结构。它把全部存储系统分为 4 层,它们在存取速度上依次递减、成本递减、处理器处理的频度递减,而在存储容量上逐层递增、存取时间递增。

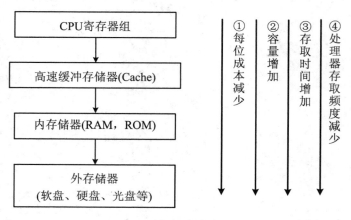

图 4.1 存储器的层次结构

4.1.1　CPU 寄存器组

　　CPU 寄存器组位于微处理器内部。例如,8086 微处理器中有 8 个 16 位通用寄存器,32 位的 80x86 CPU 内部有若干个 32 位的通用寄存器。微处理器在对芯片内部的寄存器读写时,其速度很快。由于受芯片面积和集成度的限制,寄存器的数量不可能做得很多。

4.1.2　高速缓冲存储器(Cache)

　　高速缓冲寄存器(Cache)是在相对容量较大而速度较慢的内存 DRAM 与高速的 CPU 之间设置的少量而快速的由 SRAM 组成的存储器。

　　内存是由 CPU 通过总线直接访问的存储器,存放要执行的程序和要处理的数据。为满足 CPU 直接访问的需要,要求内存工作速度快,且具有一定的存储容量。内存的速度和容量直接影响到微机系统的速度。随着超大规模集成电路技术的发展,半导体存储器的存取速度已有很大提高。但相比之下,CPU 工作速度提高得更快,两者一直存在着大约一个数量级的差距。

　　CPU 访问内存时,同时也就访问了高速缓冲寄存器。通过对地址码的分析可以判断,所访问区间的内容是否复制到高速缓冲寄存器中。若所需访问区间已经复制在高速缓冲寄存器中,称为访问高速缓冲寄存器命中,可以直接从高速缓冲寄存器快速读得信息。若访问区间内容不在高速缓冲寄存器中,称为访问高速缓冲寄存器未命中,则须从内存中读取信息,并考虑更新高速缓冲寄存器内容为当前活跃部分。为此,需要实现内存地址与高速缓冲寄存器地址间的映射变换,并采取某种算法(策略)进行高速缓冲寄存器内容的替换,这些算法必须用硬件实现。

　　例如,80486 芯片上的高速缓冲寄存器采用指令和数据共用的统一高速缓冲寄存器结构,有 8 KB 的容量,同时主板上还支持第二级的高速缓冲寄存器。Pentium 微处理器内部集成有片上高速缓冲寄存器,同时主板上通常具有 256 KB 或 512 KB 的第二级高速缓冲寄存器。Pentium II 以后的 CPU 将两级高速缓冲寄存器都集成在微处理器芯片上。

4.1.3　内存和外存

　　8086 能提供 20 位地址,直接寻址空间可达 1 MB。32 位的 80x86 系列可提供 32 位地址,理论上直接寻址空间高达 4 GB。从物理寻址的角度来看,内存容量受地址位数的制约。32 位的 80x86 内部都具有存储管理单元 MMU,可以动态地为多个任务分配内存。

　　大容量的外存储器,如磁盘、磁带、光盘等,作为对内存的补充与后援。它们位于传统主机的逻辑范畴之外,是外围设备的一部分,其编址与内存编址无关。

对于大的任务,需要运行的程序和数据可能很多。在程序的编译、调试和运行过程中,可能需要使用大量的软件资源。但是,CPU 在某一段时间内,所运行的程序和数据只是其中一部分,其余的大部分暂时不用。因此,可将当前要运行的程序和数据调入内存,其他暂时不运行的程序与数据则存储在磁盘等外存中,根据需要进行更换。相对于内存,外存的速度要低些,成本也比内存低很多。

虚拟存储器(Virtual Memory)是为了满足用户对内存空间不断扩大的要求而提出来的。虚拟存储地址是一种概念性的逻辑地址,并非实际的物理空间。虚拟存储系统是在内存和外存之间,通过存储管理单元 MMU,进行虚地址和实地址的自动变换而实现的,对应用程序是透明的。

4.2　半导体存储器的主要性能指标

4.2.1　存储容量

存储器的容量是指一个存储器可以容纳的二进制信息量,以存储单元的总位数表示。即

$$存储容量＝存储单元个数×每个单元的存储位数$$

例如,某存储器有 2 048 个存储单元,每个单元存放 8 位二进制数,则其容量为 2 048×8 位。为简化书写,存储器的存储容量是以字节为单位的,一个字节由 8 位二进制数组成。例如,1 KB 表示 1 024 字节的存储空间,1 MB＝1 024 K×1 024 K 字节的存储空间等。

4.2.2　存取速度

该项指标可用以下两个参数中的一个进行描述:

4.2.2.1　存取时间(Access Time)

存取时间用 T_A 表示,定义为访问一次存储器(对指定单元的写入和读出)所需要的时间,这个时间的上限值被称为最大存取时间。一般以 ns 为单位,最大存取时间越小,表示芯片的工作速度越快。

4.2.2.2　存取周期(Access Cycle)

存取周期用 T_{AC} 表示,指两次存储器访问所允许的最小时间间隔。由于要包括数据存取的准备和稳定时间,T_{AC} 略大于 T_A。存取周期是读周期和写周期的

统称。

在微机系统中,内存的存取速度必须和 CPU 总线时序相匹配。如果滞后于
CPU 时序,必须在 CPU 总线周期中插入等待时间。

4.2.3 其他指标

可靠性、集成度、价格等也是用户所关心的指标,这些指标往往由存储器的制
造工艺决定。上述各项指标可能是相互矛盾的,选用存储器时应根据实际情况权
衡考虑。

4.3 半导体存储器的分类

现代微机的内存储器几乎都由半导体器件构成。

按制造工艺,可将半导体存储器分为双极型和 MOS 型两类:

1. 双极(Bipolar)型

双极型由晶体管逻辑电路(Transistor-Transistor Logic,TTL)构成。工作速
度快,与 CPU 处于同一数量级,但集成度低、功耗大、价格偏高。例如,高速缓冲寄
存器。

2. 金属氧化物半导体(Metal-Oxide-Semiconductor)型

金属氧化物的半导体简称为 MOS 型,又可分为 NMOS,HMOS,CMOS,
CHMOS 等。其特点是集成度高、功耗低、价格便宜,速度比双极型慢。例如
DRAM,SRAM,EPROM 等都是 MOS 型存储器。微机的主存主要由 MOS 型半
导体存储器件构成。

按使用的功能可分为两大类:

1. ROM(Read Only Memory)——只读存储器

从另一个角度来说,ROM 所存放的信息又是不容易丢失的,不会受电源是否
供电的影响,因此又叫非易失性存储器。它的内部存放的是生产厂家装入的固定
指令和数据。这类指令和数据构成了一些对计算机进行初始化的低级操作和控制
程序(即系统 ROM-BIOS 程序),使计算机能开机运行。在一般情况下 ROM 内的
程序是固化的,不能对 ROM 进行改写操作,只能从中读出信息,但是在现在的许
多微机中的 ROM 采用了一种特殊的闪速内存(Flash Memory)来制造,从而使我
们可以用一些特殊的程序改写 ROM,对计算机的系统 ROM-BIOS 进行升级。

2. RAM(Random Access Memory)——随机存取存储器

因为 RAM 所保存的信息在断电后就会丢失,所以又被称为易失性存储器。

RAM用来存放CPU现场操作的大部分二进制信息。据统计,CPU大约有70%的工作是对RAM的读写操作。

4.4　半导体存储芯片的组成

　　半导体存储芯片一般由存储体、地址译码(选择)电路和读写(输入输出)控制电路等组成。见图4.2。

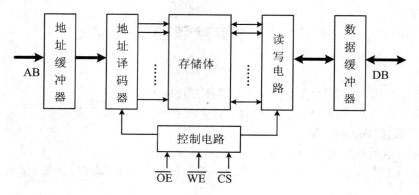

图 4.2　半导体存储芯片的总体结构

4.4.1　存储体

　　存储体是存储器的主要组成部分,是存储0或1信息的电路实体。它由多个存储单元组成,每个单元赋予一个唯一的编号,即存储单元的地址。每个存储单元可存储1位(位片结构)或多位(字片结构)的二进制码信息。

　　存储单元越多,其地址编码就越长,存储器需要的地址线就越多;而每个单元的存储位数越多,一次可以读写的数据就越长,芯片需要的数据线就越多。描述存储器的容量如下式:

$$存储容量＝存储单元个数×每个存储单元的位数＝2^M×N$$

其中,M为存储芯片的地址线根数,N为数据线根数。

4.4.2　地址译码电路

　　地址译码电路也称为地址选择电路,其功能是根据输入的地址编码来选中存储体内相应的存储单元。地址译码方式有两种。

4.4.2.1 单译码方式

存储芯片的全部地址编码使用一个电路进行译码,译码输出的选择线直接选中对应地址编码的存储单元。

如图 4.3 所示,存储体有 64 个存储单元,线性排列,需使用 6 根编码地址线 $A_5 \sim A_0$。当输入的地址编码为 000101b 时,编号为 5 的内部地址线有效,其余无效。

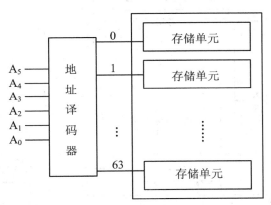

图 4.3　单译码方式示例

4.4.2.2 双译码方式

双译码方式将地址编码分成两个部分,使用两个译码电路分别译码。X 方向译码又称行译码,其输出线称为行选择线,它选中存储矩阵中一行的所有存储单元。Y 方向译码又称为列译码,其输出线称为列选择线,它选中存储矩阵中一列的所有存储单元。只有 X 和 Y 方向同时选中的那一个存储单元才能进行读写操作。

由图 4.4 可见,具有 1 024 个存储单元的存储体排列成 32×32 的存储矩阵,它在 X 和 Y 方向的译码器各有 32 根译码输出线,共 64 根。若采用单译码方式,则需要 1 024 根译码输出线。因此,双译码方式所需要的选择线数目较少,可以简化存储芯片结构,适用于大容量的存储芯片。

4.4.3 片选和读写控制电路

存储芯片的片选端一般用 $\overline{CS}$ 或 $\overline{CE}$ 来表示。有效时,可以对存储芯片进行读写操作;无效时,芯片与数据总线隔离,同时可降低存储芯片内部功耗。存储芯片的片选端一般与系统的高位地址线连接,即通过对系统高位地址线的译码来选中各个存储芯片。

对 RAM 芯片的读写控制具有两个控制端,一般使用 $\overline{OE}$(输出允许,即读允

许)和$\overline{\text{WE}}$(输入允许,即写允许)来标志。当某个存储芯片被选中时:

　　① $\overline{\text{OE}}$ 被用来控制读操作,有效时,该存储芯片将被寻址的存储单元中的数据输出。$\overline{\text{OE}}$ 端一般与系统的读控制线$\overline{\text{MEMR}}$(或$\overline{\text{RD}}$)相连。

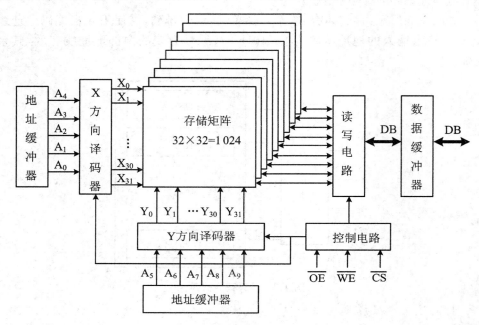

图 4.4　双译码方式示例

CS:Chip Select,　　WE:Write Enable

CE:Chip Enable,　　OE:Out Enable

　　② $\overline{\text{WE}}$ 被用来控制写操作,有效时,存储芯片引脚上的数据将被允许写入被寻址的存储单元。$\overline{\text{WE}}$端一般与系统的写控制线$\overline{\text{MEMW}}$(或$\overline{\text{WR}}$)相连。

4.5　随机存储存储器(RAM)

　　半导体随机存取存储器 RAM 可以随机地(不按顺序)读写其中的信息,但断电时信息将丢失,又可进一步分为静态和动态 RAM 两类。

4.5.1　静态 RAM

　　常用的静态 RAM(SRAM)芯片有 2114,2142(1 K×4 位),6116(2 K×8 位),6264(8 K×8 位),62128(16 K×8 位),62256(32 K×8 位)等多种。我们主要介绍

下面几种。

4.5.1.1 SRAM 芯片 2114

Intel 2114 芯片容量为 1 K×4 位,为 18 引脚 DIP 封装,其引脚图和逻辑符号见图 4.5。该芯片共有 10 根地址线 $A_9 \sim A_0$ 和 4 根数据线 $I/O_4 \sim I/O_1$。该芯片的读写控制:$\overline{CS}$ 无效时,数据线呈高阻;有效时选中芯片,允许读写操作,此时,若 $\overline{WE}$ 有效则进行写操作,无效时进行读操作,见表 4.1。

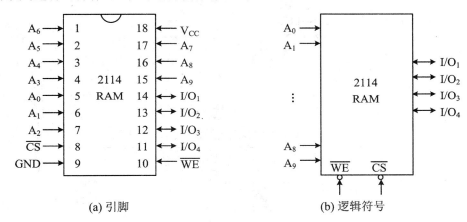

(a) 引脚 (b) 逻辑符号

图 4.5 2114 芯片引脚和逻辑符号

表 4.1 2114 的工作方式

工作方式	$\overline{CS}$	$\overline{WE}$	$I/O_4 \sim I/O_1$
未选中	1	×	高阻
读	0	1	输出
写	0	0	输入

4.5.1.2 SRAM 芯片 2142

Intel 2142 也是一个容量为 1 K×4 位的静态 RAM 芯片,为 20 引脚 DIP 封装,其引脚图和逻辑符号见图 4.6。该芯片共有 10 根地址线 $A_9 \sim A_0$ 和 4 根数据线 $I/O_4 \sim I/O_1$。它有 2 个片选端 $\overline{CS_1}$ 与 CS_2,其中,一个片选端 CS_2 接来自系统中的地址译码器输出的 CS 片选信号;另一个片选端 $\overline{CS_1}$ 可用于选择 8086 CPU 的 $\overline{BHE}$(选高位库)或 A_0(选低位库)信号。此外,2142 片上还有一个禁止输出端 OD,当它接高电平时,将禁止 2142 输出数据,而接低电平时,则允许 2142 输出数据,此时,若 $\overline{WE}$ 有效则进行写操作,无效时进行读操作,表 4.2。

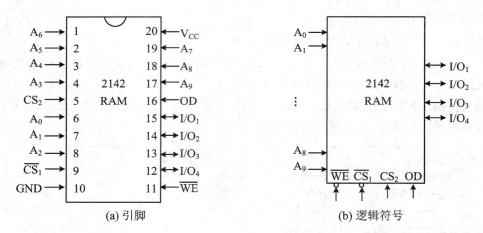

(a) 引脚　　　　　　　　　　　　　(b) 逻辑符号

图 4.6　2142 芯片引脚和逻辑符号

表 4.2　2142 的工作方式

工作方式	CS_2	$\overline{CS_1}$	OD	$\overline{WE}$	$I/O_4 \sim I/O_1$
未选中	0	0	×	×	高阻
未选中	0	1	×	×	高阻
写	1	0	×	0	输入
读	1	0	0	1	输出
未选中	1	1	1	×	高阻

4.5.1.3　SRAM 芯片 6116

Intel 6116 是一个容量为 2 K×8 位的静态 RAM 芯片,为 24 引脚 DIP 封装,见图 4.7。该芯片共有 11 根地址线 $A_{10} \sim A_0$ 和 8 根数据线 $I/O_7 \sim I/O_0$。由 CPU 提供的控制信号主要有:片选信号 $\overline{CS}$(或 $\overline{CE}$),读写控制信号 $\overline{WE}$ 和输出允许信号 $\overline{OE}$。对于 6116,$\overline{CS}$ 无效时,数据线呈高阻;有效时选中芯片,允许读写操作,此时,当 $\overline{WE}$ 为低电平,$\overline{OE}$ 为任意状态时,可以进行写操作;当 $\overline{WE}$ 为高电平,$\overline{OE}$ 为低电平时,可以进行读操作,见表 4.3。

表 4.3　6116 的工作方式

工作方式	$\overline{CS}$	$\overline{OE}$	$\overline{WE}$	I/O 信号
未选中	1	×	×	高阻
读	0	0	1	输出
写	0	1	0	输入
写	0	0	0	输入

4.5.1.4 SRAM 芯片 6264

6264 芯片采用 28 脚 DIP 封装,容量为 8 K×8 位,见图 4.8。该芯片共有 13 根地址线 $A_{12}\sim A_0$ 和 8 根数据线 $D_7\sim D_0$。读写控制端有 $\overline{WE}$ 和 $\overline{OE}$:$\overline{OE}$ 有效时允许输出,$\overline{WE}$ 有效时允许写入。它有 2 个片选端 $\overline{CS_1}$ 与 CS_2,它们同时有效时方能选中芯片,见表 4.4。

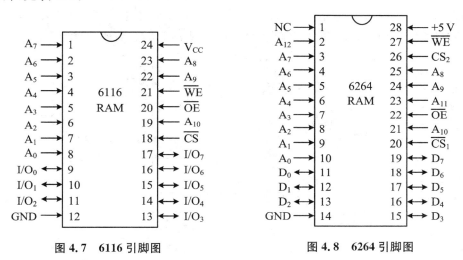

图 4.7 6116 引脚图   图 4.8 6264 引脚图

表 4.4 6264 的工作方式

工作方式	$\overline{CS_1}$	CS_2	$\overline{WE}$	$\overline{OE}$	I/O 信号
未选中	1	×	×	×	高阻
未选中	×	0	×	×	高阻
写	0	1	0	1	输入
读	0	1	1	0	输出

4.5.2 动态 RAM

动态 RAM(DRAM)内部必须配备"读出再生放大电路",以便及时对各个存储单元进行刷新(Refresh)。动态 RAM 芯片是以 MOS 管栅极电容是否充有电荷来存储信息的,其基本单元电路一般由 4 管、3 管和单管组成,以 3 管和单管较为常用。由于它所需要的晶体管较少,故可以扩大每片存储器芯片的容量,且其功耗较低,所以在微机系统中,大多数采用动态 RAM 芯片。

4.5.2.1　DRAM 芯片 2116

Intel 2116 单管动态 RAM 芯片的引脚和逻辑符号见图 4.9。引脚名称见表 4.5。其存储容量为 16 K×1 位,需用 14 条地址输入线,但 2116 只有 16 条引脚。由于受封装引线的限制,只用了 $A_6 \sim A_0$ 七条地址输入线,数据线只有 1 条(1位),而且数据输入(D_{IN})和输出(D_{OUT})端是分开的,它们有各自的锁存器。数据输入(D_{IN})和输出(D_{OUT})线可通过外部电路形成一个双向数据线。写允许信号 $\overline{WE}$ 为低电平时表示允许写入,为高电平时可以读出,见表 4.5,它需要 3 种电源。

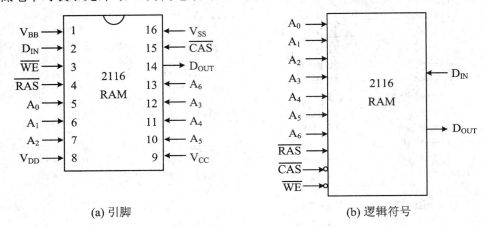

(a) 引脚　　　　　　　　　　　　　(b) 逻辑符号

图 4.9　2116 芯片引脚和逻辑符号

表 4.5　2116 的引脚名称

$A_6 \sim A_0$	地址输入	$\overline{WE}$	读写允许
$\overline{RAS}$	行地址选通	V_{BB}	电源(-5V)
$\overline{CAS}$	列地址选通	V_{CC}	电源(+5V)
D_{IN}	数据输入	V_{DD}	电源(+12V)
D_{OUT}	数据输出	V_{SS}	地

为了解决用 7 条地址输入线传送 14 位地址码的矛盾,2116 采用地址线分时复用技术,用 $A_6 \sim A_0$ 七根地址线分两次将 14 位地址按行、列两部分分别引入芯片,即先把 7 位行地址 $A_{13} \sim A_7$ 在行地址选通信号 $\overline{RAS}$(Row Address Strobe)有效时通过 2116 的 $A_6 \sim A_0$ 地址输入线送至行地址锁存器,延迟一段时间后把 7 位列地址 $A_6 \sim A_0$ 在列地址选通信号 $\overline{CAS}$(Column Address Strobe)有效时通过 2116 的 $A_6 \sim A_0$ 地址输入线送至列地址锁存器,从而实现了 14 位地址码的传送。

7 位行地址码经行译码器译码后,某一行的 128 个基本存储电路都被选中,而列译码器只选通 128 个基本存储电路中的一个(即 1 位),经列放大器放大后,在定时控制发生器及写信号锁存器的控制下送至 I/O 电路。

2116 没有片选信号,它的行地址选通信号$\overline{RAS}$兼作片选信号,且在整个读、写周期中均处于有效状态,这是与其他芯片的不同之处。此外,地址输入线 $A_6 \sim A_0$ 还用作刷新地址的输入端,刷新地址由 CPU 内部的刷新寄存器 R 提供。

动态基本存储电路所需晶体管的数目比静态的要少,提高了集成度,降低了成本,存取速度快。但由于要刷新,需要增加刷新电路,外围控制电路比较复杂。静态 RAM 尽管集成度较低,但静态基本存储电路工作较稳定,也不需要刷新,所以外围控制电路比较简单。选用哪种 RAM,要综合比较各方面的因素决定。

4.5.2.2 DRAM 芯片 2164

2164 DRAM 芯片的引脚见图 4.10,存储容量为 64 K×1 位,可以看成 4 个像 2116 那样的存储模块组成了 2164。需要增加 2 条地址输入线来对 4 个模块进行寻址。实际上,2164 只增加了一根复用的地址线 A_7,通过 2:4 译码来进行模块的选择。数据读写时用 $A_7 \sim A_0$ 8 条地址输入线分两批传送 16 位地址。刷新时,只使用 7 位行地址,并使$\overline{RAS}$有效、$\overline{CAS}$无效;这样,4 个模块的同一行(共 512 个单元)将同时得到刷新;若刷新地址每次加 1,128 次后可将芯片全部刷新一遍。IBM PC/XT 机即使用这种芯片组成其 RAM 内存。

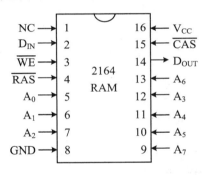

图 4.10 2164 引脚图

4.6 只读存储器(ROM)

只读存储器 ROM 是一种非易失性的半导体存储器件。在一般的工作状态下,ROM 的信息只能读出,不能写入。对于可编程的 ROM 芯片,可用特殊的方法将信息写入芯片,该过程被称为"编程";对于可擦除的 ROM 芯片,采用特殊的方法将原信息擦除,以便再次编程。

4.6.1　EPROM

　　EPROM 是可擦除、可编程的只读存储器。在 EPROM 芯片出厂时,它是未编程的。若 EPROM 中写入的信息有错或不需要时,可利用专用的紫外线灯对准芯片上的石英窗口照射 15~20 min,即可擦除原先写入的信息,以恢复出厂时的状态,经过照射后的 EPROM 就可再次编程写入信息。EPROM 的编程一般通过专门的编程器(也称"烧写器")来实现。写好信息的 EPROM 为防止光线照射,常用遮光胶纸贴于窗口上,这样信息可保存十年以上。这种方法只能把存储的信息全部擦除后再重新写入,它不能只擦除个别单元或某几位的信息,而且擦除的时间也很长。

4.6.1.1　EPROM 芯片 2716

　　Intel 2716 EPROM 芯片的存储容量为 2 K×8 位,读出时间为 350~450 ns,采用 NMOS 工艺和 24 引脚 DIP(双列直插式)封装,其引脚见图 4.11。它有 11 根地址线 A_{10}~A_0,可寻址 2716 芯片内部的 2 K 存储单元。其中 7 条用于行译码,以选择 128 行中的一行;4 条用于列译码,用以选择 16 组中的一组。被选中的一组,8 位信息同时输出。

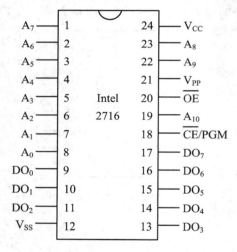

图 4.11　2716 引脚图

　　8 根数据线 DO_7~DO_0,都通过缓冲器输入、输出。对 2716 进行编程写入时是输入线,用来输入要写入的信息;当 2716 处于正常读出时,DO_7~DO_0 是输出线,用来输出 2716 中存储的信息。

　　两个电源输入端 V_{CC} 和 V_{PP},前者给芯片提供+5 V 的工作电压;后者在编程时给芯片提供+25 V 的高电压。

　　片选/编程控制端 $\overline{CE}$/PGM 有两个作用:正常工作时,通过向该引脚输入低电平,可选中芯片;对芯片进行编程时,通过向该引脚输入 50 ms 宽的正脉冲,可控制编程时间。$\overline{OE}$ 是允许芯片输出数据的输出控制端。

　　2716 有 6 种工作方式,见表 4.6。前 3 种要求 V_{PP} 接+5 V,为正常工作状态;后 3 种要求 V_{PP} 接+25 V,为编程工作状态。

表 4.6 2716 的工作方式

工作方式	$\overline{CE}/PGM$	$\overline{OE}$	V_{CC}	V_{PP}	$DO_7 \sim DO_0$
待机	1	×	+5 V	+5 V	高阻
读出	0	0	+5 V	+5 V	输出
读出禁止	0	1	+5 V	+5 V	高阻
编程写入	正脉冲	1	+5 V	+25 V	输入
编程校验	0	0	+5 V	+25 V	输出
编程禁止	0	1	+5 V	+25 V	高阻

① 待机方式:当 $\overline{CE}/PGM$ 无效时,芯片未被选中。此时功耗由 525 mW 下降到 132 mW,所以又称为功率下降方式。这时数据线呈高阻抗。

② 读出方式:当 $\overline{CE}/PGM$ 和 $\overline{OE}$ 均有效时,可以将选中存储单元的内容读出。

③ 读出禁止方式:当 $\overline{OE}$ 无效时禁止芯片输出,数据线呈高阻抗。

④ 编程写入方式:该方式要求 V_{PP} 接 $+21\sim+25$ V 电压,且令 $\overline{OE}$ 无效;待地址、数据就绪,通过 $\overline{CE}/PGM$ 端输入宽为 50 ± 5 ms 的 TTL 正脉冲。这样,一个字节的数据就会被写入指定的存储单元,重复这一过程,则整个芯片大概在 2 min 左右完成编程写入。

⑤ 编程校验方式:此方式与读出方式基本相同,只是要求 V_{PP} 接 $+21\sim+25$ V 电压。编程中,当一个字节被写入后,随即将写入 2716 中的信息读出,与写入的内容进行比较,以确定编程内容是否已经正确地写入。

⑥ 禁止编程方式:该方式下禁止对芯片进行编程。

4.6.1.2 EPROM 芯片 2764

Intel 2764 EPROM 芯片的存储容量为 8 K×8 位,读出时间为 $200\sim450$ ns,采用 NMOS 工艺和 28 引脚 DIP 封装,其引脚见图 4.12。它有 13 根地址线 $A_{12}\sim A_0$,8 根数据线 $D_7\sim D_0$ 以及两个电源输入端 V_{CC} 和 V_{PP};并有一个编程控制端 $\overline{PGM}$:编程时,该引脚需加50 ms 宽的负脉冲;正常读出时,该引脚无效。2764 还有一个片选端 $\overline{CE}$ 和一个输出控制端 $\overline{OE}$,有效时,分别选中芯片和允许输出数据。

2764 有 8 种工作方式,见表 4.7。前 4 种要求 V_{PP} 接 $+5$ V,为正常工作状态;后 4 种要求 V_{PP} 接 $+25$ V,为编程工作状态。2764 比 2716 增加了两种工作方式:

① 读 Intel 标识符方式:当 V_{CC} 和 V_{PP} 接 $+5$ V、

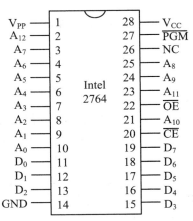

图 4.12 2764 引脚图

$\overline{\text{PGM}}$接+12V、$\overline{\text{CE}}$和$\overline{\text{OE}}$均有效,且 A_9 脚为高电平时,可从芯片中顺序读出两个字节的编码。编码的低字节(在 $A_0 = 0$ 时读取)为制造厂商代码,高字节(在 $A_0 = 1$ 时读取)为芯片代码。

② Intel 编程方式:这是 Intel 推荐的一种快速编程方式。

在 EPROM 芯片的编程中,不同厂家和类型的 EPROM 芯片所要求的 V_{PP} 可能不同,为+25 V 或+12 V 等,而新的 EPROM 芯片可能只要求+5 V,其片内有电压提升电路。在对 V_{PP} 加电时,不能拔插 EPROM 芯片。

Intel 公司的 EPROM 芯片 27 系列的有 2716(2 K×8 位),2732(4 K×8 位),27128(16 K×8 位),27256(32 K×8 位),27512(64 K×8 位),27010(128 K×8 位),27020(256 K×8 位)等。

表 4.7 2764 的工作方式

工作方式	$\overline{\text{CE}}$	$\overline{\text{OE}}$	$\overline{\text{PGM}}$	A_9	V_{CC}	V_{PP}	$D_7 \sim D_0$
待机	1	×	×	×	+5 V	+5 V	高阻
读出	0	0	1	×	+5 V	+5 V	输出
读出禁止	0	1	1	×	+5 V	+5 V	高阻
读 Intel 标识符	0	0	+12 V	1	+5 V	+5 V	输出编码
标准编程	0	1	负脉冲	×	+5 V	+25 V	输入
Intel 编程	0	1	负脉冲	×	+5 V	+25 V	输入
编程校验	0	0	1	×	+5 V	+25 V	输出
编程禁止	1	×	×	×	+5 V	+25 V	高阻

4.6.2 EEPROM

采用金属-氮-氧化物-硅(MNOS)工艺生产的 MNOS 型 PROM,利用加电的方法来改写的可编程只读存储器,即 EEPROM(或称 E^2PROM)。当需要改写某存储单元的信息时,只要让电流通入该存储单元,就可以将其中的信息擦除并重新写入信息,而其余未通入电流的存储单元的信息仍然保留。擦写的次数可达万次,数据信息存储时间可达 10 余年。EEPROM 芯片的主要特点是既可以在应用系统中在线改写,又能在断电后保存数据。

① EEPROM 芯片对硬件电路没有特别的要求,编程简单,早期的 EEPROM 芯片是利用片外加高电压(+20 V 左右)进行擦写的,例如 Intel 2817,后来可将升压电路集成在芯片内部,使得擦写在+5V 电压下就能完成。

② 采用+5 V 电擦除的 EEPROM,通常不需要设置单独的擦除操作,可在写

入的过程中自动擦除,但擦除的时间较长,约 10 ms,因此要保证有充足的写入时间。有些 EEPROM 芯片设置有写入结束标志以供查询和申请中断。

③ EEPROM 器件一般都是并行总线传输的,这类芯片具有较高的传输率;也有串行传输的,容量较小,但价格低廉,所以常常采用。

Intel 2817A 是 2817 的改进型,HMOS 工艺制造,容量为 2 K×8 位,28 脚 DIP 封装,其引脚见图 4.13。使用单一的 +5 V 电压,最大读取时间为 200 ns,加电和断电时有写保护功能,写入时自动擦除原内容。EEPROM 的擦除和写入操作极为相似,只是在擦除时,各个数据输入端都加上高电平,而在写入时则根据信息的要求可高可低。其工作方式见表 4.8。

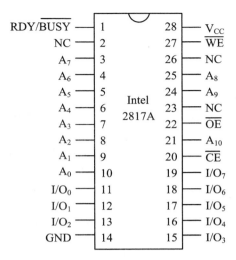

图 4.13　2817A 引脚图

表 4.8　2817A 的工作方式

工作方式	$\overline{CE}$	$\overline{OE}$	$\overline{WE}$	RDY/$\overline{BUSY}$	I/O$_0$～I/O$_7$
读	0	0	1	高阻	输出
未选中	1	×	×	高阻	高阻
字节写	0	1	0	0	输入

4.6.3　快擦写 ROM

快擦写 ROM(Flash ROM)也称闪速 ROM 或闪光 ROM,是近年来发展较快的存储芯片。主要特点是在不加电的情况下能长期保存信息,同时又能在在线工作情况下进行擦除与重写,既有 EEPROM 的写入方便的优点,且擦除和编程的速度比 EEPROM 快,又有 EPROM 的高集成性,是替代 EPROM 和 EEPROM 的理想器件,可广泛地应用于计算机、通信等领域中。PC 计算机上的系统 ROM-BIOS 芯片,以前都采用 EPROM 芯片,目前则广泛地使用 Flash ROM,以便 ROM-BIOS 升级。

4.7 存储器容量的扩充

当单片存储芯片的容量不能满足系统使用的要求时,需多片组合以扩充存储容量。

$$存储容量=存储单元个数×每个存储单元的位数=2^M×N$$

其中,M 为存储芯片的地址线根数,N 为数据线根数。对存储单元位数的扩充被称为存储器位扩充。对于存储单元个数的扩充被称为字扩充。

4.7.1 存储器位扩充

对存储芯片进行位扩充,可以采用位并联的方法。例如,用 1 K×1 位的 SRAM 芯片位扩充形成 1 K×8 位的芯片组,所需芯片为

$$\frac{1\,K×8\,位}{1\,K×1\,位}=8(片)$$

这 8 片芯片地址输入线 $A_9 \sim A_0$ 分别连在一起,另外各个芯片的片选端 $\overline{CS}$ 以及读/写控制端 $\overline{WE}$ 也连接到一起,只有数据输出端各自独立,每片代表一位,见图 4.14。

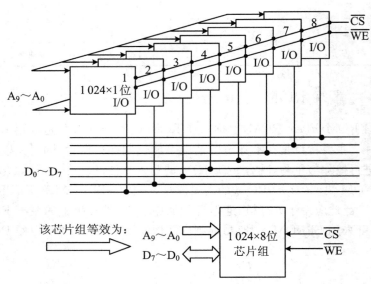

图 4.14 用 1 K×1 位的芯片组成 1 K×8 位的芯片组

当 CPU 访问该芯片组时,发出的地址和控制信号同时传给 8 个芯片选中每个芯片的同一存储单元(1 位),各存储单元的内容被同时读至数据总线相应的位,或者数据总线每一位的内容分别同时写入相应的各芯片的存储单元。

4.7.2　存储器字扩充

存储器的字扩充,是对存储单元的个数进行扩充,而存储单元的个数 $=2^M$,M 为存储芯片的地址线根数,所以又称为"地址扩充",即相当于扩充了存储器的地址范围,可以采用地址串联的方法实现。芯片分时工作,高位地址线译码信号控制 CS 端选片,使得只有一个芯片处于工作状态,低地址送到各个芯片中完成片内寻址,而数据线连接都相同。例如,对上述的 1 K×8 位芯片组进一步进行字扩充,构成 4 K×8 位的存储设备,则需要 1 K×8 位芯片组的个数为

$$\frac{4\ K \times 8\ 位}{1\ K \times 8\ 位} = 4(组)$$

共使用 32 片 1 K×1 位存储芯片。

这 4 组芯片可连接成 4 K×8 位的芯片组,见图 4.15。图 4.15 中 4 个 1 K×8 位芯片组的地址输入线 $A_9 \sim A_0$、数据线 $D_7 \sim D_0$ 以及读写控制线 $\overline{WE}$ 都是同名端相连接。字扩充增加了两位地址信号 A_{10} 和 A_{11},它们经过 2-4 译码器译码后产生 4 种片选信号,分别选中 4 个 1 K×8 位芯片组中的一组。4 个 1 K×8 位芯片组内的存储单元地址分配见表 4.9。

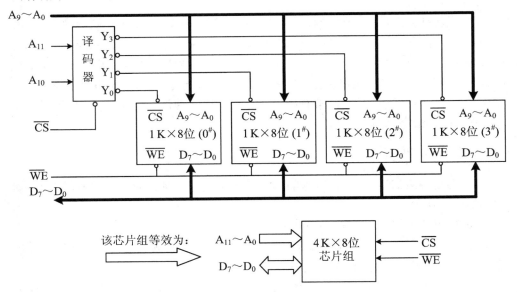

图 4.15　1 K×8 位芯片(组)扩充为 4 K×8 位芯片组

表 4.9　存储芯片字扩充的地址空间分配

1 K×8 位芯片组	$A_{11} A_{10}$	$A_9 \sim A_0$	地址范围
0#	00b	0000000000b~1111111111b	000~3FFH
1#	01b	同上	400~7FFH
2#	10b	同上	800~BFFH
3#	11b	同上	C00~FFFH

由表 4.9 可以看出,地址输出线 $A_9 \sim A_0$ 用以实现片内寻址,A_{11},A_{10} 用来实现片(组)间寻址,它们共同作用,可访问存储器组的每一个存储单元。

4.8　8088/8086 CPU 与半导体存储器的连接

8088 CPU 有 20 根地址线,其中低 8 位 $AD_7 \sim AD_0$ 与数据线复用,高 4 位与状态位复用。所以 8088 与存储器相连时必须使用外部地址锁存器,由地址锁存信号 ALE 将 $A_{19} \sim A_{16}$ 以及 $AD_7 \sim AD_0$ 在地址锁存器上锁存,这样方可在对存储器进行读/写操作时将 20 位地址信息送至存储器。

下面举例说明地址线、数据线和控制线的连接方法,主要强调片选和地址空间的分配。

假设由 4 片 2 K×8 位的 SRAM 6116 芯片组成 8 K×8 位的存储器,在与 8088 CPU 相连时,存储器的数据线与 8088 的数据线直接相连;输出允许控制端$\overline{OE}$和写入允许控制端$\overline{WE}$分别与 8088 的$\overline{RD}$(或$\overline{MEMR}$)和$\overline{WR}$(或$\overline{MEMW}$)相连;地址线 $A_{10} \sim A_0$ 与 8088 的低位地址线 $AD_7 \sim AD_0$,$A_{10} \sim A_8$ 相连,由 8088 剩余的高位地址线产生 6116 的片选信号。通常有译码法和线选法两种片选方法。其中,译码法又分为全译码和部分译码两种。

4.8.1　译码器

译码是编码的逆过程,将输入的每个二进制代码所赋予的含义"翻译"过来,给出相应的输出信号。

最简单的译码为 1-2 译码(或称:1:2 译码、2 选 1 译码),见图 4.16(a)。

图 4.16(a)中的方框部分相当于一个 1-2 译码器:当输入端 $A_0 = 0$ 时,$\overline{Y_0}$端的输出有效;当 $A_0 = 1$ 时,$\overline{Y_1}$端的输出有效。

译码电路可以使用门电路译码逻辑。见图 4.16(b),当输入端 $A_4 A_3 A_2 A_1 A_0$ =00011b 时,输出端 $\overline{Y}$ 为有效的低电平。

常用的中规模集成电路译码器有:2-4 译码器(CT54S139/74LS139,CC4556)、3-8 译码器(CT54S138/74LS138,CC74HC138)、4-16 译码器(CT54154/74154,CC74HC154)等。

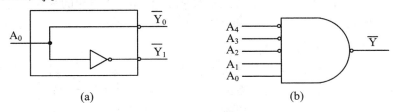

图 4.16　门电路译码器

74LS138 与 Intel 8205 兼容,图 4.17 为 74LS138 的引脚图和逻辑符号。表 4.10 为译码器的真值表。只有当 3 个控制输入端同时有效时,译码器才能进行有效的译码工作。

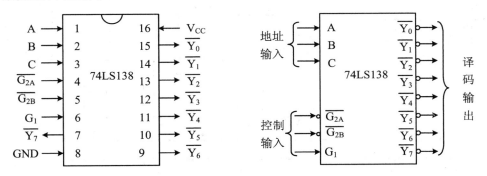

图 4.17　74LS138 引脚和逻辑符号

表 4.10　74LS138 译码器真值表

地址输入			控制输入			输出
C	B	A	G_1	$\overline{G_{2A}}$	$\overline{G_{2B}}$	$\overline{Y_7} \sim \overline{Y_0}$
0	0	0	1	0	0	11111110b($\overline{Y_0}$有效)
0	0	1	1	0	0	11111101b($\overline{Y_1}$有效)
0	1	0	1	0	0	11111011b($\overline{Y_2}$有效)
0	1	1	1	0	0	11110111b($\overline{Y_3}$有效)
1	0	0	1	0	0	11101111b($\overline{Y_4}$有效)
1	0	1	1	0	0	11011111b($\overline{Y_5}$有效)
1	1	0	1	0	0	10111111b($\overline{Y_6}$有效)
1	1	1	1	0	0	01111111b($\overline{Y_7}$有效)
×	×	×	其他输入			11111111b(全无效)

4.8.2　译码法

译码法就是将系统高位地址线经过译码后作为各个芯片的片选信号,分为全译码和部分译码两种。

4.8.2.1　全译码

全译码是将剩余的全部高位地址线作为译码器的输入,使用这样的译码器输出来进行片选。也就是说系统所有的地址线都参与对存储单元的寻址。

如图 4.18 所示,是使用全译码构成 8 K×8 位存储器的连接图。各个 6116 芯片的地址范围见表 4.11。

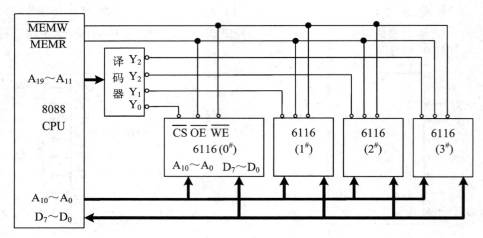

图 4.18　全译码构成 8 K×8B 的存储器

表 4.11　芯片的地址范围为 00000H～01FFFH 的空间分配

芯片	$A_{19}\sim A_{13}$	$A_{12}A_{11}$	$A_{10}\sim A_0$	地址范围
0#	全 0	00b	全 0～全 1	00000H～007FFH
1#		01b		00800H～00FFFH
2#		10b		01000H～017FFH
3#		11b		01800H～01FFFH

显然,采用全译码每个(组)芯片的地址范围是唯一确定的,地址空间的分配是连续的,也便于存储器的进一步扩充。

由表 4.11 可以看出,整个 8 K×8 位 RAM 的地址范围为 00000H～01FFFH,占用 8088 1 M 内存空间的 8 K 存储地址范围。例中的片选信号可由图 4.19 的译码电路产生。

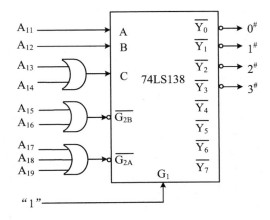

图 4.19 由 74LS138 译码产生片选信号方案之一

若设计要求该 8 K 地址范围为 80000H～81FFFH,则高位地址 A_{19}～A_{13} 应取值为 1000000b,片选信号可由图 4.20 的译码电路产生,相应的每个芯片的地址分配见表 4.12。

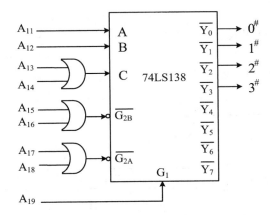

图 4.20 由 74LS138 译码产生片选信号方案之二

表 4.12 芯片的地址范围为 80000H～81FFFH 的空间分配

芯片	A_{19}～A_{13}	$A_{12}A_{11}$	A_{10}～A_0	地址范围
0#		00		80000H～807FFH
1#	1000000b	01	全 0～全 1	80800H～80FFFH
2#		10		81000H～817FFH
3#		11		81800H～81FFFH

4.8.2.2　部分译码

所谓部分译码是将片内寻址以外的高位地址的一部分作为译码输入,经译码产生片选信号。对于上例,由于 4 片 6116 需要 4 个片选信号,因此至少要用两位高位地址信号来译码产生。假设我们使用高位地址线 A_{12} 和 A_{11} 作为译码输入,用 2-4 译码器译码产生 4 个片选信号。见图 4.21。

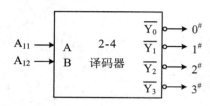

图 4.21　部分译码产生片选信号

由于寻址 8 K×8 位的存储空间时没有使用高位地址 $A_{19} \sim A_{13}$,无论 $A_{19} \sim A_{13}$ 取何值,都不影响选择、寻址和访问 4 个 6116 RAM 芯片。对于 8 K RAM 中的任何一个存储单元都对应 $2^{20-13} = 2^7$ 个 20 位的地址值,称为地址重叠现象。每一片 2 KB 的 6116 RAM 芯片对应 1 MB 内存中 128 KB 的地址重叠区域。

采用部分译码,可简化译码电路,但由于地址重叠,造成系统部分地址空间资源的浪费。实际应用中,一般安排较高位地址线不参与译码,并且令未使用的高位地址信号全为"0"。本例中如果令 $A_{19} \sim A_{13} = 0000000b$,存储器的地址范围为 00000H~01FFFH。

假设采用部分译码对 4 片 2732(4 K×8 B 的 EPROM 芯片)进行寻址。译码时故意不采用高位地址线 A_{19},A_{18} 和 A_{15}。若令这 3 个地址信号全为"0",则存储器的地址范围 20000H~23FFFH。连接图见图 4.22,各个芯片的地址分配见表 4.13。

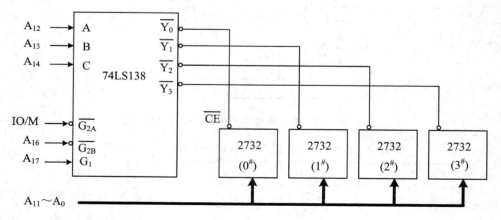

图 4.22　部分译码连接图示例

表 4.13 芯片的地址范围为 20000～23FFFH 的空间分配

芯片	$A_{19}\sim A_{15}$	$A_{14}A_{13}A_{12}$	$A_{11}\sim A_0$	一个可用的地址范围
0#		000b		20000H～20FFFH
1#	$\times10\times b$	001b	全 0～全 1	21000H～21FFFH
2#		010b		22000H～22FFFH
3#		011b		23000H～23FFFH

4.8.2.3 线选法

线选法就是利用除用于片内寻址以外的高位地址线直接(或经反相器)分别连接各个存储芯片的片选端来区分各个存储芯片的地址。注意,这些用于片选的地址线每次寻址时只能允许有一根输入低电平(或高电平)有效,不能同时为低电平(或高电平),以保证每次只选中一个存储芯片(组)。假设由 4 片 2 K×8 位的 SRAM 6116 芯片组成 8 K×8 位的存储器,利用线选法译码,可使高位地址线 $A_{14}\sim A_{11}$ 分别连接一个芯片的片选端,见图 4.23。各个芯片的地址分配见表 4.14。

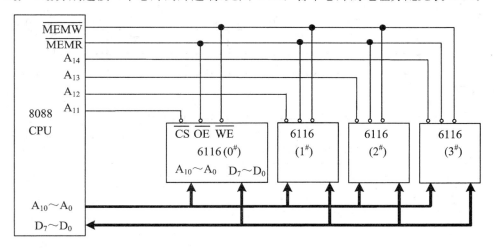

图 4.23 线选法连接图示例

表 4.14 芯片的地址空间分配

芯片	$A_{19}\sim A_{15}$	$A_{14}A_{13}A_{12}A_{11}$	$A_{10}\sim A_0$	一个可用的地址范围
0#		1110b		07000H～077FFH
1#	可为	1101b	全 0～全 1	06800H～06FFFH
2#	任意值	1011b		05800H～05FFFH
3#		0111b		03800H～03FFFH

由表 4.14 可见,线选法的优点是线路最简单,缺点是各个芯片间地址不连续,地址空间浪费严重。显然线选法也会造成地址重叠。

实际应用中,存储器芯片的片选信号可根据需要选择上述的一种或几种方法。ROM 芯片和 CPU 连接时不需要连接"写"信号。

下面举一个综合性存储芯片与 CPU 连接的实例。存储器芯片由 SRAM 和 EPROM 组成,与最大方式的 8088 CPU 连接,采用部分译码方式,见图 4.24。各个芯片的地址分配见表 4.15。

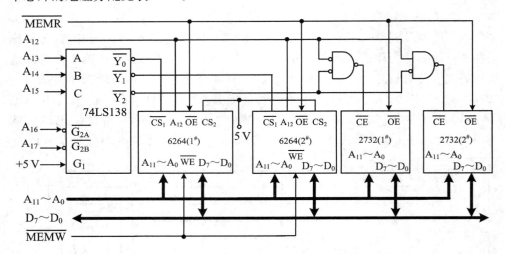

图 4.24　综合性示例之一(8086 最大方式)

表 4.15　综合存储芯片的地址空间分配之一

芯片	$A_{19}A_{18}$	$A_{17}\sim A_{13}$	A_{12}	$A_{11}\sim A_0$	一个可用的地址范围
$6264(1^{\#})$	可为任意值	00000b	全 0～全 1		00000H～01FFFH
$6264(2^{\#})$		00001b			02000H～03FFFH
$2732(1^{\#})$	可为任意值	00010b	0b	全 0～全 1	04000H～04FFFH
$2732(2^{\#})$		00010b	1b		05000H～05FFFH

注:① 6264 芯片为 8 K×8 位的 SRAM 芯片;② 2732 芯片为 4 K×8 位的 EPROM 芯片。

例 4.1　最大方式的 8088 CPU 和存储器的连接。

8086 CPU 的数据线有 16 位,可以读/写一个字节,也可读/写一个字。与 8086 CPU 相连的存储器,从硬件角度看是用 2 个 512 K 字节的存储体来组成的,它们分别称为低位(偶地址)存储体和高位(奇地址)存储体,用 A_0 和 $\overline{BHE}$ 信号分别来选择两个存储体,用 $A_{19}\sim A_1$ 来选择存储体体内的地址。若 $A_0=0$ 选中偶地址存储体,它的数据线连到数据总线低 8 位 $D_7 \sim D_0$。若 $\overline{BHE}=0$ 选中奇地址存储体,它的数据线连到数据总线高 8 位 $D_{15} \sim D_8$。若读写一个字,A_0 和 $\overline{BHE}$ 均为 0,两个存储体全选中。

8086 CPU 与存储器芯片连接的控制信号主要有地址锁存信号 ALE,读选通信号 $\overline{RD}$,写选通信号 $\overline{WD}$,存储器或 I/O 选择信号 $M/\overline{IO}$,数据允许输出信号 $\overline{DEN}$,数据收发控制信号 $DT/\overline{R}$,准备好信号 READY。在最小方式配置中,数据线和地址线经过地址锁存器 8282 及数据收发器 8286 输出。下面举一个 8086 CPU 与存储器连接的例子。

例 4.2 要求用 4 K×8 位的 EPROM 芯片 2732,8 K×8 位的 SRAM 芯片 6264,译码器 74LS138 构成 8 K 字 ROM 和 8 K 字 RAM 的存储器系统,系统配置为最小方式。图 4.25 给出了连接图。

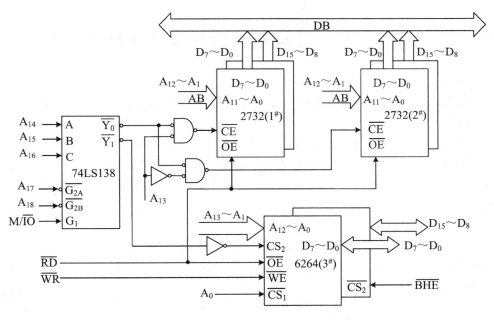

图 4.25 综合性示例之二(8086 最小方式)

ROM 芯片,8 K 字用 4 片 2732 芯片,片内用 12 根地址线 $A_{12} \sim A_1$ 寻址。

RAM 芯片,8 K 字用 2 片 6264 芯片,片内用 13 根地址线 $A_{12} \sim A_1$ 寻址。

芯片选择由 74LS138 译码器输出 $\overline{Y_0}$,$\overline{Y_1}$ 完成。

ROM 芯片由 $\overline{RD}$ 信号(连 $\overline{OE}$ 端)来完成数据读出。RAM 芯片由 $\overline{RD}$(连 $\overline{OE}$ 端)和 $\overline{WR}$(连 $\overline{WE}$ 端)来完成数据读/写,A_0 和 $\overline{BHE}$ 用来区分数据线的低 8 位及高 8 位。

由于 ROM 芯片容量为 4 K×8 位,用 A_{13} 和 $\overline{Y_0}$ 输出进行二次译码,来选择两组

ROM 芯片。

　　74LS138 译码器的输入端 C,B,A 分别连地址线 $A_{16} \sim A_{14}$,控制端 G_1 和 $\overline{G_{2A}}$,$\overline{G_{2B}}$ 分别连 $M/\overline{IO}$ 和 A_{17},A_{18}。若 A_{19} 接低电平,计算得到存储器的地址范围见表 4.16。

表 4.16　综合存储芯片的地址空间分配之二

芯片	A_{19}	$A_{17}A_{18}$	$A_{16}A_{15}A_{14}$	A_{13}	$A_{12} \sim A_1$	A_0	一个可用的地址范围
1#	假设为0	00b	000b	0b	全 0～全 1	任意	00000H～01FFFH
2#			000b	1b			02000H～03FFFH
3#			001b	全 0～全 1			04000H～07FFFH

4.9　CPU 与半导体存储器的连接的注意事项

　　前面介绍了半导体存储器和 CPU 通过总线相连接的方法,在实际应用中还有一些问题必须考虑:

　　① CPU 总线的负载能力,指 CPU 能否带动总线上包括内存在内的连接器件;

　　② CPU 的时序和存储器的存取速度之间的配合问题,具体指 CPU 能否与存储器的存取速度相配合。

4.9.1　CPU 总线的负载能力

　　CPU 外部总线的负载能力有限,通常只有 1 到数个 TTL。当总线需要连接较多的器件时,需要考虑总线负载能力问题,相应增加总线的驱动能力,通常采用增加缓冲器和总线驱动器以提高总线负载能力:

　　① 对于单向传送的地址总线和控制总线,使用三态锁存器(例如 74LS373,8282,8283 等)和三态单向驱动器(例如 74LS244,74LS367 等)来锁存和驱动;

　　② 对于双向传送的数据总线,可以采用三态双向驱动器,例如 74LS245,8286,8287 等加以驱动。三态双向驱动器也被称为数据收发器。

4.9.2　CPU 的时序和存储器的存取速度之间的配合问题

　　CPU 在取指和内存读、写操作时,其时序是固定的,由此来选择存储器。如果存储器的存取速度不能满足 CPU 总线时序的要求,就要考虑更换芯片或在存储器访问的总线周期中插入等待周期 T_W,以满足 CPU 的要求。

比如 8086 的主频采用 5 MHz,则 1 个时钟周期为 200 ns。将每个时钟周期称为 1 个 T 状态,CPU 和存储器交换数据,或者从存储器取出指令,必须执行 1 个总线周期,而最小总线周期由 4 个 T 状态组成。如果存储器速度比较慢,CPU 就会根据存储器送来的"未准备好"信号(READY 信号无效),在 T_3 状态后插入等待状态 T_w,从而延长了总线周期,降低了计算机的性能。现代内存芯片(如 SDRAM,DDR SDRAM 等)可以做到工作时钟与 CPU 外频同步,提高了微机的整体性能。

4.10 外 存 储 器

外存储器用来存放当前暂时不用的程序或数据,需要时再成批地调入主存。它属于外部设备,因此,又称其为辅助存储器。常用的辅助存储器有软盘、硬盘和光盘存储器等。

4.10.1 软盘存储器及其接口

软盘存储器是在聚酯薄膜圆形基片上涂一层磁性材料而形成的,以体积小、价格低、结构简单、易于维护、携带方便和对环境要求不高等优点而得到广泛应用。按软盘驱动器的性能可分为单面盘和双面盘。

4.10.1.1 主要技术指标

① 磁道:磁盘上的记录面分成许多以盘片中心为圆心的同心圆,每个圆称为一个磁道(Track)。

② 道密度:沿磁盘径向单位长度上的磁道数称为"道密度",常用每英寸上的磁道数来表示。

③ 位密度:磁道上数据的记录密度称为"位密度",常用每英寸长度上所记录的位单元数来表示。

④ 扇区:磁道再划分成许多小的存储区,每个存储区称为扇区(Sector)。

4.10.1.2 软盘驱动器(FDD)

软盘驱动器主要完成对磁盘的读写工作,由软盘驱动机构和读写控制电路组成。

其机构可分为:盘片定位机构;软盘驱动装置;控制磁头寻道定位部件;状态检测部件。读写控制电路可分为:读出放大电路、写电路、抹电路。

4.10.1.3 软盘控制器

软盘控制器的功能是解释来自主机的命令并向软盘驱动器发出各种控制信

号,同时还要检测驱动器的状态,按规定的数据格式向驱动器读写数据等。具体操作如下:

① 寻道操作:将磁头定位在目标磁道上。寻道前,主机将目标道号送往磁盘控制器暂存,目标道号与磁头所在道号进行比较,决定磁头运动的道数和方向。

② 地址检测:主机将目标地址送往软盘控制器,控制器从驱动器上按记录格式读取地址信息并与目标地址进行比较,找到读写信息的磁盘地址。

③ 读数据:首先检测数据标志是否正确,然后将数据字段的内容输入内存,最后进行 CRC 校验。

④ 写数据:写数据时不仅要将原始信息经编码后写入磁盘,同时要写上数据区标志和 CRC 校验码以及间隙。如果原始信息写不满一个区段,自动插入全"0"。

⑤ 初始化:在盘片上写格式化信息,对每个磁道划分区段。

软盘控制器主要由以下几部分组成:

⑥ 数据总线缓冲器:用于缓冲主机送来的并行数据。缓冲器中的数据再通过内部总线与寄存器中的信息进行传送。

⑦ 读写 DMA 控制逻辑:主要功能是进行读写和 DMA 控制。采用 DMA 方式传送数据时,此部分可产生数据请求(DRQ)信号,借助 DMA 控制芯片向 CPU 申请总线控制。CPU 响应后,让出总线控制权,接着转入 DMA 数据传送。

⑧ 串行接口控制器:主要用来控制读写的各种信号。当采用双密记录方式写入数据时,引入补偿电路;读出时,引入锁相电路,分离出数据。

⑨ 驱动器接口控制器:用来控制输入/输出的各种信号。

⑩ 内部寄存器:用来存放软盘控制器芯片的状态、数据、命令和参数。

4.10.2　硬盘存储器及其接口

硬盘是一种磁表面存储器,是以厚度为 1～2 mm 的非磁性的铝合金材料或玻璃基片作为盘基,在表面涂抹一层磁性材料作为记录介质。磁层可以采用甩涂工艺制成,此时磁粉呈不连续的颗粒存在,也可以用电镀、化学镀或溅射等方法制成。盘面上由外向里有许多同心圆构成相互分离的磁道,通过磁化磁道可以存储信息。盘片以 5 400 rpm 或更高的速度旋转,通过悬浮在盘片上的磁头进行读写操作。

4.10.2.1　硬盘分类

硬盘根据磁头和盘片的不同结构和功能,可分为固定磁头磁盘机、活动磁头固定盘片磁盘机和活动磁头可换盘片磁盘机 3 类。

① 固定磁头磁盘机:盘片的每条磁道上方固定安装一个磁头,以完成对该磁道的读写操作。这种磁盘机结构简单、可靠性高、存取速度极快。但所需磁头数量多,由于磁头机械尺寸的限制使磁道密度受到影响,因此总存储容量不大,适合于

快速存取的专用机械系统。

② 活动磁头固定盘片磁盘机:每个盘面上只安装一个或两个磁头,存取数据时磁头可沿径向移动到各个磁道完成读写操作,磁头与盘面不接触且随气流浮动,称为浮动磁头。这种磁盘机可大大减少磁头数量,有效提高磁道密度,存储容量明显增大。新型的固定盘式磁盘机一般采用温彻斯特技术,称为温彻斯特磁盘,简称为"温盘"。这种磁盘机的盘片组也是由一个盘片或多个盘片组成,固定在主轴上,不可拆卸。

③ 活动磁头可换盘片磁盘机:不但磁头可移动,而且盘片也由一片或多片磁盘构成盘盒或盘组形式,用户可方便地将它们从磁盘机上卸下或装上。盘片上装满了信息,可卸下供长期保存,使脱机容量不受限制,成为名副其实的"海量存储器"。这种磁盘可以在兼容的磁盘存储器间交换数据,具有脱机保存、存储容量几乎无限制的优点。为了达到可靠交换数据的目的,磁盘的道密度要适当降低,从而使可换磁盘记录密度的提高受到限制。

4.10.2.2 温彻斯特技术

所谓温彻斯特技术是将硬盘盘片、读写磁头、小车、导轨、主轴以及控制电路等组装在一起,制成一个密封式不可拆卸的整体的技术。它具有防尘性能好、工作可靠,对使用环埸要求不高的突出优点,是磁盘技术向高密度、大容量、高可靠性发展的产物。

温彻斯特技术的主要特点如下:

① 密封的头—盘组合体(HAD 组合件);

② 轻浮力的接触/浮动式磁头;

③ 盘片表面有润滑剂。

4.10.2.3 硬盘驱动器

硬盘驱动器(HDD)又称磁盘机或磁盘子系统,它是独立于主机之外的一个完整装置,用来完成对硬盘的读写工作。

硬盘驱动器(HDD)由主轴系统、数据转换系统、磁头驱动和定位系统、空气净化系统和接口电路等 5 部分组成。

① 主轴系统:由主轴电机、主轴部件、盘片和控制电路等组成,作用主要是安装并固定盘片和盘盒,并驱动它们以额定转速稳定旋转。

② 数据转换系统:包括磁头、磁头选择电路、读/写电路、索引、区标电路等,作用是接收主机通过接口送来的数据并写入到盘片上,或从盘片上读出信息并送到接口电路。

③ 磁头驱动和定位系统:包括磁头驱动和磁头定位两部分。在可移动磁头的磁盘驱动器中,驱动磁头沿盘面径向位置运动以寻找目标磁道位置的机构叫作磁

头驱动定位机构。

磁头驱动系统由驱动部件和运载部件(也称为磁头小车)组成。存磁盘存取数据时,磁头小车的运动驱动磁头进入指定磁道的中心位置,并精确地跟踪该磁道。

磁头驱动系统的驱动方式主要有步进电机驱动和音圈电机驱动两种,现在普遍采用音圈电机驱动。

④ 空气净化系统:南风机、空气过滤器、印刷电机及其控制电路组成,作用是防尘和冷却,往盆腔内输入干净的、冷却的空气,并清洁盘面。

⑤ 接口电路:由接收门电路和发送门电路组成,作用是完成硬盘驱动器和硬盘控制器之间的数据传输。

硬盘驱动器的工作过程是:写入时由控制器送来要写入的数据,通过接口送到写入电路,磁头选择电路选择要写入的磁头,磁头驱动和定位系统把该磁头定位在要写入的磁道位置上,然后数据就可以写入到选定的盘卣、磁道和扇区上;读出时,由磁头选择电路选定磁头,磁头驱动和定位系统使之定位在要读出的磁道位置上,然后由该磁头读出相应扇区的信息,通过读电路将读出信息进行放大、滤波、鉴零、整形后,再送到接口电路。

4.10.2.4 硬盘控制器

硬盘控制器是主机与硬盘驱动器之间的接口,一般指插在主机总线插槽中的一块电路板。作用是接受主机发送的命令和数据,并转换成驱动器的控制命令和驱动器可以接受的数据格式,以控制驱动器的读写操作。

硬盘控制器主要由以下几部分组成:

① I/O 接口电路:主要用来和主机连接,实现控制器和主机之间的信息传送,其中包括主机对控制器的寄存器读/写,对 ROM 芯片的直接寻址等。

② 智能控制器:包括一个 CPU 芯片、一个 DMA 芯片和一个专用的硬盘控制器芯片,主要用来实现对硬盘的智能控制和信号的传送、处理等。

③ 状态和控制电路:是智能控制器的外围电路,智能控制器通过它们监测硬盘的状态并发出控制信号。

④ 读/写控制电路:用来控制主机对硬盘的数据读/写操作。

4.10.2.5 硬盘驱动器接口

① IDE 接口:IDE 是 Integrated Drive Electronics 的缩写,即集成驱动器电子部件。它的最大特点是把控制器集成到驱动器内。由于把控制器和驱动器电路集成在一起,可以消除驱动器和控制器之间的数据丢失问题,使数据传输十分可靠,但它对硬盘管理不允许超过 528 MB 的存储容量。

② EIDE 接口:是增强型 IDE 接口,它允许更大存储容量,支持硬盘的最高容量可达 8.4 GB。允许连接更多的外设,一个系统可连接 4 个 EIDE 设备。支持多

种外设,具有更高的数据传输速率。

③ SCSI 接口:是小型计算机标准接口的缩写。SCSI 接口可提供大量、快速的数据传输,支持更多数量和更多类型的外围设备,使其能广泛应用于工作站、高档微机系统中。

4.10.3 光盘存储器及其接口

光盘片一般采用丙烯树脂,在盘片上溅射碲合金薄膜或涂上其他物质。利用激光能量可以高度集中的特点,在记录信息时,使用功率较强的激光光源,聚焦成小于 1 μm 的光点照射到介质表面上,根据写入的信息来调制光点的强弱,从而介质表面的微小区域温度升高,产生微小凹凸或其他几何变形,即改变表面的光反射性质。在从光盘中读出信息时,利用光盘驱动器中功率较小的激光光源照射,根据反射光强弱的变化经信号处理即可读出数据。因此,一般的光盘在写入信息时是一次性的,永久保存在盘片上,具有大容量、高速度、携带方便、耐用的特点。

1. 种类

光盘存储器主要有只读型光盘(CD-ROM);只写一次性光盘;可擦写型光盘;DVD 光盘等。

2. 光盘驱动器

光盘的读写原理有形变、相变和 MO 存储等。

① 形变:对于只读型和只写一次性光盘,写入时依靠激光束的热作用融化盘表面上的光存储介质薄膜,在薄膜上形成凹坑。有凹坑的位置表示记录"1",没有凹坑的位置表示"0"。读出时,依靠反射光强的不同就可以读出二进制信息。

② 相变:有些光存储介质在激光照射下,晶体结构会发生变化。利用介质处于晶态和非晶态区域内反射特性不同,而记录和读取信息的技术,称之为"相变可重写技术"。

③ 磁光(MO)存储:利用激光在磁性薄膜上产生热磁效应来记录信息,称为磁光存储。它利用激光照射磁性薄膜,被照射处温度上升,矫顽力下降,在外加磁场的作用下发生磁通翻转,使该处的磁化方向与外加磁场一致。

光盘驱动器一般由光学头、主轴电机、步进电机、光驱伺服定位系统、微控制器组成。

习 题

1. 一个微机系统中通常有哪几级存储器? 各起什么作用? 性能上各有什么特点?

2. 半导体存储器主要有哪些性能指标?

3. 半导体芯片由哪 3 个部分构成? 简述各个组成部分的作用。

4. 试比较单译码方式和双译码方式。

5. 下列 RAM 芯片各需要多少个地址输入端?

(1) 512×4 位; (2) 1 K×8 位; (3) 1 K×4 位; (4) 2 K×1 位;

(5) 4 K×12 位; (6) 16 K×1 位; (7) 64 K×1 位; (8) 256×1 位。

6. 现有 1 024×1 位静态 RAM 芯片,欲组成 64 K×8 位存储容量的存储器。需要多少 RAM 芯片? 多少芯片组? 多少根片内地址选择线? 多少根芯片选择线?

7. 存储芯片的片选信号线和微机系统地址总线有哪几种连接方式? 采用何种连接方式可以避免地址重复? 采用哪些连接方式可以节省用于译码的电路?

8. 已知某微机系统中的 RAM 容量为 4 K×8 位,首地址为 3000H,求其最后一个单元的地址,若一个 RAM 芯片,首地址为 3000H,末地址为 63FFH,求其内存容量。

9. 将 4 片 6264 芯片接到 8086 系统总线上,要求其内存地址范围为 70000H~77FFFH,画出连接图。

10. 已知某存储器容量为 16 K×8 位,全部用 2114 存储芯片构成,每片 2114 存储容量为 1 K×4 位,访问 2114 存储器的地址为多少位? 连成 16 K×8 位的存储容量需用 2114 芯片多少片? 画出用 2114 存储芯片连成 2 K×8 位的存储模块图。

第 5 章　输入和输出设备

本章重点

输入和输出的传送方式。

5.1　概　　述

处理微机系统与外设间联系的技术就是微机接口技术,而 I/O 接口电路则是位于系统和外设之间协助完成数据传送和控制任务的逻辑电路。它往往表现为计算机主板上的可编程接口芯片,或插在 I/O 总线插槽中用来连接外部设备的电路板(接口卡,或适配器(Adapter))。接口电路的工作一般离不开软件的驱动和配合,需要做到软、硬结合。

常用的输入设备有:键盘、鼠标、扫描仪、数字摄像头等。

常用的输出设备有:显示器、声卡、打印机等。

5.1.1　CPU 与输入/输出设备信息交换的特点

5.1.1.1　I/O 设备的特点

① 品种繁多。有输入设备、输出设备、输入/输出设备,有检测或控制设备。这些外设可能是光、机、电、声和磁等设备。每一类设备本身可能又是由多种原理不同的具体设备组成。

② 工作速度慢。

③ 信号类型、电平种类、数据传送方式不同。外设接口既有数字电压信号,也有模拟信号。采用并行传送或串行传送方式。

④ 信息结构格式复杂。各设备之间的信息格式各不相同。

CPU 与 I/O 设备交换信息,应做到:

① CPU 能与输入/输出设备进行各种数据信息的交换。

② CPU 可与多个外设相连并能加以区别。

③ CPU 能与不同速度的输入/输出设备交换数据信息。

使 CPU 与输入/输出设备之间能高度协调、有效地进行信息的交换。

5.1.1.2　I/O 接口电路的功能

I/O 接口电路还应具有以下功能：

① 对输入、输出数据进行缓冲和锁存：

输出接口，CPU→外设，锁存输出数据，使较慢的外设有足够的时间处理；

输入接口，CPU←外设，利用三态门，做到同时只有一个选定的端口的数据送 CPU。

② 对信号的形式和数据的格式进行转换：A/D、D/A 转换；并/串、串/并转换等。

③ 对 I/O 端口进行寻址：通过译码电路选中相应的端口寄存器。

④ 对 CPU 和 I/O 设备进行联络：既能面向 CPU，又能面向外设进行联络。联络的具体内容有：状态信息、控制信息和请求信息等。

5.1.2　输入/输出接口信息的组成

5.1.2.1　数据信息

数据信息是由输入设备提供给 CPU 和 CPU 提供给输出设备的信息。

① 数字量：主要是用二进制的形式表示的数或字符。如键盘输入的 ASCII 码。

② 模拟量：采集的现场信息。必须经过模/数转换器转换成数字量才能输入到计算机进行处理，同时，计算机处理的结果有时也需经过数/模转换器将数字量转换成模拟量才能对外部设备加以调节、控制。

③ 开关量：计算机控制系统常用的信息；0 和 1 来表示当前状态，开关量一般可以直接输入给计算机，但有些开关量要经过电平转换才能输入。

5.1.2.1　控制和状态信息

① 控制信息：是指 CPU 依据程序处理的结果，发给外部设备的指令。

② 状态信息：是指 CPU 在与外部设备交换数据信息前表达 CPU 或外部设备发、送状态的联络信息。

5.1.2.3　地址信息

利用地址信息区分不同的外设端口。从逻辑上来说，每一个外部设备的一个"端口"都只能有唯一的一个地址。

类似于 CPU 与存储器之间信息的相互交换，其硬件的连接概括来说也就是三总线的连接。

5.2　输入和输出端口地址的作用和形成

接口电路一般包含有若干起缓冲作用的数据寄存器、区分不同端口的地址以及连接 CPU 和外部设备的控制寄存器(或控制位)和状态信息,称为输入和输出端口(I/O 端口),其中,常把数据寄存器称为数据端口,把控制寄存器称为控制端口。输入/输出端口的典型结构见图 5.1。

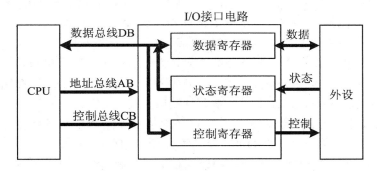

图 5.1　I/O 接口的典型结构图

工作时,CPU 通过地址寻找某个端口,进行初始化后根据状态位来判断是否可与输入和输出端口进行数据信息交换,如可行,则发出控制命令经数据总线读取端口的数据或将数据发送给端口;同样,端口与外部设备之间也是先根据状态位判断是否可与外部设备交换数据信息,一旦从外部设备读取数据信息或已将数据信息发送给外部设备,其结果将影响到端口与 CPU 或外部设备之间的状态位。

① 数据寄存器:输入时保存外设发往 CPU 的数据;输出时,保存 CPU 发往外设的数据。

② 状态寄存器:保存状态数据,CPU 可从中读取当前接口电路或外设的状态。

③ 控制寄存器:保存控制数据,CPU 通过向控制寄存器写入命令字,来决定接口电路的工作方式或控制外设进行有关操作,这样的接口电路是"可编程"控制的接口电路。

以上数据、状态和控制寄存器所占用的 I/O 地址通常被称为数据端口、状态端口和控制端口,有时简称为数据口、状态口和控制口。

5.2.1　输入和输出端口编址方式

CPU 对输入和输出端口编址有两种方式。

5.2.1.1　输入和输出端口与存储器统一编址

这种方式称为存储器映射的 I/O 编址方式。在这种方式下是把 I/O 的一个端口等同为一个存储单元,I/O 的端口与存储器在地址空间上是统一的,所有访问存储单元的指令都可以用来访问端口。

优点:对 I/O 端口的寻址多样化,增加了编程中的灵活性。

缺点:占用了一部分存储空间,程序的易读性差。

5.2.1.2　输入和输出端口独立编址

这种方式称为直接 I/O 映射的 I/O 编址方式。

I/O 的端口地址与存储单元地址相互独立,互不干扰,按自己的地址码编址。

通常用专门的控制信号对存储器地址和 I/O 端口地址加以区分,并且在指令系统中增加了专用的 I/O 指令来访问 I/O 端口。

在 80x86 的系统中采用的就是这种独立编址结构和 I/O 端口访问方式。其中 80x86 系列的 CPU 就是根据 $IO/\overline{M}$(8088)或 $M/\overline{IO}$(8086,80286 等)控制线的逻辑状态来确定选择的是存储器空间还是 I/O 端口空间。

优点:使用了与存储器寻址不同的 I/O 指令,因此程序的易读性较好。在物理空间上相对独立,能寻址较多的 I/O 端口而无须占用存储空间。

在 Intel 公司的 80x86 的 CPU 中使用直接 I/O 映射的 I/O 编址方式。存储器寻址使用了 20 根地址信号线,而寻址 I/O 只能使用 16 根地址信号线,也就是说能寻址 2^{16}＝64 K 个端口,足以满足常用的计算机控制系统。在应用当中,可视实际情况来确定端口的数量及使用的地址信号线的数量。如 IBM PC/AT 微机及其兼容机,实际用于端口寻址的只是其中的低 10 位地址信号线 $A_0 \sim A_9$,能寻址的 I/O 端口的空间大小为 1K(1024),地址范围为 000H～3FFH 之间,分为两个部分: IBM PC/AT 微机系统板和 I/O 总线扩展插槽。每个部分都能寻址 512 个 I/O 端口。

通常每个接口器件大多数不止一个端口,每个端口都分配一个端口地址(I/O 地址)。CPU 通过执行 I/O 指令实现对 I/O 端口的访问或编程,从而实现两者之间的通信。如输入指令:

　　　　IN AL,I/O 端口地址　(8 位传送)

或

　　　　IN AX,I/O 端口地址　(16 位传送)

该指令的作用是将某端口中的一个字节或字传送至 CPU 的 AL 或 AX 寄存器。

输出指令:

　　　　OUT　I/O 端口地址,AL　(8 位传送)

或

　　OUT　I/O 端口地址,AX　（16 位传送）

该指令的作用是将 CPU 的 AL 或 AX 寄存器中的一个字节或字传送至某端口。

5.2.2　输入和输出设备接口地址应用

　　图 5.2 是一个计算机控制系统 I/O 端口的译码电路。74LS133 的输入端与 74LS138 的使能端决定 $A_5 \sim A_{15}$ 全为 1,74LS138 才被使能亦即有效。因此,我们可以看出此 I/O 端口的译码地址为 11111111111×××××b,其中,A_2,A_3,A_4 地址信号线决定 74LS138 芯片哪一个输出端有效,以选择不同的接口芯片,A_0,A_1 这两个地址信号线直接与接口芯片相连,以区分同一芯片的不同的端口。

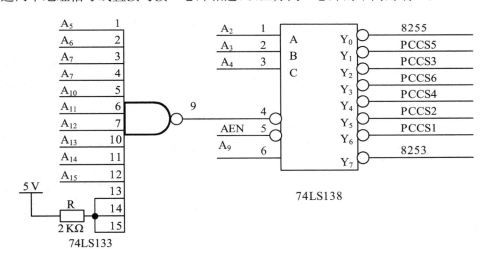

图 5.2　计算机实时控制系统 I/O 端口译码实例

5.3　输入和输出的传送方式

主机和 I/O 设备之间数据的传送方式大致可分为 3 种:

（1）程序控制的输入和输出方式

无条件传送:传送前,CPU 无需了解端口的状态,直接进行数据的传送。

查询传送:传送前,CPU 先查询端口状态,待端口就绪后方进行传送。

（2）中断传送方式

传送请求由外设提出,CPU 视情况响应后,调用预先安排好的中断服务程序来完成数据传送。

(3) 直接存储器存取(DMA)方式

传送请求由外设向 DMA 控制器提出,DMAC 向 CPU 请求占用系统总线,然后利用系统总线完成外设与存储器之间的数据传送。

另外,还可利用 I/O 处理机进行数据的传送和处理。

5.3.1 程序控制的输入和输出

5.3.1.1 无条件传送方式

无条件传送的前提是外设必须就绪,所以单纯的无条件传送应用面较窄。

就绪(Ready)的含义:

① 在输入场合,"就绪"说明输入接口已准备好送往 CPU 的数据,正等待 CPU 来读取;

② 在输出场合,"就绪"说明输出接口已做好准备,等待接受 CPU 要输出的数据;或者,前次 CPU 输出给它的数据已得到处理,现在接口正等待新的数据,也可用接口(外设)"闲"或"不忙(Busy)"来描述。

无条件传送是一种最简单的输入/输出控制方法,这种传送方式对外设的要求不高,常用于时间变化非常缓慢或操作时间已知的外设,对外设的状态信息置之不理,默认外设始终处于准备好或空闲状态。

例如,LED 数码管、按键、开关、继电器和速度、温度、压力、流量等变送器(即 A/D 转换器)。由于这些信号变化很缓慢,当需要采集这些数据时,外部设备已经把数据准备就绪了。无需检查端口的状态,就可以立即采集数据。数据保持时间相对于 CPU 的处理速度长得多,因此,输入的数据就用不着加锁存器而直接用三态缓冲器与系统总线连接。

实现无条件输入的方法是:在程序的适当位置直接安排 IN 输入指令,当程序执行到这些指令时,外部设备的数据早已准备就绪,可以在执行当前指令时间内完成接收数据的全部过程。若外部设备是输出设备,例如 LED 数码管,一般要求接口有锁存能力,也就是要求 CPU 送给外部设备的数据,应该在输出设备接口电路中保持一段时间。这个时间的长短应该和外部设备的接受动作时间相适应。

实现无条件输出的方法是在程序的适当位置安排 OUT 输出指令,当程序执行到这些指令时,就将输出给外部设备的数据锁存入锁存器。

图 5.3 是无条件传送方式下与外设的接口的一个示例。工作过程说明如下:

输入时,外界将数据送到三态缓冲器 74LS244 的输入端(外界可以是开关、A/D 转换器等),图 5.3 中 8 个开关的输入端通过电阻接高电平,另一端接地。当 CPU 执行 IN AL,i8/DX 指令时,CPU 首先向地址译码器送来启动信号,并把端口地址 i8/DX 送到地址译码器输入端,译码器的作用是把端口地址转变为使其某一根输出线为有效低电平。例如,当端口地址为 8000H 时,使译码器的输出为低电平。然后 CPU 又输出 $\overline{\text{IOR}}$ 低电平信号,使三态缓冲器的控制端为有效电平(选中此三态缓冲器)。将外部设备送来的数据送到数据总线上,并将数据输入 CPU 内部的通用寄存器 AL。数据的某一位为 1,表示对应的开关是打开的,为 0,表示开关是闭合的。因为 CPU 执行一次数据读入,对于 8088 来说一般只需要微秒级时间,而外界数据在缓冲器输入端保持的时间,可达秒级或几十毫秒。因此,输入数据不必锁存。而且,CPU 执行 IN AL,i8/DX 指令时,要读入的数据早已输入缓冲器的输入端,所以可以立即读入,无需查询数据是否已准备就绪。

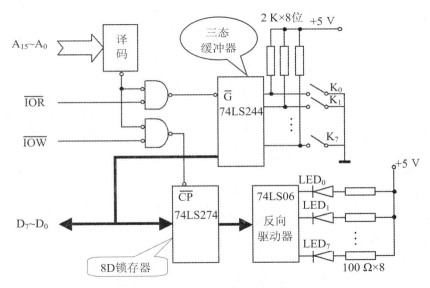

图 5.3　无条件传送方式下与外设的接口

　　假设端口号 i8/DX 也是另一接口电路输出锁存器的端口地址,锁存器从数据总线接收数据,由与非门输出的低电平触发锁存器 74LS273,将输出数据锁存入锁存器,并通过其输出端送给外部设备。所以,当需要向 i8/DX 端口输出数据时,可在程序中插入一条输出指令 OUT i8/DX,AL。CPU 执行这条指令时,它把 AL 的内容送上数据总线,并把端口地址 i8/DX 和启动信号输入译码器。译码器译码后输出有效低电平,同时 $\overline{\text{IOW}}$ 也为有效低电平(此时 $\overline{\text{IOR}}$ 为高电平),由与非门输出触发脉冲时,就将数据总线上的数据锁存入锁存器。CPU 执行 OUT i8/DX,AL 指令时,AL 中的数据在数据总线上停留的时间也只有微秒级,所以,输出数据必须通过锁存器锁存。也就是要求输出的数据,应该在输出接口电路的输出端保持一段时间,这个时间的长短,应该和外部接收数据的设备的动作时间相适应。当 CPU

再次执行 OUT i8/DX,AL 指令时,AL 中新的数据会取代原锁存器中的内容。被锁存的数据输出后经反向驱动器 74LS06 驱动 8 个发光二极管(LED$_0$～LED$_7$)。由于 74LS06 是集电极开路输出,所以每根输出线需要通过电阻挂接到高电平。这样,当某个开关闭合时,相应的 LED 将点亮。

例 5.1　假设两个端口均用 A$_{15}$ 选中(线选法),原因是读、写控制信号参与寻址,所以输入口和输出口 I/O 地址可以相同。我们取 8000H 为其地址。

程序功能:不断扫描 8 个开关,当开关闭合时,点亮相应的 LED;扫描周期通过调用一个子程序 DELAY 来实现。

```
AGAIN:MOV    DX,8000H    ;DX 指向数据端口
      IN     AL,DX       ;从输入端口读开关状态
      NOT    AL          ;反向
      OUT    DX,AL       ;送输出端口显示
      CALL   DELAY       ;调用延时程序
      JMP    AGAIN       ;重复
```

优点:所需硬件接口电路比较简单,由于无条件传送的接口电路十分简单,接口中只考虑数据缓冲,不考虑信号联络,因而这种方式的程序设计也较为简洁。

缺点:在程序设计中需充分考虑外设的各种状态,容易丢失数据信息。

5.3.1.2　查询方式

查询传送方式又称为有条件传送方式(异步传送方式),这种传送方式在接口电路中,除具有数据缓冲器或数据锁存器外,还应具有外设状态标志位,用来反映外部设备数据的情况。

1. 查询环节

寻址状态口,通过读取状态寄存器来检查外设是否就绪。不就绪则继续查询;直至就绪才进行传送。可在循环中添加超时判断,当查询超过规定的时间,引发超时错误并退出。

2. 传送环节

外设就绪后,寻址数据口,通过 IN 和 OUT 指令进行输入和输出的操作。输入时,若数据已准备好,则将该标志位置位;输出时,若数据已"空"(数据已被取走),将标志位置位。

在接口电路中,状态寄存器也占用端口地址号。使用查询传送方式控制数据的输入/输出,通常要按图 5.4 的流程进行。即首先读入状态标志信息,再根据所读入的状态信息进行判断,若设备未准备就绪,则程序转移去执行某种操作,或重新执行读入状态信息;若设备准备好,则执行完成数据传送的 I/O 指令。数据传送结束后,CPU 转去执行其他任务,刚才所操纵的设备脱离 CPU 控制。

优点:能较好地协调外设与 CPU 之间的定时关系;

缺点:CPU 需要不断查询标志位的状态,这将占用 CPU 较多的时间,尤其是与中速或慢速的外部设备交换信息时,CPU 真正花费于传送数据的时间极少,绝大部分时间都消耗在查询上。为克服这一缺点,可以采用中断控制方式。

另外,由于外设可能因为故障等原因而一直不能就绪,这将导致循环查询永无休止。为避免陷入这种循环,实际程序中常加入超时判断,当循环查询超过规定的时间(或次数),则退出循环,此次数据交换结束。

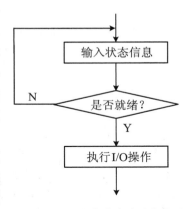

图 5.4　查询传送方式流程图

例 5.2　设计一个查询输入接口。

图 5.5 为一个查询输入接口。8 位锁存器和 8 位三态缓冲器构成数据输入寄存器(数据端口地址假设为 4001H),输入端接输入设备,输出端接系统的数据总线。1 位的锁存器和 1 位的三态缓冲器构成(状态端口地址假设为 4000H),CPU 通过数据线 D_0 访问该端口,输入设备可通过信号控制状态端口。

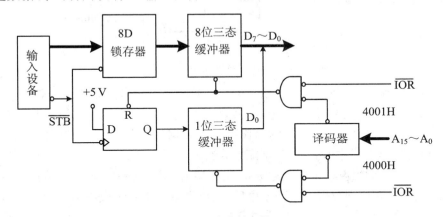

图 5.5　查询输入接口

当输入设备准备好数据通过选通信号 $\overline{STB}$ 将数据输入数据端口时,该选通信号同时使状态端口置位为 1,表示输入数据就绪。

当 CPU 访问端口时,首先查询状态口:若 $D_0=1$,说明输入数据已就绪,CPU 可以从数据端口获得输入设备提供的数据,并通过读信号将状态端口复位为 0(表示数据已取走);若 $D_0=0$,说明输入设备的数据未准备好,由程序控制继续查询。

相应的程序段如下:

```
        MOV   DX,4000H    ;DX 指向状态端口
AGAIN: IN     AL,DX       ;读状态数据
        TEST  AL,01H      ;测试 D₀ 位
        JZ    AGAIN       ;D₀=0,则继续查询
        INC   DX          ;D₁=1,则 DX 指向数据端口
        IN    AL,DX       ;从数据端口获得输入数据
```

例 5.3　设计一个查询输出接口。

图 5.6 为一个查询输出接口。其中 8 位的锁存器构成数据输出寄存器(地址假设为 4001H),输入端接系统的数据总线,输出端接输出设备。1 位锁存器和1 位三态缓冲器构成状态寄存器(地址设为 4000H)。CPU 可通过数据线 D_7 访问该端口,输出设备也可通过输出信号对该端口进行相应的控制。

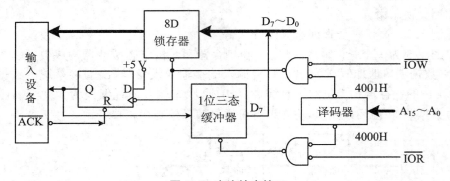

图 5.6　查询输出接口

当 CPU 输出数据时,先查询状态端口。若 $D_7=0$,说明输出设备"空闲",即以前输入的数据已经得到处理。此时,CPU 可以将数据写入数据端口,同时控制信号将状态锁存器置位为 1,通知输出设备获取数据,也表示此时外设"忙",即正在接收和处理从 CPU 输出的数据,不能接收新的数据。

另一方面,输出设备根据状态锁存器 Q 端为 1,获知 CPU 输出的数据已更新,可以继续接收并处理数据。处理结束后,输出设备给出一个应答信号$\overline{ACK}$,该信号将状态端口重新复位为 0,表示输出设备"空闲"。配合该接口工作的程序段如下:

```
        MOV   DX,4000H    ;DX 指向状态端口
AGAIN: IN     AL,DX       ;读取状态端口的状态数据
        TEST  AL,80H      ;测试 D₇ 位
        JNZ   AGAIN       ;若 D₇=1,未就绪,继续查询
        INC   DX          ;若 D₇=0,就绪,DX 指向数据端口
        MOV   AL,BUF      ;取数据 BUF
        OUT   DX,AL       ;将数据输出给数据端口
```

例 5.4 用查询的方式对 A/D 转换器的数据进行采集(输入)。

接口电路示意图见图 5.7。图中有 8 路模拟量输入,经多路开关选通后送 A/D 转换器。多路开关由控制端口(端口地址设为 04H)输出的 3 位二进制数 $D_2 D_1 D_0$ 来控制。当 $D_2 D_1 D_0$ 分别为 $000, 001, \cdots, 111$ 时,相应选中 $A_0, A_1, \cdots, A_7$ 路(注意:这里的 A 指的是 Analog,不是 Address)中的一路模拟量的输入,送至 A/D 转换器。同时控制端口的 D_4 控制位,用来控制 A/D 转换器的启动($D_4 = 1$)和停止($D_4 = 0$)转换工作。当 A/D 转换器转换完成,一方面由 Ready 端向状态端口(端口地址设为 03H)的 D_7 位送就绪(转换完成,Ready = 1)信息,另一方面将转换输出的数据信息送数据端口(端口地址设为 02H)锁存。当 CPU 查询得知输入数据已准备就绪时,使数据端口锁存的输入数据采集(输入)CPU,并存放在某个内存中。

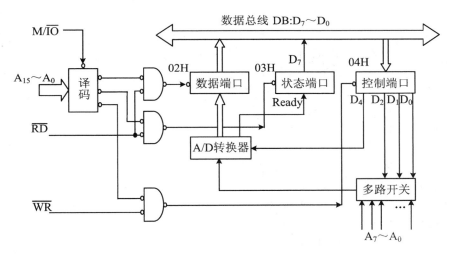

图 5.7 查询方式数据采集系统(与 8086 最小工作方式连接)

相应的实现查询方式的程序段如下:

```
CSEG    SEGMENT
        ASSUME  CS:CSEG,DS:CSEG,ES:CSEG
        ORG     100H
START:  PUSH    CS
        POP     DS
        PUSH    CS
        POP     ES              ;初始化 DS,ES 段寄存器
        MOV     DL,0F8H         ;设置启动 A/D 转换的信号
        MOV     DI,OFFSET DSTOR ;指向内存数据缓冲区
        CLD
```

```
AGAIN: MOV      AL,DL
        AND      AL,0EFH          ;置 D₄=0
        OUT      04H,AL           ;停止 A/D 转换
        CALL     DELAY            ;等待停止 A/D 转换的完成
        MOV      AL,DL
        OUT      04H,AL           ;启动 A/D 转换器,首先选择模拟量 A₀
POLL:   IN       AL,03H           ;CPU 读状态信息
        SHL      AL,1
        JNC      POLL             ;若 D₇=0,则继续查询
        IN       AL,02H           ;若 D₇=1,则输入数据
        STOSB                     ;存入内存数据区
        INC      DL               ;修改多路开关控制信号,
                                  ;指向下一路模拟量
        JNZ      AGAIN            ;循环输入 8 路模拟量
        …
        MOV      AH,4CH
        INT      21H
DELAY   PROC                      ;延时子程序
        …
        RET
DELAY   ENDP
DSTOR   DB       8   DUP(?)       ;内存数据缓冲区
CSEG    ENDS
        END      START
```

例 5.5 使用查询方式将 CPU 的 AL 寄存器中的字符输出到并行打印机打印。

打印机是一种输出设备,微型打印机由于体积小、重量轻和功能强,所以常常用于与微机或智能化仪器、仪表连接使用。

TPμP-16B 是一种超小型的点阵式打印机,使用标准的并行接口,自带单片机,有 2 KB 的控制程序。其接口包括单向接收数据线 DB₇~DB₀,联络信号 $\overline{STB}$,BUSY,$\overline{ACK}$,$\overline{ERR}$等。TPμP-16B 打印机通过 20 芯扁平电缆与主机连接,引脚图见图 5.8。

(2)	(4)	(6)	(8)	(10)	(12)	(14)	(16)	(18)	(20)
GND	GND	GND	GND	GND	GND	GND	GND	$\overline{ACK}$	$\overline{ERR}$
$\overline{STB}$	DB₀	DB₁	DB₂	DB₃	DB₄	DB₅	DB₆	DB₇	BUSY
(1)	(3)	(5)	(7)	(9)	(11)	(13)	(15)	(17)	(19)

图 5.8 TPμP-16B 打印机引脚图

图 5.8 中：

$DB_7 \sim DB_0$：数据传输线，单向，方向由微机输入至打印机；

$\overline{STB}$：打印机选通(Strobe)信号，输入，此信号有效时，数据总线上 8 位数据被打印机读入；

BUSY："忙"信号，输出，此信号高电平时，表示打印机正在处理上一次输入的数据，不能接收新的数据；

$\overline{ACK}$："应答"信号，输出，此信号有效(低电平)时，表示打印机已接收上一个字节的数据；

$\overline{ERR}$："出错"信号，输出，当输入打印机的命令格式有错时，打印机将输出一行出错提示信息。在打印机打印出错信息之前，此信号线输出一低电平脉冲信号，宽度约为 30 ms。

图 5.9 中，CPU 首先查询状态端口(端口地址设为 379H)的信号，当 CPU 检测到 BUSY 为低电平，即打印机"不忙"时，CPU 就通过数据总线 $D_7 \sim D_0$，向接口的数据端口(端口地址设为 378H)送一个数据。待数据在与打印机连接的输出数据引脚上稳定后，CPU 再向控制端口(端口地址设为 37AH)发来一个选通脉冲，即使 $\overline{STB}$ 有效(宽度不小于 $0.5~\mu s$)，将送到打印机的数据打入打印机的数据输入寄存器中。$\overline{STB}$ 的上升沿将打印机的 BUSY 置为高电平，表示打印机不能接受数据。当打印机准备就绪，可以接受下一个打印数据时，就输出宽度约 $5~\mu s$ 的负脉冲 $\overline{ACK}$，并用其前沿(也可以选择后沿)使 BUSY 由"高"变"低"，即设置打印机"不忙"状态。至此一个数据传送结束。要传送第二个数据，就再重复上述过程。

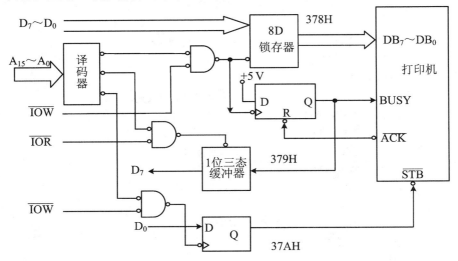

图 5.9　打印机查询输出接口电路

并行接口总线的打印机,数据传送时序见图 5.10。

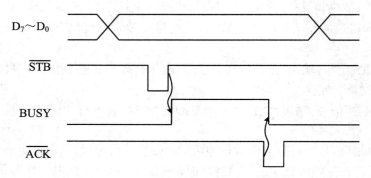

图 5.10   打印机数据传送时序图

查询方式的打印驱动程序段(子程序)如下:

```
PRINT   PROC
        PUSH   DX
        PUSH   AX              ;保护现场
                               ;查询打印机状态
        MOV    DX,379H         ;DX 指向状态端口
AGAIN:  IN     AL,DX
        TEST   AL,80H
        JE     AGAIN           ;若 D7=1,打印机"忙",继续查询
                               ;输出数据
        POP    AX
        MOV    DX,378H         ;DX 指向数据端口
        OUT    DX,AL
        PUSH   AX
                               ;选通打印机读取数据
        MOV    DX,37AH         ;DX 指向控制端口
        MOV    AL,00H
        OUT    DX,AL           ;选通打印机
        MOV    AL,01H
        OUT    DX,AL           ;关闭打印机
        POP    AX
        POP    DX              ;恢复现场
        RET
PRINT   ENDP
```

利用查询方式打印一行字符串的一个完整的程序:

```
DATA        SEGMENT
            BUF     DB          "PRINTER DISPLAY PROGRAM"
            CRLF    DB          13,10
DATA        ENDS
CODE        SEGMENT
            ASSUME  CS:CODE,DS:DATA
START:      MOV     AX,DATA
            MOV     DS,AX
            MOV     BX,OFFSET BUF           ;待打印字符串的首地址
ROT:        MOV     AL,[BX]
            MOV     DX,378H                 ;DX 指向数据端口
            OUT     DX,AL                   ;输出一个字符到打印机
            INC     DX                      ;DX 指向状态端口
WAT:        IN      AL,DX                   ;读入状态信息
            TEST    AL,80H                  ;测试打印机"忙"否
            JZ      WAT                     ;"忙",重新测试
            MOV     AL,0DH                  ;"不忙",发出选通信号
            INC     DX                      ;DX 指向控制端口
            OUT     DX,AL
            MOV     AL,0CH                  ;取消选通信号
            OUT     DX,AL
            CMP     BYTE PTR [BX],10        ;测试输出字符
            JE      EXIT                    ;为换行符,打印结束
            INC     BX                      ;指向下一个字符
            JMP     ROT                     ;输出下一个字符
EXIT:       MOV     AX,4C00H
            INT     21H                     ;返回 DOS
            CODE    ENDS
            END     START
```

查询控制方式的打印机输出过程如下：

① 送打印数据到数据端口（LPT1 为 378H,LPT2 为 278H）；

② 循环读入打印状态信息（LPT1 为 379H,LPT2 为 279H）直到打印机"不忙"；

③ 若"忙"信号为高电平时（不忙）,通过控制锁存器（LPT1 为 37AH,LPT2 为 27AH）输出数据选通信号$\overline{STB}$到打印机,打印机接收数据；

④ 当打印机接收到一个字符时,打印机立即开始打印,此时"忙"信号为低电平,计算机不能继续输出打印和选通信号,必须等打印机打印完毕,方可继续传送

数据。

PC 系列微机为打印机适配器配置了相应的软件支持。系统 ROM-BIOS 提供了打印机驱动程序，可用软件中断 INT 17H 来调用，共有 3 个子功能：

① AH＝0，输出一个字符到打印机，AL＝打印字符；

② AH＝1，初始化打印机；

③ AH＝2，读打印机状态。

3 个功能都具有入口参数：DX＝打印机号（0～2），出口参数：AH＝打印机的状态信息。

例 5.6 用查询的方式对 EEPROM 进行编程。

见图 5.11，该芯片的存储地址范围为 0E000H～0E7FFH（思考怎么来的？）。程序采用查询的方式进行编程写入，CPU 通过三态门（I/O 地址为 8000H?）和数据线 D_0 查询其 RDY/BUSY 端：$D_0＝0$，表示擦写还在进行；$D_0＝1$，说明写入已完成。

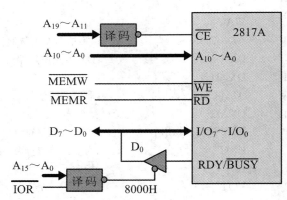

图 5.11　EEPROM 芯片的编程写入电路

该例的特殊之处在于：数据从 CPU 传送到 2817A 是为了写存储器而不是外设，所以使用指令 MOV，而不是 OUT。

以下的程序段对 EEPROM 的每一个存储单元写入 55H：

```
        MOV   AX,0E00H        ;段地址＝0E00H
        MOV   DS,AX
        MOV   BX,0000H        ;偏移地址＝0000H
        MOV   DX,8000H        ;状态端口＝8000H
        MOV   CX,0800H        ;总字节数＝0800H(2 KB)
NEXT:   MOV   AL,55H          ;写入内容＝55H
        MOV   [BX],AL         ;写入存储单元(EEPROM 内部)
```

```
                NOP…                   ;空操作指令,延时
     WAT:  IN    AL,DX                 ;查询状态口
           TEXT  AL,01H                ;测试 D₀ 位
           JZ    WAT                   ;D₀=0,还在写入芯片
           INC   BX                    ;D₀=1,写入完毕,修改指针
           LOOP  NEXT                  ;循环,直到 EEPROM 全部字节写完
```

例 5.7   多个外设的查询传送。

当微机系统中包含多个外设,CPU 与它们交换信息时,可以使用程序控制轮流查询的方式,一个接一个查询外设"是否需要服务"。图 5.12 为具有 A,B,C 三个外设的微机系统的轮流查询程序流程图,其中,A 的优先级别最高,C 最低。

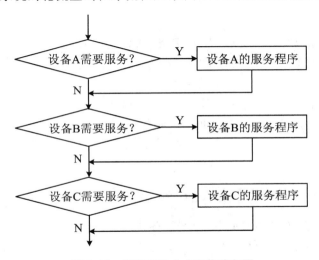

图 5.12   轮流查询方式程序流程图

相应的程序段如下:

```
REPOLL:MOV    FLAG,0        ;设置标志的初值
;
DEVA:  IN     AL,STATA      ;读设备 A 的状态信息
       TEST   AL,20H        ;测试 A 是否就绪
       JZ     DEVB          ;未就绪,转 DEVB
       CALL   PROCA         ;调用设备 A 的服务程序
       CMP    FLAG,1        ;若标志为 0,继续对 A 服务
       JNZ    DEVA
;
DEVB:  IN     AL,STATB      ;读设备 B 的状态信息
       TEST   AL,20H        ;测试 B 是否就绪
```

```
        JZ      DEVC            ;未就绪,转 DEVC
        CALL    PROCB           ;调用设备 B 的服务程序
        CMP     FLAG,1          ;若标志为 0,继续对 B 服务
        JNZ     DEVB
    ;
DEVC:   IN      AL,STATC        ;读设备 C 的状态信息
        TEST    AL,20H          ;测试 C 是否就绪
        JZ      DOWN            ;未就绪,转 DOWN
        CALL    PROCC           ;调用设备 C 的服务程序
        CMP     FLAG,1          ;若标志为 0,继续对 C 服务
        JNZ     DEVC
DOWN:   …
```

程序中的标识符 STATA,STATB,STATC 分别表示 A,B,C 三个外设状态寄存器的端口地址;均使用第五位作为外设是否就绪的标志。

查询传送的特点:

① 工作可靠,适用面宽,但传送效率低,查询环节消耗 CPU 大量的工作时间;

② 当服务的对象和内容增加时,服务的实时性下降。

所以,查询传送只适用于 CPU 负担不重、要求服务的外设对象不多、任务相对简单的场合。

5.3.2　中断方式控制输入和输出

上述查询传送方式虽然简单,但明显存在以下缺点:

① CPU 花费大量时间去查询外围设备的状态,使 CPU 的利用率和系统效率大大降低。

② 若有多个外设,则这些外设和主机之间数据交换的同步协调问题将变得十分复杂。

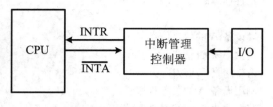

图 5.13　中断控制传送方式

为了提高系统的工作效率,特别是充分发挥 CPU 高速运算的能力,在微机系统中必须引进中断功能,利用中断来实现 CPU 与外设之间的数据传送,即所谓中断控制传送方式,见图 5.13。

对于中断传送方式,当外设需要与 CPU 进行数据交换时,由外设向 CPU 发出一个中断请求信号,一旦 CPU 响应这一中断请求,便可在中断服务程序中完成一个字节、一个字(或双字)或一批数

据的信息交换。

使用中断控制进行数据传送的特点：

① 完成数据传送功能的中断服务程序是预先设计好的,程序的入口地址事先设定,但何时调用则是由外部信号决定的。

② 对 CPU 来说,它是随机发生的。使用中断控制传送数据,除了执行中断服务程序的短暂时间外,CPU 和外设在大部分时间内各自独立,并行工作。

所以,该方式大大提高了 CPU 的工作效率和控制程序执行的实时性,使 CPU 有可能为多个外设提供更多的服务。中断传送时的接口电路见图 5.14。

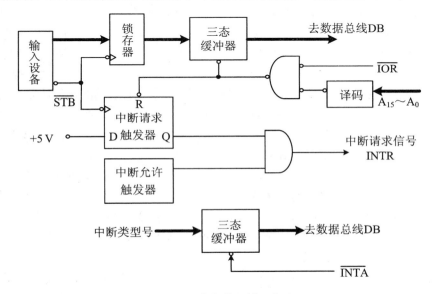

图 5.14　中断输入接口电路

当输入装置输入一个数据时,就发出选通信号,该信号一边把数据存入锁存器,一边又使中断请求触发器置"1"。如果输入装置的中断允许触发器也为"1"(允许发中断),则接口电路通过 INTR 向 CPU 发中断请求。若中断是开放的(即 IF 标志为"1"),则 CPU 接收了中断请求信号后,暂停正在执行的程序,发中断响应信号$\overline{\text{INTA}}$,外设接到$\overline{\text{INTA}}$后,将一个中断类型号放到数据总线上,CPU 根据中断类型号转入相应的处理程序读取数据,同时清中断请求标志。当中断处理完毕后,CPU 返回到被中断的程序继续执行。

显然,接口要为不同的外设安排中断类型(向量)号。这种中断方式称为向量中断或矢量中断。80x86 采用的即是这种中断方式。

中断请求是外设随机向 CPU 提出的,而 CPU 对请求的检测是有规律的:在每条指令执行的最后一个时钟周期采样中断请求输入引脚。所以,在中断请求没有得到响应以前必须维持有效状态。为此,接口电路中安排了中断请求触发器,此外,为灵活控制各个设备的中断请求信号,接口电路还安排了中断允许触发器。

中断的使用并不仅仅局限于数据的输入和输出,它是计算机的一种重要的工作方式,应用非常广泛,我们将在后面的章节中专门介绍微机的中断系统。

5.3.3　存储器直接存取(DMA)

采用中断方式传送数据,无疑是 I/O 控制的一大进步。但上述 3 种方式均需 CPU 参与 I/O 数据的传送。采用中断传送方式时,外设的启动、控制、停止以及数据的装配、拆卸等功能一般仍由 CPU 完成。在中断服务阶段,也需要不少指令。对于工作频率较低的外设,采用中断传送方式是行之有效的,但对于某些高速的设备或者需要传送成组数据(也称数据块)的设备,已不能满足传送速度上的要求。例如,对于高速 A/D 转换器可能要求每隔 1 μs 或更短的时间完成一次数据采集。又如对于磁盘装置,数据传送速率是由数据在读写磁头下通过的速度决定的,这个速度通常在每秒 20 万个字节以上,因而要求磁盘与存储器之间传送一个字节的时间应少于 5 μs。解决高速传送的方法是采用直接存储器存取,由 DMA 控制器 (DMAC)实现在外设与存储器间数据的直接传送。

这种传送方式的基本思想是在外设和存储器之间开辟直接的数据交换通路,计算机在正常工作时,所有的总线周期均用于执行程序。当高速外设准备就绪后,则通过 DMAC 请求 CPU 交出总线控制权,直至 DMA 传送结束或完成一个总线操作周期之后,CPU 才能继续控制总线。DMA 又可分为如下两种情况。

5.3.3.1　周期挪用

所谓周期挪用即在 DMA 传送方式中,当 I/O 设备没有 DMA 请求时,CPU 按程序要求访问内存;一旦 I/O 设备有 DMA 请求,CPU 要暂停一个存取周期访存,把总线控制权让给 DMA 传送。这就好比 I/O 设备挪用了 CPU 的访存周期,故称为周期挪用或周期窃取。周期挪用可能会出现两种情况:一种是 I/O 设备有 DMA 请求时,CPU 正在进行自身的操作(如乘法),并不需要访存,即 I/O 访存和 CPU 访存没有冲突,故不存在周期挪用;另一种是 I/O 设备要求访存时,CPU 也要求访存,此时发生冲突。在这种情况下,I/O 的 DMA 请求优先,即出现了周期挪用,CPU 需延缓一个存取周期访存。

5.3.3.2　数据块传送

若 DMAC 控制总线的时间超过一个总线周期,用来完成一组数据的传送,在该组数据传送期间,DMAC 一直控制着总线,这种操作方式称为数据块传送。

DMA 方式用硬件实现在外设和内存之间直接进行数据传送而不通过 CPU,这样数据传送速度的上限就取决于存储器的工作速度。一般情况下,系统的地址总线、数据总线和一些控制线是由 CPU 控制和管理的,在 DMA 方式操作时,要求 CPU 让出这些总线,而由 DMAC 控制和管理。为此,具有 DMA 能力的微处理器,都设置有用于 DMA 操作的两个引脚。一个是输入 HOLD 引脚,当外部申请 DMA 操作时,可通过它请求微处理器停止总线操作,让总线"浮空";另一个是输出 HLDA 引脚,用来提供回答信号,表示微处理器允许 DMA 操作,微处理器已经使它的总线"浮空"。见图 5.15。

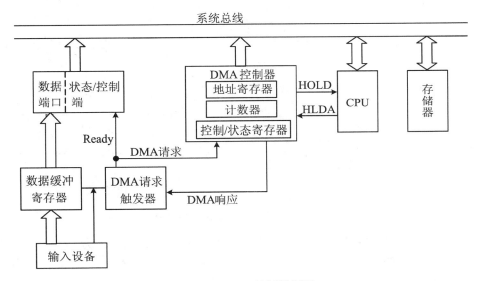

图 5.15　DMA 控制器框图

DMA 控制器应具有如下功能:

① 能接收外设的请求,向 CPU 发出 DMA 请求信号;

② 当 CPU 发出 DMA 响应信号之后,接管对总线的控制,进入 DMA 方式;

③ 能输出地址信息和修改地址;

④ 能向存储器和外设发出相应的读/写控制信号;

⑤ 能控制传送的字节(或字)数,判断 DMA 传送是否结束;

⑥ 在 DMA 传送结束后,能结束 DMA 请求信号,释放总线,使 CPU 恢复正常工作。

当外设把数据准备好后,发出一个选通脉冲使 DMA 请求触发器置 1,它一方面向控制状态端口发出准备就绪信号;另一方面向 DMA 控制器发出 DMA 请求。于是 DMA 控制器向 CPU 发出 HOLD 信号,当 CPU 发出 HLDA 响应信号后, DMA 控制器就接管总线,向地址总线发出地址信号,并给出存储器写命令,就可把外设输入的数据写入存储器。然后修改地址指针、修改计数器,检查传送是否结束,若未结束则继续循环传送直至结束。在整个数据传送完后,DMA 控制器撤除总线请求信号(HOLD 变低),接着 CPU 使 HLDA 为低,CPU 恢复对总线的控制。见图 5.16。

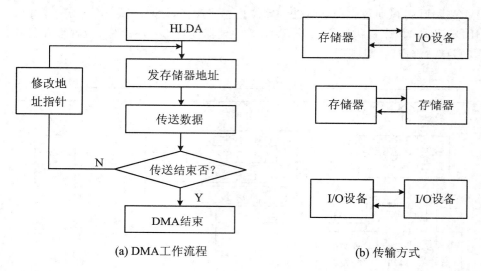

(a) DMA工作流程　　　　　　　　　　　(b) 传输方式

图 5.16　DMA 工作流程图及传输方式

由此可以看出,DMA 之所以适用于大批量数据快速传送是因为:

① 数据传送时内存地址的修改、计数等均由 DMA 控制器完成(不是使用指令由 CPU 执行);

② CPU 响应 DMA 请求后,放弃对总线的控制,所以 CPU 无需保存和恢复现场。

5.3.4　I/O 处理机方式

在引入 DMA 方式之后,数据的传送速度和响应时间均有很大提高,特别是DMAC 分担了数据输入/输出过程的部分操作,但是数据输入之后或输出之前,有时要对数据进行运算和处理。如数据的变换、装配、拆卸和数码的校验等,都要由CPU 来完成。为了使 CPU 完全摆脱管理和控制输入/输出设备的负担,又提出了I/O 处理机的方式。I/O 处理机几乎把控制输入/输出的操作和对输入/输出信息的处理等任务全部承担起来。I/O 处理机可以是与主 CPU 不同的微处理器,它有自己的指令系统,可以执行程序来实现对数据的处理。

5.4　8237A DMA 控制器

在磁盘、网络控制器、数据采集卡、声卡、数据流记录仪等外设与计算机交换数据时,传输的数据量大,传输的速度也很高,而且经常采用成批数据传送的方式与计算机交换数据。若采用中断方式进行传送,每传送一个数据,都要产生一次中断,CPU 响应中断后,先要进行断点保护和现场保护等操作,然后才能传送数据;而退出中断时,又要进行恢复现场和断点等操作,才能正确返回原程序,因此很难实现高效率、高速度的数据传送。为了加快传输大批量数据的速度,常采用直接存储器存取方式(Direct Memory Access,DMA)进行数据传输,利用这种方式,可以在存储器和外设之间开辟直接传输数据的通道,也能让两块存储器之间直接交换数据,而不需要 CPU 的干预,即不需要由 CPU 产生地址信息、数据信息、控制信号以及来回进行复制数据,见图 5.17。这些信号和操作都由 DMA 控制器形成和管理,从而使传输数据的速度达到硬件所允许的最快速度。

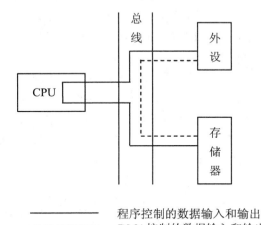

程序控制的数据输入和输出
DMA控制的数据输入和输出

图 5.17　DMA 与程序控制数据传送路径比较

DMA 传送也存在以下两个额外开销源:第一个额外开销是总线访问时间。由于 DMAC 要同 CPU 和其他可能的总线主控设备争用对系统总线的控制权,因此,必须有一些规程来解决争用总线控制权的问题。这些规程一般是用硬件实现排队的,但是排队过程也要花费时间。第二个额外开销是对 DMAC 的初始化,一般情况下,CPU 要对 DMAC 写入一些控制字。因此,DMAC 的初始化建立比程序控制数据传送的初始化,可能要花费较多时间。所以,对于数据块很小或要频繁地对 DMAC 重新编程初始化的情况下,可能就不宜采用 DMA 传送方式。此外,DMA 控制数据传送,是用硬件控制代替 CPU 执行程序来实现的。所以它必然会增加硬件的投资,提高系统的成本。因此,只要 CPU 来得及处理数据传送的场合,就不必采用 DMA 方式。DMA 的适用场合有下述几种:

① 硬盘和软盘的 I/O。可以使用 DMAC 作为磁盘存储介质与半导体主存储器之间传送数据的接口。这种场合需要将磁盘中的大量数据如磁盘操作系统或其他软件包快速地装入内部存储器。所以用 DMA 方式控制数据装入最为适合。

② 快速通信通道 I/O。例如,光导纤维通信链路,DMAC 可以用来作为计算机系统和快速通信通道之间的接口;例如,作为同步通信数据的发送和接收,以便提高响应时间,支持较高的数据传输速率,并使 CPU 解脱出来做其他工作。

③ 多处理机和多程序数据块传送。对于多处理机结构,通过 DMAC 控制数据传送,可以较容易地实现专用存储器和公用存储器之间的数据传送,对多任务应用、页式调度和任务调度都需要传送大量的数据。因此,采用 DMA 方式可以提高数据传输速度。

④ 扫描操作。在图像处理中,向 CRT 屏幕传送数据,也可以采用 DMA 方式。

⑤ 快速数据采集。当要采集的数据量很大,而且数据是以密集突发的形式出现,例如,对波形的快速采集,此时采用 DMA 方式可能是最好的方法,它能满足响应时间和数据传输速率的要求。

⑥ 在 IBM PC/XT 机中还采用 DMA 方式进行对 DRAM 的刷新操作。

CPU 在每一个非锁定($\overline{\text{LOCK}}$引脚无效)的时钟周期结束后,都要检测 HOLD 线上是否有 DAM 请求信号。若有,可以转入 DMA 工作周期。8237A 就是一种高性能的可编程 DMA 控制器,它内部有 4 个独立的通道,每个通道都具有 64 K 地址和字节的计数能力,并具有 4 种不同的传送方式:单字节传送、数据块传送、请求传送和级联传送方式,通过级联,可以扩大通道数。对每个通道的 DMA 请求可以允许或禁止。4 个通道的 DAM 请求有不同的优先级,优先级可以是固定的,也可以是循环的。任何一个通道完成数据传送后,会产生过程结束信号$\overline{\text{EOP}}$(End of Process),同时结束 DMA 传送,还可以从外界输入$\overline{\text{EOP}}$信号,强行中止正在执行的 DMA 传送。

8237A DMA 控制器可以处于两种不同的工作状态。在 DMA 控制器未取得总线控制权时,必须由 CPU 对 DMA 控制器进行编程,以确定通道的选择、数据传送的方式和类型、内存单元起始地址、地址是递增还是递减以及需要传送的总字节数等,CPU 也可以读取 DMA 控制器的状态。这时,CPU 处于主控状态,而 DMA 控制器就和一般的 I/O 芯片一样,是系统总线的从设备,DMA 控制器的这种工作方式称为从态方式。当 DMA 控制器取得总线控制权后,系统就完全在它的控制下,使 I/O 设备和存储器之间或者存储器与存储器之间进行直接的数据传送，DMA 控制器的这种工作方式称为主态方式。8237A 芯片的内部结构和外部连接与这两种工作状态密切相关。

5.4.1 8237 DMAC 的主要功能

8237 DMAC 是一种高性能可编程 DMA 控制器芯片，它的性能如下：

① 使用单一的＋5 V 电源、单相时钟、40 条引脚、双列直插式封装。

② 具有 4 个独立的通道。可以采用级联方式扩充用户所需要的通道，每个通道都具有 16 位地址寄存器和 16 位字节计数器。

③ 用户通过编程，可以在 4 种操作类型和 4 种传送方式之中任选一种。4 种操作类型是：

• DMA 写传送（I/O 设备→存储器）。将 I/O 设备（如磁盘接口）传送来的数据写入存储器。

• DMA 读传送（存储器←I/O 设备）。将存储器中的数据，写入 I/O 设备。

• DMA 校验。这种方式实际并不进行数据传送，只是完成某种校验过程。当一个 8237 通道处于 DMA 校验方式时，它会像上述的传送操作一样，保持着它对系统总线的控制权，并且每个 DMA 周期都将响应外部设备的 DMA 请求，只是不产生存储器或 I/O 设备的读/写控制信号，这就阻止数据的传送。但 I/O 设备可以使用这些响应信号，在 I/O 设备内部对一个指定数据块的每一个字节进行存取，以便进行校验。

上述的 3 种操作，被操作的数据都不进入 DMAC 内部。而且校验方式，也仅是由 DMAC 控制系统总线，并响应 I/O 设备的 DMA 请求，在每个 DMA 周期向 I/O 设备发出一个 DMA 响应信号 DACK。I/O 设备利用此信号作为片选信号，去进行某种校验。

• 存储器与存储器之间传送。8237 进行存储器之间的数据块传送操作时，是由通道 0 提供源地址，而由通道 1 提供目的地址和进行字节计数。这种传送需要两个总线周期：第 1 个总线周期先将源地址内的数据读入 8237 的暂存器，在第 2 个总线周期再将暂存器内容放到数据总线上，然后在写信号的控制下，将数据总线上的数据写入目的地址的存储器单元。

4 种传送方式是：

• 单次传送方式。单次传送又称为字节传送，每次 DMA 操作只传送一个字节。即 DMAC 发出一次占用总线请求，获得总线控制权后，进入 DMA 传送方式，只传送一个字节的数据。然后就自动把总线控制权交还给 CPU，CPU 至少要出让一个总线周期。若还有通道请求信号，DMAC 再重新向 CPU 发出总线请求，获得总线控制权后,再传送下一个字节数据。

　　• 成组传送方式。成组传送在进入 DMA 操作后,就连续传送数据,直到整块数据全部传送完毕。在字节计数器减到 0 或外界输入终止信号$\overline{EOP}$时,才会将总线控制权交还给 CPU 而退出 DMA 操作方式。如果在数据的传送过程中,通道请求信号 DREQ 变为无效,DMAC 也不会释放总线,只是暂时停止数据的传送。等到 DREQ 信号再次变为有效后,又继续进行数据传送,一直到整块数据全部传送结束,才会退出 DMA 方式,把总线控制权交还给 CPU。

　　• 请求传送方式。当 DMAC 采样到有效的通道请求信号 DREQ 时,向 CPU 发去请求占用总线的信号 HRQ。CPU 让出总线控制权后,就进入 DMA 操作方式。但当 DREQ 变为无效后,DMAC 立即停止 DMA 操作,释放总线给 CPU。仅当 DREQ 再次变为有效后,它才再次发出 HRQ 请求信号,CPU 再次让出总线控制权。DMAC 又重新控制总线,继续进行数据传送。数据块传送结束就把总线归还给 CPU。这种方式适用于:准备好传送数据时,发出通道请求;若数据未准备好,就使通道请求无效,而将总线控制权暂时交还给 CPU。

　　• 级联方式。这种方式是用来扩充 DMA 的通道数。

　　④ 每个通道都具有独立的允许/禁止 DMA 请求的控制。所有通道都具有独立的自动重置原始状态和参数的能力。

　　⑤ 有增 1 和减 1 自动修改地址的能力。

　　⑥ 具有固定优先权和循环优先权两种优先权排序的优先权控制逻辑。

　　⑦ 每个通道都有软件的 DMA 请求。还各有一对联络信号线,通道请求信号 DREQ 和响应信号 DACK,而且 DREQ 和 DACK 信号的有效电平,可以通过编程来设定。

　　⑧ 具有终止 DMA 传送的外部信号输入引脚,外部通过此引脚输入有效低电平的过程终止信号$\overline{EOP}$,可以终止正在执行的 DMA 操作。每个通道在结束 DMA 传送后,会产生过程终止信号$\overline{EOP}$输出,可以用它作为中断请求信号输出。

5.4.2　8237A 的内部结构框图和引脚配置

5.4.2.1　8237A 的内部结构

8237A 的内部结构框图见图 5.18。

8237A 有 3 个基本的控制逻辑单元、I/O 缓冲器 1、I/O 缓冲器 2、输出缓冲器和内部寄存器。

1. 控制逻辑单元

（1）定时和控制逻辑单元

它根据初始化编程时所设置的工作方式寄存器的内容和命令,在输入时钟信号的定时控制下,产生 8237A 内部的定时信号和外部的控制信号。

（2）命令控制单元

其主要作用是在 CPU 控制总线时,即 DMA 处于空闲周期时（被动态）,将 CPU 在编程初始化送来的命令字进行译码;而在 8237A 进入 DMA 服务时,对设定 DMA 操作类型的工作方式字进行译码。

（3）优先权控制逻辑

用来裁决各通道的优先权次序,解决多个通道同时请求 DMA 服务时可能出现的优先权竞争问题。

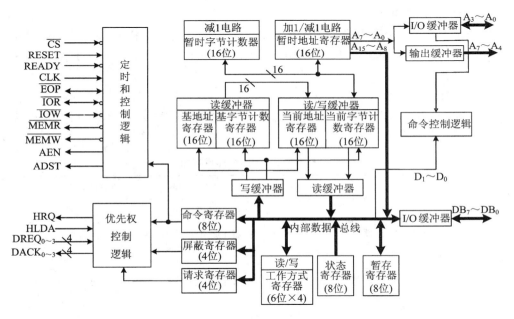

图 5.18　8237A 内部结构框图

2. 缓冲器

（1）I/O 缓冲器 1

8 位、双向、三态的缓冲器,用于与系统的数据总线接口。当 CPU 控制总线时,从 CPU 送给 8237A 的编程控制字、CPU 读取 8237A 的状态字、当前地址和字节计数器的内容都经过这个缓冲器。当 8237A 控制总线时,在 DMA 周期一开始,8237A 请求 DMA 服务优先权最高通道的暂时地址寄存器的高 8 位地址,由这个缓冲器输出到地址锁存器 74LS373 或 Intel 8282 锁存。然后,若编程时设定 DMA 的操作类型是 DMA 写、读或校验时,就使这个缓冲器进入高阻状态,即数据传送不经过此缓冲器;若操作类型是存储器之间的传送（M←→M）时,则首先将源存储单元的内容经数据总线由此缓冲器送到 8237A 的暂存器中。在下一个周期,暂存器的内容由此缓冲器送上数据总线,然后写入目的存储单元。

(2) I/O 缓冲器 2

4 位、双向、三态缓冲器。在 CPU 控制总线时,输入缓冲器导通(输出则处于高阻状态),将地址总线的低 4 位 $A_3 \sim A_0$ 输入 8237A 进行译码后,选通内部的寄存器,以便在 $\overline{IOW}$ 有效时,将数据总线的内容写入被选中的内部寄存器,或在 $\overline{IOR}$ 有效时将被选中寄存器的内容送上数据总线。在 DMA 控制总线时,输出缓冲器导通(输入则处于高阻状态),输出 8237A 产生的 16 位存储器地址的低 4 位 $A_3 \sim A_0$。

(3) 输出缓冲器

4 位、输出、三态缓冲器。在 CPU 控制总线时,它为高阻状态;而在 DMA 控制总线时,它导通,由 8237A 提供的 16 位存储器地址的第 7 到第 4 位地址 $A_7 \sim A_4$ 通过它输出。

3. 内部寄存器

8237A 的内部寄存器见表 5.1。它与用户编程直接发生关系,其内容可由 CPU 读出或按要求写入。

表 5.1　8237A 的内部寄存器

名　　　称	位数	数　　　量	CPU 访问方式
基地址寄存器	16	4(每个通道一个)	只写
基字节计数寄存器	16	4(每个通道一个)	只写
当前地址寄存器	16	4(每个通道一个)	可读可写
当前字节计数寄存器	16	4(每个通道一个)	可读可写
地址暂存器	16	1	不能访问
字节计数暂存器	16	1	不能访问
命令寄存器	8	1(4 个通道公用一个)	只写
工作方式寄存器	6	4(每个通道一个)	只写
屏蔽寄存器	4	1(每个通道 1 位)	只写
请求寄存器	4	1(每个通道 1 位)	只写
状态寄存器	8	1(4 个通道公用一个)	只读
暂存寄存器	8	1(每个通道 1 位)	只读

5.4.2.2　引脚配置

8237A 的引脚配置见图 5.19。

8237A 是一种 40 条引脚、双列直插式封装的芯片。引脚的功能如下：

① CLK：时钟输入，用来控制 8237 内部操作定时和 DMA 传送时的数据传送速率。8237A-5 的 时 钟 频 率 为 5 MHz。

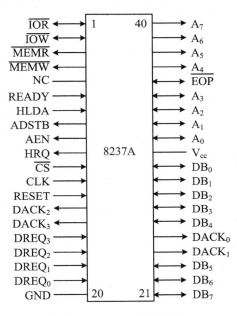

② $\overline{CS}$：片选输入，低电平有效。在 CPU 控制总线时，即 8237A 在受控方式下，当$\overline{CS}$有效时，选中该 8237A 作为 I/O 设备；而当 CPU 向 8237A 写入编程控制字时，它开启 I/O 写输入；当 CPU 从 8237A 读回状态字或当前地址或当前字节计数器内容时，它开启 I/O 读输入。在 DMA 控制总线时，自动禁止$\overline{CS}$输入，以防止 DMA 操作期间该器件选中自己。

③ RESET：复位输入，高电平有效。RESET 有效时，会清除命令、状态、请求和暂存寄存器，并清除字节指示器和置位屏蔽寄存器。复位后，8237A 处于空

图 5.19　8237A 的引脚图

闲周期，它的所有控制线都处于高阻状态，并且禁止所有通道的 DMA 操作。复位之后必须重新对 8237A 进行初始化，它才能进入 DMA 操作。

④ READY：准备好输入信号。当选用的存储器或 I/O 设备速度比较慢时，可用这个异步输入信号使存储器或 I/O 读写周期插入等待状态，以延长 8237A 传送的读/写脉冲（$\overline{IOR}$,$\overline{IOW}$,$\overline{MEMR}$和$\overline{MEMW}$）。

⑤ HRQ(Hold Request)：请求占有信号，输出，高电平有效。在仅有一块 8237A 的系统中，HRQ 通常接到 CPU 的 HOLD 引脚，用来向 CPU 请求对系统总线的控制权。如果通道的相应屏蔽位被清除，也就是说 DMA 请求未被屏蔽，只要出现 DERQ 有效信号，8237A 就会立即发出 HRQ 有效信号。在 HRQ 有效之后，至少等待一个时钟周期后，HLDA 才会有效。

⑥ HLDA(Hold Acknowledge)：同意让出总线响应输入信号，高电平有效。来自 CPU 的同意让出总线响应信号。它有效表示 CPU 已经让出对总线的控制权，把总线的控制权交给 DMAC。

⑦ $DREQ_0 \sim DREQ_3$：DMA 请求输入信号。它们的有效电平，可由编程设定。复位时使它们初始化为高电平有效。这 4 条 DMA 请求线，是外部电路为取得 DMA 服务，而送到各个通道的请求信号。在固定优先权时，$DERQ_0$ 的优先权最

高,DREQ$_3$的优先权最低。各通道的优先权级别是可以编程设定的。当通道的DREQ 有效时,就向 8237A 请求 DMA 操作。DACK 是响应 DREQ 信号后,进入DMA 服务的应答信号。在相应的 DACK 产生前 DREQ 必须维持有效。

⑧ DACK$_0$～DACK$_3$:DMA 响应输出,它们的有效电平可由编程设定,复位时使它们初始化为低电平有效。8237A 用这些信号来通知各自的外部设备已经被授予一个 DMA 周期了,即利用有效的 DACK 信号作为 I/O 接口的选通信号。系统允许多个 DREQ 同时有效,但在同一时间,只能一个 DACK 信号有效。

⑨ A$_3$～A$_0$:地址线的低 4 位,是双向、三态地址线。CPU 控制总线时,它们是输入信号,用来寻址要读出或写入的 8237A 内部寄存器;在 DMA 的有效周期内,由它们输出低 4 位地址。

⑩ A$_7$～A$_4$:三态、输出的地址线。在 DMA 周期,输出低字节的高 4 位地址 A$_7$～A$_4$。

⑪ DB$_7$～DB$_0$:双向、三态的数据总线,连接到系统数据总线上。在 I/O 读期间,在编程条件下,输出被允许,可以将 8237A 内部的地址寄存器、状态寄存器、暂存寄存器和字节计数器中的内容读入 CPU;当 CPU 对 8237A 的控制寄存器写入控制字时,在一个 I/O 写周期内,这些输出被禁止,数据从 CPU 写入 8237A。在DMA 操作期间,8237A 的高 8 位地址 A$_7$～A$_0$,由 DB$_7$～DB$_0$输出,并由 ADSTB 信号将这些地址信息锁存入地址锁存器。若是进行存储器与存储器之间的 DMA 操作,在"存储器读出"期间,把从源存储器读出的数据输入到 8237A 的暂存器;而在"存储器写入"期间,数据再从暂存器输出,然后写入到新的目的存储单元。

⑫ ADSTB:地址选通、输出信号,高电平有效,用来将从 DB$_7$～DB$_0$输出的高 8位地址 A$_7$～A$_0$选通到地址锁存器。

⑬ AEN:地址允许、输出信号,高电平有效。在 DMA 传送期间,该信号有效时,禁止其他系统总线驱动器使用系统总线,同时允许地址锁存器中的高 8 位地址信息送上系统地址总线。

⑭ $\overline{\text{IOR}}$:I/O 读,双向、三态,低电平有效。CPU 控制总线时由 CPU 发来,若该信号有效,表示 CPU 读取 8237A 内部寄存器;在进行 DMA 操作时由 8237A 发出,用来读取 I/O 设备的控制信号。

⑮ $\overline{\text{IOW}}$:I/O 写,双向、三态,低电平有效。CPU 控制总线时由 CPU 发来,CPU 用它把数据写入 8237A。而在 DMA 操作期间,由 8237A 发出,作为对 I/O设备写入的控制信号。

⑯ $\overline{\text{MEMR}}$:存储器读,输出,三态,低电平有效。在 DMA 操作期间,由 8237A发出,作为从选定的存储单元读出数据的控制信号。

⑰ $\overline{\text{MEMW}}$:存储器写,输出,三态,低电平有效。在 DMA 操作期间,由 8237A

发出,作为把数据写入选定的存储单元的控制信号。

⑱ $\overline{EOP}$:过程结束,双向,低电平有效。表示 DMA 服务结束。当 8237A 接收到有效的$\overline{EOP}$信号时,就会终止当前正在执行的 DMA 操作,使请求寄存器的相应位复位。当复位请求位(请求寄存器 $D_2=0$)时,如果是允许自动预置(自动再启动方式),就将该通道的基址寄存器和基字节计数器的内容,重新写入当前的地址寄存器和当前的字节计数器,并使屏蔽位保持不变;若不是自动预置方式,当$\overline{EOP}$有效时,将会使当前运行通道的状态字中的屏蔽位和 TC(Terminal Count)位置位。$\overline{EOP}$可以由 I/O 设备输入给 8237A;另外,当 8237A 的任一通道到达计数终点(TC)时,会产生低电平的$\overline{EOP}$输出脉冲信号。此信号除了使 8237A 终止 DMA 服务外,还可以输出作为中断请求信号等使用。$\overline{EOP}$信号不用时,必须通过上拉电阻接到高电平,以防错误输入。

5.4.3　8237A 的内部寄存器和编程控制字

5.4.3.1　内部寄存器的功能

8237A 内部寄存器见表 5.2。现对这些寄存器的功能说明如下:

1. 当前地址寄存器

每个通道都有一个 16 位的当前地址寄存器。当进行 DMA 传送时,由它提供访问存储器的地址。在每次数据传送之后,地址值自动增 1 或减 1。CPU 是以连续两字节按先低字节后高字节顺序,对其进行写入或读出。在自动预置方式,当$\overline{EOP}$有效后,会将它重新预置为初始值。

2. 当前字节计数寄存器

每个通道都有一个 16 位长的当前字节计数寄存器。它保存当前 DMA 传送的字节数。实际传送的字节数比编程写入的字节数大 1(例如,编程的初始值为10,将导致传送 11 个字节),每次传送以后,字节计数器减 1。当其内容从 0 减 1 而到达 FFFFH 时,将产生终止计数 TC 脉冲输出。CPU 访问它是以连续两字节对其读出或写入。在自动预置方式时,当$\overline{EOP}$有效后,被重新预置成初始值;如果在非自动预置方式,这个计数器在终止计数之后将为 FFFFH。

3. 基地址寄存器和基字节计数寄存器

每个通道均有一个 16 位的基地址寄存器和一个 16 位的基字节计数寄存器。它们用来存放所对应的地址寄存器和字节计数器的初始值。在编程时,这两个寄存器由 CPU 以连续两字节方式与对应的当前寄存器同时写入,但它们的内容不能读出。在自动预置方式时,基地址寄存器和基字节计数寄存器的内容被用来恢复当前地址寄存器和当前字节计数寄存器的初始值。

4. 命令寄存器

这是 DMAC 的 4 个通道公用的一个 8 位寄存器,由它来控制 8237A 的操作。

编程时,由 CPU 对它写入命令字,可以由复位信号(RESET)或软件清除命令清除它,其命令字格式见图 5.20。

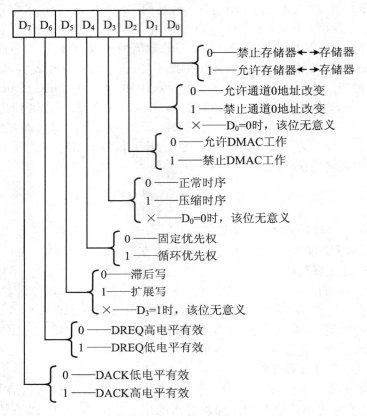

图 5.20　命令字格式

各位的作用如下:

① D_0 位。允许或禁止存储器至存储器的传送操作。这种传送方式能以最小的程序工作量和最短的时间,成组地将数据从存储器的一个区域传送到另一个区域。当 $D_0 = 1$ 时,允许进行存储器至存储器传送。此时首先由通道 0 发软件 DMA 请求,规定通道 0 用于从源地址读入数据,然后将读入的数据字节存放在暂存器中,由通道 1 把暂存器的数据字节写到目的地址存储单元。一次传送后,两通道对应存储器的地址各自进行加 1 或减 1。当通道 1 的字节计数器过 0 为 FFFFH 时,产生终止计数 TC 脉冲,由 $\overline{EOP}$ 引脚输出有效信号而结束 DMA 服务。每进行一次存储器至存储器传送,需要两个总线周期。通道 0 的当前地址寄存器用于存放源地址,通道 1 的当前地址寄存器和当前字节计数器提供目的地址和进行计数。

② D_1 位。由它设定在存储器至存储器传送过程中,源地址保持不变或按增 1

或减 1 改变。当 $D_1 = 0$ 时,传送过程中源地址是变化的。反之,当 $D_1 = 1$ 时,在整个传送过程,源地址保持不变。这可以用于把同一源地址单元的同样内容的一个字节的数据写到一组目标存储单元中。当 $D_0 = 0$ 时,不允许存储器至存储器传送,则 D_1 位无意义。

③ D_2 位。允许或禁止 DMAC 工作的控制位。

④ D_3,D_5 位。与时序有关的控制位,见后面的时序说明。

⑤ D_4 位。用来设定通道优先权结构。当 $D_4 = 0$ 时,为固定优先权,即通道 0 优先权最高,优先权随着通道号增大而递减,通道 3 的优先权最低。当 $D_4 = 1$ 时,为循环优先权,即在每次 DMA 操作周期(注意:不是 DMA 请求,而是 DMA 服务)之后,各个通道的优先权都发生变化。刚刚服务过的通道其优先权变为最低,它后面的通道的优先权变为最高。循环优先权的循环顺序见表 5.2。

表 5.2　8237A 循环优先权的变化

第一次服务	第二次服务	第三次服务
通道	通道	通道
最高优先权 0	2 — 服务完毕	3 — 服务完毕
1 — 服务完毕	3 — 请求服务	0
2	0	1
最低优先权 3	1	2

具有循环优先权结构,可以防止任何一个通道独占 DMA。所有 DMA 操作,最初都指定通道 0 具有最高优先权。DMA 的优先权排序只是用来决定同时请求 DMA 服务的通道的响应次序。而任何一个通道一旦进入 DMA 服务后,其他通道都不能打断它的服务,这一点和中断服务是不同的。

⑥ D_6,D_7 位。用于设定 DREQ 和 DACK 的有效电平极性。

例如,PC 系列机的 8237A,按如下要求工作:禁止存储器到存储器传送,按正常时序,滞后写入,通道按固定优先权排序,允许 8237A 进行 DMA 操作,DERQ 高电平有效,DACK 低电平有效,则命令字为 00000000b=00H。

```
MOV   AL,00H          ;命令字
OUT   DMA+8,AL        ;写入命令寄存器
```

5. 工作方式寄存器

每个通道都有一个 6 位的工作方式寄存器,它用于指定 DMA 的操作类型、传送方式、是否自动预置和传送一字节数据后地址是按增 1 还是减 1 规律修改。写入工作方式寄存器的控制字,在编程初始化时,由 CPU 写入。命令字的 D_0,D_1 两位是通道的寻址位,即根据 D_0,D_1 两位的编码,确定此命令字写入的通道。而 $D_7 \sim D_2$ 是通道相应的工作方式设定位。其格式见图 5.21。

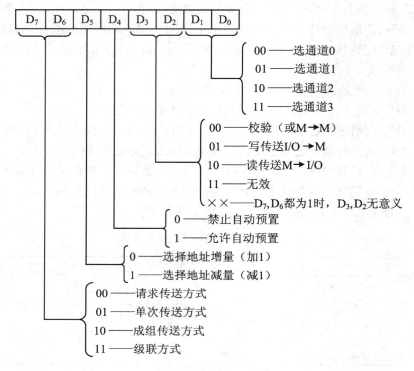

图 5. 21 命令字格式

各位的作用介绍如下：

① D_3，D_2 位。当 D_3，D_2 位不同时为 1 时，由这两位的编码设定通道的 DMA 的传送类型：读、写和校验（或存储器至存储器）。

• 读传送。由存储器至 I/O 设备。将数据从存储器读出，再写入 I/O 设备。因此，8237A 要发出 $\overline{MEMR}$ 和 $\overline{IOW}$ 信号。

• 写传送。由 I/O 设备至存储器。将数据从 I/O 设备读出再写入存储器。8237A 要发出 $\overline{IOR}$ 和 $\overline{MEMW}$ 信号。

• 校验。这种操作实际不进行数据传送。由 8237A 产生地址信息，并响应 $\overline{EOP}$ 等，但不发出存储器和外部设备的读写控制信号，这就阻止数据的传送，但是 8237A 仍将保持着它对系统总线的控制权。设定校验方式时，要相应设定命令寄存器为禁止存储器至存储器的 DMA 操作方式。

注意 当设定命令寄存器为存储器至存储器的传送方式时，应将工作方式寄存器 D_3，D_2 位设定为 00。

② D_4 位。它设定通道是否进行自动预置。当选择自动预置时，在接收到 $\overline{EOP}$ 信号后，该通道自动将基地址寄存器内容装入当前地址寄存器，将基字节计数器内

容装入当前字节计数器,而不必通过 CPU 对 8237A 进行初始化,就能执行另一次 DMA 服务。

③ D_5 位。它设定每传送一字节数据后,存储单元的地址是加 1 或减 1 修改。

④ D_6, D_7 位。这两位的不同编码决定该通道 DMA 传送的方式。8237A 进行 DMA 传送时,有 4 种传送方式:单次传送、请求传送、成组传送和级联方式。

• 单次传送方式。8237A 是在 DREQ 每次变为有效后,向 CPU 发出有效的 HRQ 信号。当 CPU 响应其请求时,向 8237A 发来 HLDA 响应信号,8237A 每次传送一字节数据,然后字节计数器减 1,地址加 1 或减 1(由 D_5 决定)。DREQ 有效电平必须保持到 DACK 有效时才能无效。若执行一次传送后,DREQ 虽然继续保持有效状态,8237A 的 HRQ 输出也将进入无效状态,并将总线控制权交还给 CPU。至少一个总线周期,但它会立刻开始采样 DREQ 输入信号,若 DREQ 线还为有效,就进入另外一次 DMA 操作。

• 成组传送方式。在每次 DREQ 有效后,若 CPU 响应其请求让出总线控制权给 8237A,8237A 进行 DMA 服务时,就会连续传送数据,直到字节计数器计数过 0 为 FFFFH,或由外界输入 $\overline{EOP}$ 有效信号时,才将总线控制权交还给 CPU,从而结束 DMA 服务。在这种方式时,DREQ 有效电平只要保持到 DACK 有效,就能传送完整批的数据。

• 请求传送方式。当 DREQ 有效,若 CPU 让出总线控制权,8237A 进行 DMA 服务,也连续传送数据,直至字节计数器过 0 为 FFFFH 或由外界送来 $\overline{EOP}$ 有效信号,或 DREQ 变为无效时为止。

采用请求传送方式,通过控制 DREQ 信号的有效或无效,可以把一批数据分成几次传送。这种方式允许接口的数据没准备好时,暂时停止传送。与成组传送方式不同之处在于,每传送一个字节后,8237A 都要对 DREQ 端进行测试,一旦检测到 DREQ 信号无效,则马上停止传送。在这种情况下,8237A 会把地址和字节计数器的中间值保存在相应通道的当前地址和字节计数器中,但测试 DREQ 状态的过程仍在不断进行。只要外设准备好了新的数据,使 DREQ 再次变为有效后,又可恢复 DMA 传输继续进行下去。

• 级联方式。这种方式用于将多个 DMA 级联在一起,以便扩充系统的 DMA 通道。下级 8237A 的 HRQ 与 HLDA 信号与上级 8237A 某个通道的 DREQ 端和 DACK 端相接。上级 8237A 用来传送下级 8237A 的 DMA 请求信号,CPU 响应下级 8237A 的 DREQ 请求,并以输出 DACK 信号作为响应。但上级 8237A 输出的信号除 HRQ 外都被禁止。在 DMA 操作期间,它不输出任何地址和控制信号,避免与下级 8237A 中正在运行通道的输出信号发生冲突。两级 8237A 级联见图 5.22。

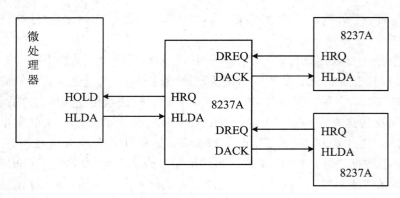

图 5.22 两级 8237A 的级联

1 块上级 8237A 芯片最多允许与 4 块下级 8237A 芯片相连,若用 5 片 8237A 芯片构成两级 DMA 系统,可得到 16 个 DMA 通道。编程时上级芯片应置为级联方式($D_7D_6=11$),下级芯片不用设成级联方式,而是设成其他 3 种工作方式之一。

对于上述 4 种工作方式的任一种,字节计数器的计数值过 0 都会使EOP引脚输出低电平信号,并停止传送过程。

例如,PC 系列机软盘读写操作选择用 8237A 的通道 2 作 DMA 通道,单字节传送,地址增 1 不自动预置,其读盘、写盘或校验盘 8237A 设置的工作方式控制字如下:

(a) 读盘(I/O→M 写传送或称 DMA 写)。

工作方式控制字=01000110b=46H

(b) 写盘(M→I/O 读传送或称 DMA 读)。

工作方式控制字=01001010b=4AH

(c) 校验盘(DMA 校验)。

工作方式控制字=01000010b=42H

因此,若从软盘上读一个扇区数据存放到内存,则送方式字 46H,但若从内存写一个扇区的数据到软盘上,则送方式字 4AH。

6. 请求寄存器

DMA 请求可以由 I/O 设备发来 DREQ 信号,也可以由软件发出。请求寄存器就是用于由软件来启动 DMA 请求的设备。存储器到存储器传送,必须利用软件产生 DMA 请求。这种软件请求 DMA 传送操作必须是成组传送方式,在传送结束后,EOP信号变为有效,该通道对应的请求标志位被复位(清零),因此,每执行一次软件请求 DMA 传送,都要对请求寄存器编程一次。RESET 信号清除所有通道的请求寄存器,软件请求位是不可屏蔽的。可以用送请求控制字对各通道的请求标志进行置位和复位。该寄存器只能写,不能读。对某个通道的请求标志进行置位和复位的命令字格式见图 5.23。

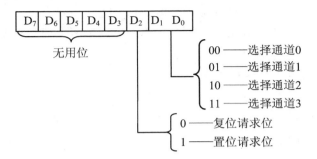

图 5.23　请求字格式

8237A 接收到请求命令时,按 D_1D_0 确定的通道,对该通道的请求标志执行 D_2 规定的操作。$D_2=1$ 将请求标志位置 1,$D_2=0$ 将请求标志位清 0。例如,若用软件请求通道 0 进行 DMA 传送,则向请求寄存器写入 04H 控制字。

7. 屏蔽寄存器

8237A 每个通道均有一位屏蔽标志位。当某通道的屏蔽标志位置 1 时,禁止该通道的 DREQ 请求,并禁止该通道 DMA 操作。若某个通道规定不自动预置,则当该通道遇到有效的 $\overline{EOP}$ 信号时,将对应的屏蔽标志位置 1。RESET 信号使所有通道的屏蔽标志位都置 1。各通道的屏蔽标志位可以用命令进行置位或复位,其命令字有两种格式:第 1 种格式是与图 5.23 的请求字相同。这种格式用来单独为每个通道的屏蔽位进行置位或复位,其中 D_2 位=0 表示清除屏蔽标志,D_2 位=1 表示置位屏蔽标志,由 D_1 和 D_0 的编码指出通道号。第 2 种格式是可以同时设定 4 个通道的屏蔽标志,其命令字格式见图 5.24。

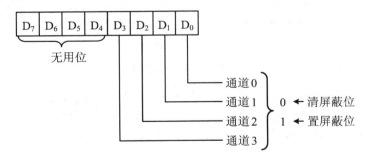

图 5.24　同时对 4 个通道设定屏蔽标志的命令字格式

图 5.24 中,$D_3 \sim D_0$ 分别表示通道 3～0 的屏蔽位状态,"1"表示置屏蔽标志,"0"表示清除屏蔽标志。

注意　这两种不同格式的命令字,写入 DMAC 时,有不同的口地址。写单个通道屏蔽寄存器口地址为 0AH,而同时写 4 个通道的屏蔽位的口地址为 0FH。

例如,为了在每次对软盘读写操作时,进行 DMA 初始化,都必须解除通道 2 的屏蔽,以便响应硬件 $DREQ_2$ 的 DMA 请求。可以采取下述两种方法之一清除屏蔽寄存器:

① 使用单一通道屏蔽命令:

```
MOV   AL,00000010b          ;开放通道 2
OUT   DMA+0AH,AL            ;写单一屏蔽寄存器
```

② 使用 4 位屏蔽命令:

```
MOV   AL,00001011b          ;仅开放通道 2
OUT   DMA+0FH,AL            ;写入 4 位屏蔽命令
```

8. 状态寄存器

状态寄存器是一个 8 位的寄存器,用来存放 8237A 的状态信息,它可以由 CPU 读出。状态寄存器的格式见图 5.25。它的低 4 位是表示 4 个通道的终止计数状态,高 4 位是表示当前是否存在 DMA 请求。

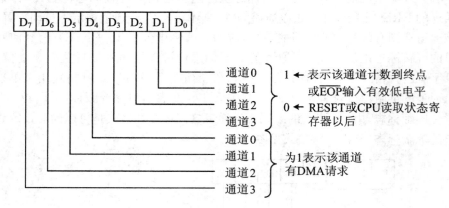

图 5.25　状态字格式

只要通道到达计数终点 TC,或外界送来有效的 $\overline{EOP}$ 信号 $D_3 \sim D_0$ 相应的位就被置 1,RESET 信号和 CPU 每次"读状态"后,都清除 $D_3 \sim D_0$ 位。$D_7 \sim D_4$ 位表示通道 3～0 请求 DMA 服务,但未获得响应的状态。

9. 暂存寄存器

这是一个 8 位的寄存器,在存储器至存储器传送期间,用来暂存从源地址单元读出的数据。当数据传送完成时,所传送的最后一个字节数据可以由 CPU 读出。用 RESET 信号可以清除此暂存器。

10. 软件命令

8237A 设置了 3 条软件命令，它们是：主清除、清除字节指示器和清屏蔽寄存器。这些软件命令只要对某个适当地址进行写入操作就会自动执行清除命令。

① 主清除命令。该命令在 8237A 内部所起作用和硬件复位信号 RESET 相同。它执行后能清除命令寄存器、状态寄存器、各通道的请求标志位、暂存寄存器和字节指示器，并把各通道的屏蔽标志位置 1，使 8237A 进入空闲周期。

② 清除字节指示器命令。字节指示器又称为先/后触发器或字节地址指示触发器。因为 8237A 各通道的地址和字节计数都是 16 位的，而 8237A 每次只能接收一个字节数据，所以 CPU 访问这些寄存器时，要用连续两个字节进行。当字节指示器为 0 时，CPU 访问这些 16 位寄存器的低字节；当字节指示器为 1 时，CPU 访问这些 16 位寄存器的高字节。为了按正确顺序访问 16 位寄存器的高字节和低字节，CPU 首先使用清除字节指示器命令来清除字节指示器，使 CPU 第一次访问 16 位寄存器的低字节。第一次访问之后，字节指示器自动置 1，而使 CPU 第二次访问 16 位寄存器的高字节。然后，字节指示器自动恢复为 0 状态。

③ 清除屏蔽寄存器命令。这条命令清除 4 个通道的全部屏蔽位，使各通道均能接受 DMA 请求。

5.4.3.2　内部寄存器的寻址

对 8237A 内部寄存器的寻址和执行与控制器有关的软件命令，都由芯片选择信号 $\overline{CS}$，I/O 读 $\overline{IOR}$，I/O 写 $\overline{IOW}$ 和 $A_3 \sim A_0$ 地址线的不同状态编码来完成。$\overline{CS}=0$ 表示访问该 8237 DMAC 芯片，$A_3=0$ 则表示访问某个地址寄存器或字节计数器；$A_3=1$ 则表示访问控制寄存器和状态寄存器，或正在发出一条软件命令。在 $\overline{CS}$ 和 A_3 都为 0 时，CPU 访问某个地址寄存器或字节计数器，并由 A_2A_1 编码状态给出通道号，而 $A_0=0$ 表示访问当前地址寄存器，$A_0=1$ 表示访问当前字节计数器。而用 $\overline{IOR}$ 为低电平或 $\overline{IOW}$ 为低电平表示是读操作还是写操作。对当前地址寄存器进行写入的同时，也写入基本地址寄存器；对当前字节计数器进行写入的同时，也写入基本字节计数器。具体见表 5.3。

表 5.3　8237A 内部寄存器端口地址分配

I/O 端口地址（H）	寄存器	
	IN（读）（$\overline{IOR}$）	OUT（写）（$\overline{IOW}$）
00	通道 0 当前地址寄存器	通道 0 基址与当前地址寄存器
01	通道 0 当前字节计数器	通道 0 基字节计数器与当前字节计数器
02	通道 1 当前地址寄存器	通道 1 基址与当前地址寄存器

续表

I/O 端口地址(H)	寄存器	
	IN(读)($\overline{\text{IOR}}$)	OUT(写)($\overline{\text{IOW}}$)
03	通道 1 当前字节计数器	通道 1 基字节计数器与当前字节计数器
04	通道 2 当前地址寄存器	通道 2 基址与当前地址寄存器
05	通道 2 当前字节计数器	通道 2 基字节计数器与当前字节计数器
06	通道 3 当前地址寄存器	通道 3 基址与当前地址寄存器
07	通道 3 当前字节计数器	通道 3 基字节计数器与当前字节计数器
08	状态寄存器	命令寄存器
09		请求寄存器
0A		写屏蔽寄存器单个屏蔽位
0B		工作方式寄存器
0C		清除字节指示器(软件命令)
0D	暂存寄存器	主清除指令(软件命令)
0E		清除屏蔽寄存器(软件命令)
0F		写全部屏蔽寄存器

在 $\overline{\text{CS}}$ 为 0,A_3 为 1 时,CPU 对状态和控制寄存器的寻址及给出的软件命令归纳见表 5.4。

表 5.4 8237A 部分操作命令和相应的信号

信 号							操 作
A_3	A_2	A_1	A_0	$\overline{\text{IOR}}$	$\overline{\text{IOW}}$	$\overline{\text{CS}}$	
1	0	0	0	0	1	0	读状态寄存器
1	0	0	0	1	0	0	写命令寄存器
1	0	0	1	1	0	0	写请求寄存器
1	0	1	0	1	0	0	写单个通道屏蔽位
1	0	1	1	1	0	0	写工作方式寄存器
1	1	0	0	1	0	0	清除字节指示器
1	1	0	1	0	1	0	读暂存寄存器
1	1	0	1	1	0	0	主清除命令
1	1	1	0	1	0	0	清除屏蔽寄存器
1	1	1	1	1	0	0	写所有通道屏蔽标志位

注意 每片 8237A 占有 16 个端口地址,暂存寄存器只能在存储器至存储器传

送完成后进行读出。

5.4.4 8237A 的时序

5.4.4.1 外设和内存间的 DMA 数据传送时序

8237A 主要用于外设和内存之间进行高速的数据传输,其时序见图 5.26。
8237A 有两个主要的工作周期,即空闲周期(Idle Cycle)和有效周期(Active Cycle)。每个周期由若干个状态构成。8237A 设有 7 个独立的操作状态:S_I,S_O,S_1,S_2,S_3,S_4 和 S_W,每个状态包含一个时钟周期。

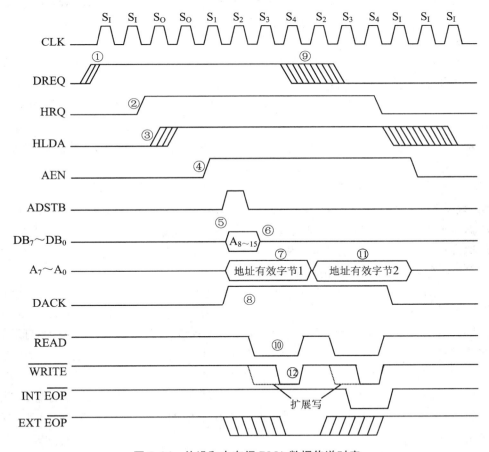

图 5.26 外设和内存间 DMA 数据传送时序

在 7 个状态中,S_I 是非操作状态,当 8237A 未接到 DMA 请求时便进入 S_I 状态,在此状态下,8237A 可由 CPU 编程,预置操作方式。状态 S_O 是 DMA 服务的第一个状态,这时 8237A 已向 CPU 的 HOLD 引脚发出一个 DMA 请求信号,但还没收到回答信号,当 8237A 收到 CPU 的应答信号 HLDA 后,就意味着 DMA 传送已开始。S_1,S_2,S_3 和 S_4 是 DMA 服务的工作状态,必要时还可以由慢速设备使用 8237A 的 READY 线,在 S_2 和 S_4 或 S_3 和 S_4 之间插入等待状态 S_W。

1. 空闲周期

系统复位后或无 DMA 请求时处于空闲周期,这时 DMA 处于从态方式。在空闲周期的每一个时钟周期,8237A 都对 DREQ 线进行采样,以确定是否有 DMA 请求,若无请求则一直处于 S_1 状态。同时还对 $\overline{CS}$ 端进行采样,若 $\overline{CS}$ 为低电平,而 DREQ 也为低(无效)则进入程序状态。这时,CPU 可对 8237A 进行编程,把数据写入内部寄存器,或者从内部寄存器中读出内容进行检查,$\overline{IOR}$ 和 $\overline{IOW}$ 信号控制读/写操作,地址信号 $A_3 \sim A_0$ 用于选择内部寄存器的端口地址。

2. 有效周期

当 8237A 在 S_1 状态采样到外部有有效的 DMA 请求信号 DREQ 后①,就向 CPU 发 DMA 请求信号 HRQ②,并进入有效周期 S_0 状态,等待 CPU 发出允许 DMA 操作的回答信号 HLDA。此时,8237A 仍可接受 CPU 的访问,S_0 是由从态转至主态的过渡阶段。若在 S_0 周期的上升沿采样到 HLDA 信号(高电平)③,则表示 CPU 已交出系统总线的控制权,下一个周期便进入 DMA 传送状态周期 S_1,DMA 处于主态工作方式。

一个完整的 DMA 传送周期由 S_1,S_2,S_3 和 S_4 共 4 个状态组成。在 S_1 状态周期,地址允许信号 AEN 有效④,把要访问的存储单元的高 8 位地址 $A_{15} \sim A_8$ 送到数据总 $DB_7 \sim DB_0$ 上⑤,并发地址选通信号 ADSTB,其下降沿(S_2 周期内)把高 8 位地址锁存到外部的地址锁存器中⑥。低 8 位地址 $A_7 \sim A_0$ 由 8237A 直接送到地址总线上⑦,在整个 DMA 传送中都要保持住。

S_2 状态周期用来修改存储单元的低 16 位地址。此时,8237A 从 $DB_7 \sim DB_0$ 线上输出这 16 位地址的高 8 位 $A_{15} \sim A_7$,从 $A_7 \sim A_0$ 线上输出低 8 位。另外,8237A 向外设输出 DMA 响应信号 DACK⑧,并使读或写信号有效,这样外设与内存间可在读/写信号控制下交换数据。通常 DREQ 信号必须保持到 DACK 有效之后才能失效,失效允许有一个时间范围,图中用多条斜线表示⑨。

若对命令寄存器的 D_3 位编程,设定为正常时序后,工作时序中将会出现 S_3 状态⑩,用来延长读脉冲,即延长取数时间。如用压缩时序工作,就没有 S_3 状态,直接由 S_2 状态进入 S_4 状态。

在 S_4 状态,8237A 对传输模式进行测试,如果不是数据块传输方式,也不是请求传送方式,则在测试后可立即回到 S_1 或 S_2 状态。在数据块传送方式下,S_4 后应接着传送下一个字节,在大部分情况下,地址高 8 位不变,每传送 256 个数据字节才变一次,仅低 8 位地址增 1 或减 1。所以,在大部分情况下锁存高 8 位地址的 S_1

状态就用不着了,可直接由 S_4 周期进入 S_2 周期,从输出低 8 位地址起执行新的读写命令⑪,一直到数据传送完毕,8237A 又进入 S_1 周期,等待新的请求。

3. 扩展写周期

从上面的讨论中可以看出,8237A 用正常时序工作时,一般要用到 3 个时钟周期 S_2, S_3 和 S_4。在系统特性许可的范围内,为了加快传送速度,8237A 可采用压缩时序,将传送时间压缩到两个时钟周期 S_2 和 S_4 内,压缩时序只能出现在连续传送数据的 DMA 操作中。无论是正常时序还是压缩时序,当高 8 位地址要修正时,S_1 状态仍必须出现。

如果外设的速度比较慢,必须用正常时序工作。若正常时序仍不能满足要求,以至于还是不能在指定时间内完成存取操作,那么就要在硬件上通过 READY 信号使 8237A 插入等待状态 S_W。有些设备是利用 8237A 输出的 $\overline{IOW}$ 或 $\overline{MEMW}$ 信号的下降沿产生 READY 响应的,而这两个信号都是在传送过程的最后才输出的,为使 READY 信号提前到来,将写脉冲拉宽,并使它们提前到来,这就要用到扩展写信号方法⑫。扩展写功能是通过对命令寄存器的 D_5 位的设置来实现的,当 D_5 位置 1 时,写信号被扩展到 2 个时钟周期。

在 S_4 状态开始前,8237A 要检测 READY 输入信号,若其为低则插入等待状态 S_W(图 5.26 中未画出 S_W 状态),直到 READY 变为高电平,才进入 S_4。在 S_4 结束时,8237A 完成数据传输。对于慢速的存储器和 I/O 设备,进行 DMA 传送时,可插入等待周期。

5.4.4.2　存储器到存储器传送时序

存储器到存储器的传送时序图 5.27。

如前所述,当命令寄存器的 D_0 位置 1 时,允许存储器与存储器之间的 DMA 传送。传送操作必须用通道 0 和通道 1 进行,先用通道 0 从源内存单元读入数据字节,放入暂存器,再经通道 1 写入目的内存单元。

传送过程由 8 个时钟周期组成。前 4 个状态用 S_{11}, S_{12}, S_{13} 和 S_{14} 表示,这 4 个时钟周期用于从源内存单元读出数据。后 4 个状态用 S_{21}, S_{22}, S_{23} 和 S_{24} 表示,把数据写入目的内存单元。在读出状态,通道 0 的高 8 位地址 A_{15}~A_8 通过 DB_7~DB_0 输出①,由 ADSTB 信号锁存到外部锁存器中②,低 8 位地址由 A_7~A_0 直接输出③。从 S13 状态起 $\overline{MEMR}$ 有效④,到 S_{14} 时钟周期的上升沿把从源内存单元读出的数据通过 DB_7~DB_0 送到 8237A 的暂存器⑤。4 个读周期完成后,进入 4 个写周期,先通过 DB_7~DB_0 引线输出通道 1 的高 8 位地址 A_{15}~$A_8$⑥,并由 ADSTB 锁存到外部锁存器中⑦,低 8 位地址由 A_7~A_0 输出⑧。在以后的周期,使 $\overline{MEMW}$ 有效⑨,把暂存器中的数据经 DB_7~DB_0 输出到目的内存单元⑩。数据传送完成后发 $\overline{EOP}$ 信号,结束 DMA 操作⑪。

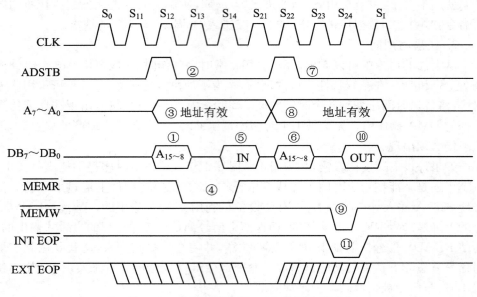

图 5. 27　外设和内存间 DMA 数据传送时序

习　题

1. 简述输入/输出接口信息的组成。
2. 输入和输出端口编址方式有哪几种？各有何优缺点？
3. 输入和输出的传送方式有哪几种？
4. 什么是 DMA？有何特点？
5. 简述 8237A 的内部结构及内部寄存器功能。

第6章 微机的中断系统

本章重点

1. 中断的概念和过程;
2. Intel 8259A 中断控制器的引脚和功能、内部结构、工作方式、编程方法。

6.1 中 断 概 念

当 CPU 正常运行程序时,由于微处理器内部事件或外设请求,引起 CPU 中断正在运行的程序,转去执行请求中断的外设(或内部事件)的中断服务子程序,中断服务程序执行完毕,再返回被中止的程序,这一过程称为中断。

1. 中断源

引起程序中断的事件称为中断源。中断源有外部中断和内部中断,内部中断由程序预先安排的中断指令(INT n)引起,或由于 CPU 运算中产生的某些错误(如除法出错、运算溢出等)引起。外部中断是外部设备或协处理器向 CPU 发出中断申请引起的。

2. 中断请求、中断响应、中断返回

中断请求何时发生是随机的。CPU 在每条指令的最后一个周期去检测 INTR 引脚,CPU 一旦检测到有中断请求,在满足中断响应的条件下(IF＝1),CPU 响应中断,向外设发$\overline{\text{INTA}}$中断响应信号,并保护断点(当前 CS,IP 和 Flags 入栈),然后转向中断服务程序。中断服务程序执行完毕,CPU 返回原执行程序的中断处,继续向下执行,称为中断返回。

3. 中断向量表

CPU 响应中断后,必须由中断源提供地址信息,引导程序进入中断服务子程序,这些中断服务程序的入口地址存放在中断向量表中。内存中专门开辟了一个区域,存放中断向量表(也称中断矢量表)。

4. 中断优先级、中断嵌套

当有多个中断源请求中断时,中断系统判别中断申请的优先级,CPU 响应优先级高的中断,挂起优先级低的中断。当 CPU 在运行中断服务子程序时,又有新的更高优先级的中断申请进入,CPU 要挂起原中断进入更高级的中断服务子程序,实现中断嵌套功能。

5. 中断屏蔽

当中断源申请中断时,CPU 可以由软件设置,使之不能响应,称为中断屏蔽。

中断系统应具有以下功能:

① 能实现中断响应、中断服务(见图 6.1)、中断返回、中断屏蔽;

② 能实现中断优先级排队;

③ 能实现中断嵌套——优先级高的中断能中断低级的中断处理,见图 6.2。

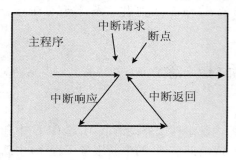

图 6.1　中断服务程序

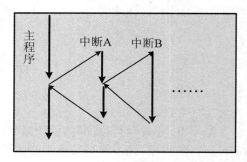

图 6.2　中断嵌套示意图

6.2　中　断　分　类

8086/8088 有一个强有力的中断系统,可以处理 256 种不同的中断。8086/8088 中断源见图 6.3。产生中断的方法可以分为两大类:外部中断和内部中断。

外部中断也称为硬件中断,是由外部的硬件产生的,又分成不可屏蔽中断和可屏蔽中断。

6.2.1　外部中断

8086/8088 CPU 有两条外部中断请求线:不可屏蔽中断请求线 NMI 及可屏蔽中断请求线 INTR。

外部产生的不可屏蔽中断请求,由 CPU 的引脚 NMI 引入,采用边沿触发,上升沿之后维持两个时钟周期高电平有效。对于不可屏蔽中断用户是不能用软件来屏蔽的,一旦有不可屏蔽中断请求,如电源停电等紧急情况,CPU 必须予以响应。

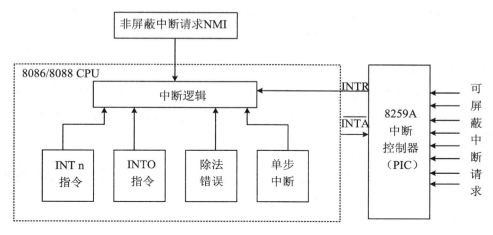

图 6.3　8086/8088 中断源

在 IBM PC/XT 系统中,不可屏蔽中断可以由 3 个原因引起:一是系统板上的动态 RAM 有奇偶校验错误;二是 I/O 通道的扩展板出现奇偶校验错误;三是协处理器 8087 有中断请求。CPU 在指令周期的最后一个机器周期的最后一个 T 状态采样 NMI 线,若有中断请求,就转入 NMI 中断处理。不可屏蔽中断请求的中断类型号为 2,即中断处理程序的入口地址在 00008H~0000BH 的 4 个单元中。

外部设备提出的可屏蔽中断请求,由 CPU 的引脚 INTR 引入,采用电平触发,高电平有效,INTR 信号的高电平必须维持到 CPU 响应中断才结束。可屏蔽中断是用户可以通过软件设置来屏蔽的外部中断,即使外部设备有中断请求,CPU 可以不予响应。

由外部设备引起的中断请求要得到响应有两个条件:一个是外设中断请求是否被屏蔽,另一个是 CPU 是否允许响应中断。

在 8086 CPU 系统中,外部设备的中断请求信号接入可编程中断控制器 8259A 的 IR_i 端,而 8259A 的中断输出 INT 连到 CPU 的 INTR 引脚上。8259A 中设有中断屏蔽寄存器,它的 8 位对应控制 8 个外设,通过设置这个寄存器的某位为 0 或为 1,可以允许或禁止某个外部设备的中断请求,中断屏蔽寄存器某位为 1 就屏蔽了相对应的外设的中断请求,可以通过编程来实现对 8259A 中各个寄存器的设置。一块 8259A 可管理 8 个中断,当外设超过 8 个时,可以使用多个 8259A 进行级联,扩大到 64 级中断。外部设备与 8259A 的连接是由用户来设计的,硬件连线决定了中断类型号和中断优先级次序。

CPU 是否允许响应中断,与标志寄存器的中断允许位 IF 有关。当外设有中断申请时,在当前指令执行完后,CPU 首先查询 IF 位,若 IF=0,CPU 就禁止响应任何外设中断;若 IF=1,CPU 就允许响应外设的中断请求。

　　IF 的状态由指令来设置,指令 STI 设置中断允许位,使 IF=1,称为开中断;指令 CLI 禁止中断允许位,使 IF=0,称为关中断。

6.2.2　内部中断

　　内部中断又称为软件中断。软件中断通常由 3 种情况引起:由中断指令 INT 引起的中断;由 CPU 的某些运算错误引起的中断;由调试程序 DEBUG 设置的中断。

1. 由中断指令 INT 引起的中断

　　CPU 执行一条 INT n 指令后会立即产生中断,并且调用系统中相应的中断处理程序去完成中断功能,指令中 n 指出了中断类型号。

　　例 6.1　测试存储器容量。

　　　　INT　12H

CPU 执行这条指令时,立即产生一个中断。并从中断向量表:12H×4 开始的单元中取出 4 个字节,其内容为中断服务程序的段地址及偏移地址,然后转到此入口去执行中断服务程序,完成对存储器的测试。返回参数是存储器的大小,放在 AX 中。

2. 由 CPU 的某些运算错误引起的中断

　　CPU 在运行程序时,会发现一些运算中出现的错误,此时 CPU 就会中断程序,让用户去处理这些错误。主要有:

　　① 除法错中断:除法错中断类型号为 0,在除法运算中,若除数为 0 或商超过了寄存器所能表达的范围,就产生一个类型为 0 的中断,转入类型 0 中断处理。

　　② 溢出中断:溢出中断类型号为 4,专用指令为 INTO。在运算中,若溢出标志位 OF 置 1,下面紧跟溢出中断指令 INTO,立刻会产生一个类型 4 的中断,若 OF 为 0,INTO 指令不起作用。因此在加、减法运算指令后应安排一条 INTO 指令,否则运算产生溢出后无法向 CPU 发出溢出中断请求。

　　例 6.2　测试加法的溢出。

　　　　ADD　AX,VALUE
　　　　INTO

3. 由调试程序 DEBUG 设置的中断

　　在调试程序时,为了检查中间结果或寻找程序中的错误,在程序中可设置断点或进行单步跟踪,调试程序 DEBUG 有此功能,它也是由中断来实现的。

　　① 单步中断:单步是每次只执行一条指令,然后屏幕显示出当前各寄存器和有关存储单元的内容,以及下条要执行的指令。这样逐条运行指令,来跟踪程序的流程,以检查出程序中的错误。

单步中断是在标志位 TF＝1 时,每条指令执行后,CPU 自动产生的类型 1 中断。产生单步中断时,CPU 同样自动地将 PSW,CS 和 IP 内容入栈,然后清除 TF, IF,进入单步中断处理程序(由 DEBUG 提供中断服务程序)。单步处理程序结束时,原来的 PSW 从堆栈中取出,CPU 重新置成单步方式。

② 断点中断:断点中断为中断类型 3,用 DEBUG 调试程序时,可用 G 命令设置断点。当 CPU 执行到断点时便产生中断,同时显示当前各寄存器和有关存储器的内容及下条要执行的指令,供用户检查。设置断点实际上是把一条断点指令 INT 3 插入到断点设置处,CPU 执行到 INT 3 指令便产生类型 3 中断。断点可以设在程序的任何位置,并可以设置多个。

上面谈到的 3 种类型的软件中断,都是不可屏蔽中断。

6.3 中断的处理过程

可屏蔽中断处理的过程一般分成几步:中断请求,中断响应,保护现场,转入执行中断服务子程序,恢复现场和中断返回。其流程见图 6.4。

6.3.1 CPU 响应中断的过程

CPU 响应可屏蔽中断要有 3 个条件:

① 外设提出中断申请;

② 中断允许(IF＝1,开中断);

③ 本中断位未被屏蔽。

外设向 CPU 发出中断请求的时间是随机的,而 CPU 在每条指令的最后一个机器周期的最后一个 T 状态去采样中断请求输入线 INTR,当 CPU 在 INTR 引脚上接收到一个有效的中断请求信号,而 CPU 内部中断允许触发器是开放的(开中断可用指令 STI 来实现),且中断接口电路中的中断屏蔽触发器未被屏蔽,则在当前指令执行完后 CPU 响应中断。

CPU 响应中断后,对外设接口发出两个中断响应信号 $\overline{\text{INTA}}$,外设收到第二个 $\overline{\text{INTA}}$ 以后,立即往数据线上给 CPU 送中断类型号。CPU 在响应外部中断,并转入相应中断服务子程序的过程中,要依次做以下工作(图 6.5):

① 从数据总线上读取中断类型号,将其存入内部暂存器;

② 将标志寄存器 Flags 的值入栈;

③ 将 PSW 中的中断允许标志 IF 和单步标志 TF 清 0,以屏蔽外部其他中断

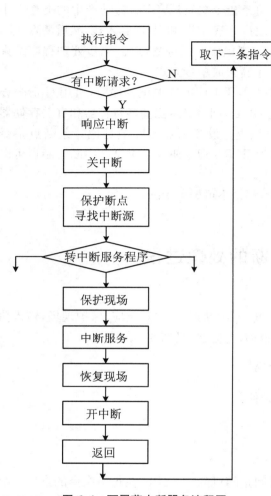

图 6.4　可屏蔽中断服务流程图

请求,避免 CPU 以单步方式执行中断处理子程序;

④ 保护断点,将当前指令下面一条指令的段地址 CS 和指令指针 IP 的值入栈,使中断处理完毕后,能正确返回到主程序继续执行;

⑤ 根据中断类型号到中断向量表中找到中断向量,转入相应中断服务子程序;

⑥ 中断处理程序结束以后,从堆栈中依次弹出 IP,CS 和 PSW,然后返回主程序断点处,继续执行原来的程序。

在有些情况下,即使中断允许标志位 IF 为 1,CPU 也不能立即响应外部的可屏蔽中断请求,而是要再执行完下一条指令才响应外部中断。例如,发出中断请求时,CPU 正在执行封锁指令。如果执行向段寄存器传送数据的指令(MOV 和 POP 指令),也要等下一条指令执行完后,才允许中断。当遇到等待指令或串操作指令时,允许在指令执行过程中进入中断,但在一个基本操作完成后响应中断。

对不可屏蔽中断请求,不必判断 IF 是否为 1,也不是由外设接口给出中断类型号,从 NMI 引脚进入的中断请求规定为类型 2。在运行中断服务程序过程中,若 NMI 引脚上有不可屏蔽中断请求进入,CPU 仍能响应。

软件中断由程序设定,没有随机性,它不受中断允许标志位 IF 的影响,中断类型号由指令 INT n 中 n 决定。正在执行软件中断时,如果有不可屏蔽中断请求,就会在当前指令执行完后立即予以响应。如果有可屏蔽中断请求,并且 IF＝1,也会在当前指令执行完后予以响应。

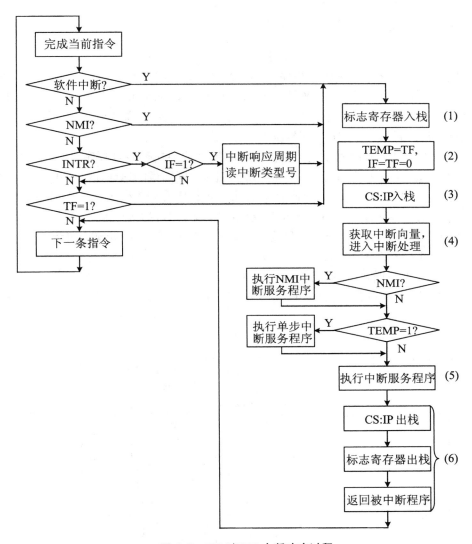

图 6.5　8086/8088 中断响应过程

　　注意　在图 6.5 的第②步中还有复制 TF 到暂时寄存器 TEMP 的过程,它用在第④和第⑤步之间(获取中断向量、开始执行中断服务程序之前),进一步来判断是否存在单步中断。目的是在系统处于单步工作时又出现其他中断的情况下,尽管其他中断的优先级比较高,但在执行该中断的中断服务程序之前,还可以根据TEMP 的内容识别出单步中断,并首先执行单步中断服务程序。当单步中断处理结束后才返回到被挂起的其他中断处理程序。第④和⑤步之间还判断是否存在NMI,也是为使系统能够及时处理外部紧急事件提出的 NMI 中断请求。

6.3.2 中断向量表

1. 中断向量表的概念

中断向量表又称中断服务程序入口地址表。8086/8088 系统允许处理 256 种类型的中断,对应类型号为 00H～FFH。在存储器的 00000H～003FFH,占用 1 KB 的空间,用作存放中断向量。每个类型号占 4 个字节,高 2 个字节存放中断入口地址的段地址,低 2 个字节存放段内偏移地址。

各个中断处理程序的段地址和段内偏移地址按中断类型号顺序存放在中断向量表中。因此由中断类型号 n * 4 即可得到相应中断向量的地址,取 4n 和 4n+1 单元中的内容(中断入口段内偏移地址)装入指令指针寄存器 IP,取 4n+2 和 4n+3 单元中内容(中断入口段地址)装入代码段寄存器 CS,即可转入中断处理程序。

例 6.3 某中断的中断类型号为 68H,图 6.6 示出了其中断操作过程:

① 取中断类型号 68H;

② 计算中断向量地址 68H * 4=01A0H;

③ 取中断入口地址的偏移地址输入 IP,IP = 2030H,段地址输入 CS,CS=A000H;

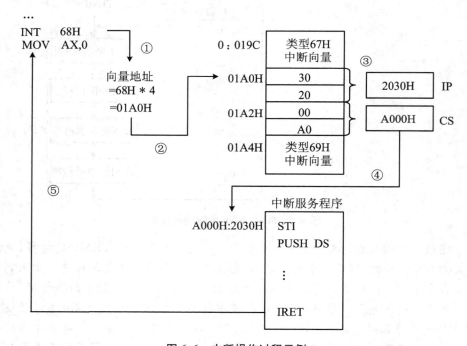

图 6.6　中断操作过程示例

④ 转向中断服务程序;

⑤ 中断返回到 INT 68H 指令的下一条指令。

注意　系统使用的中断类型,不允许用户使用和更改:中断向量不能修改;在 RAM 中的中断服务程序代码不能修改。

对软中断而言,如何编写用户自己的中断服务程序? 如下:

主程序 {(1) 确定中断类型号,设置中断向量;
(2) 使用 INT i8 指令调用软件中断服务程序。

中断服务程序 {(1) 保护现场(保存某些寄存器的内容);
(2) 若允许外部可屏蔽中断嵌套,则开中断(STI);
(3) 处理中断服务;
(4) 关中断(CLI);
(5) 恢复现场;
(6) 返回被中断的程序(IRET)。

2. 中断向量(中断入口地址)的设置

IBM PC 对 256 种中断类型已进行了分配,其中类型 0～4 为专用中断,中断入口地址已由系统定义,用户不能修改。类型 0 为除法出错中断,类型 1 为单步中断,类型 2 为 NMI 端引入的不可屏蔽中断,类型 3 为断点中断,类型 4 为溢出中断,前面已对这类中断作过说明。

类型 5～31 为系统使用中断,不允许用户修改,Intel 公司已开发使用了其中一部分。类型 08H～0FH 为 8259A 中断向量,类型 10H～1FH 为 BIOS 中断向量。

其余的中断类型号原则上可以由用户定义,但实际上,有些中断类型已有用途,例如,中断类型 20H～3FH 为 DOS 中断调用,其中 INT 21H 为系统功能调用。供用户使用的中断类型号,它可由用户定义为软中断,由 INT n 指令引用;也可通过 INTR 端直接接入,或通过中断控制器 8259A 引入可屏蔽硬件中断。使用时用户要自己将中断服务程序入口地址置入相应的中断向量表内。

有两种方法可为中断类型号 n 设置中断向量,即将中断服务程序的入口地址置入中断类型号 n 所对应的中断向量表中。一种方法用指令来设置,另一种方法利用 DOS 功能调用来设置。

例 6.4　用指令来设置中断服务程序的入口地址到中断类型号 n 所对应的中断向量表中。

```
        …
        MOV  AX,0                          ;主程序中设置
        MOV  ES,AX
        MOV  DI,N * 4                      ;中断类型号 * 4
        MOV  AX,OFFSET INTR_PROG
        CLD
        STOSW                             ;偏移地址送[4n],[4n+1]单元
        MOV  AX,CS
        STOSW                             ;段地址送[4n+2],[4n+3]单元
        STI                               ;开中断
        …
INTR_PROG:                                ;中断服务子程序
        PUSH AX
        STI
        …
        POP  AX
        IRET
        …
```

例 6.5   用指令设置中断向量方法之二。

```
        …
        MOV  AX,0
        MOV  ES,AX
        MOV  BX,N * 4
        MOV  AX,OFFSET INTRP
        MOV  ES:WORD PTR[BX],AX           ;设置偏移地址
        MOV  AX,SEG INTRP
        MOV  ES:WORD PTR[BX+2],AX         ;设置段地址
        STI
        …
INTRP:
        …
        IRET
        …
```

实际上,我们在设置或检查任何中断向量时,总是避免直接使用中断向量的绝对地址,而是利用 DOS 功能调用 INT 21H 设置中断向量和取出中断向量。此外要注意,在设置自己的中断向量时,应先保存原中断向量,再设置新的中断向量,在程序结束前恢复原中断向量。

中断向量的设置(DOS 功能调用 INT 21H):

功能号:AH=25H。

入口参数:AL=中断类型号,DS:DX=中断向量(段地址:偏移地址)。

出口参数:无。

获取某个中断类型的中断向量(DOS 功能调用 INT 21H):

功能号:AH=35H。

入口参数:AL=中断类型号。

出口参数:ES:BX=中断向量(段地址:偏移地址)。

例 6.6 利用 DOS 功能调用设置中断向量和获取中断向量。

```
DATA    SEGMENT
        INTOFF    DW      ?              ;用于保存原中断服务程序的偏移地址
        INTSEG    DW      ?              ;用于保存原中断服务程序的段地址
        INTMSG    DB    "A INSTRUCTION INTERRUPT!""$"
DATA    ENDS
;
CODE    SEGMENT
        ASSUME  CS:CODE,DS:DATA
START:MOV      AX,DATA
        MOV      DS,AX                    ;初始化数据段寄存器
        MOV      AX,3580H
        INT      21H                      ;获取系统原80H的中断向量
        MOV      INTOFF,BX                ;保存偏移地址
        MOV      INTSEG,ES                ;保存段地址
        PUSH     DS
        MOV      DX,OFFSET NEW80H
        MOV      AX,SEG NEW80H
        MOV      DS,AX
        MOV      AX,2580H
        INT      21H                      ;设置本程序的80H中断向量
        POP      DS
        INT      80H                      ;调用自己的80H类型中断服务程序
        MOV      DX,INTOFF
        MOV      AX,INTSEG
        MOV      DS,AX
        MOV      AX,2580H                 ;恢复系统原80H中断向量
                                          ;注意:先设置DX,再设置DS,因为如果先改
                                          ;变DS,就不能准确获得INTOFF变量值
```

```
        INT      21H
        MOV      AX,4C00H
        INT      21H
;80H 类型中断服务程序:显示一个字符串
NEW80H  PROC
        STI                           ;开中断
        PUSH     DX
        PUSH     AX                   ;保护现场
        MOV      DX,OFFSET INTMSG
        MOV      AH,09H
        INT      21H
        POP      AX
        POP      DX                   ;恢复现场
        IRET                          ;中断返回
NEW80H  ENDP                          ;中断服务程序结束
CODE    ENDS
        END      START
```

上述程序首先读取并保存中断类型 80H 的原中断向量,然后设置新的 80H 中断向量,这样,主程序中就可以调用 80H 号中断服务程序了。当不再需要这个中断服务程序时,就将保存的原中断向量恢复,也就是说程序返回 DOS 后不改变系统以前的状态。

6.4　中断优先级和中断嵌套

在实际的微机系统中,经常有多个中断源同时向 CPU 请求中断,CPU 响应哪个中断源的中断请求由中断优先级排队决定,CPU 先响应优先级高的中断请求。当 CPU 正在处理中断时,有更高优先级别的中断请求,且 IF=1,CPU 能响应更高级别的中断请求,而屏蔽掉低级的中断请求,形成了中断嵌套,或称为多重中断。多个中断源的中断流程见图 6.7,与单级中断流程图 6.4 相比,流程图中增加了屏蔽本级与较低级中断请求;中断服务前要开中断,以允许中断嵌套;恢复现场前要关中断,使恢复现场不受干扰;返回前要开中断,以允许其他中断能被 CPU 响应。

6.4.1　中断优先级

中断优先级(优先权)是指系统设计者事先根据轻重缓急,给每个中断源确定的优先服务的级别。微机系统需要根据中断优先级的高低确定先为哪个中断源服务。

IBM PC 机中规定优先级从高到低的次序为：

除法错，INTO，INT n
不可屏蔽中断(NMI)
可屏蔽中断(INTR)
单步中断

对可屏蔽中断的优先级设定有如下三种方法：

1. 软件查询中断优先级

软件查询中断方式，是将各个外设的中断请求信号通过或门相"或"后，送到 CPU 的 INTR 端，同时把几个外设的中断请求状态位组成一个端口，赋以端口号。任一外设有中断请求，CPU 响应中断后进入中断处理子程序，用软件读取端口内容，逐位查询端口的每位状态，查到哪个外设有请求中断，就转入哪个外设的中断服务程序。查询程序的次序，决定了外设优先级别的高低，先测试的中断源优先级别最高。当然在软件查询程序中也

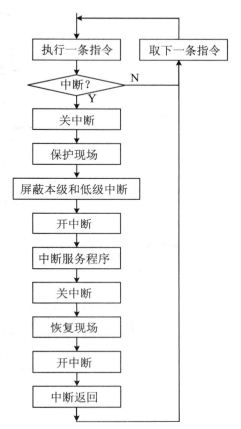

图 6.7　多个中断源中断流程图

可用移位或屏蔽法来改变端口各位的测试次序，但查询时间较长，对中断源较多的情况不合适。见图 6.8。

2. 硬件查询优先方式——菊花链法

菊花链法是采用硬件查询优先的方式，它是在每个外设的对应接口上连接一个逻辑电路构成一个链，控制了中断响应信号的通路，图 6.9 给出了它的原理图。

当任一外设申请中断后，中断请求信号送到 CPU 的 INTR 端，CPU 发出 $\overline{INTA}$ 中断响应信号。当前面的外设没有发出中断申请时，$\overline{INTA}$ 信号会沿着菊花链线路向后传递，传送到发出中断请求的接口。当某一级的外设发出了中断申请，此级的逻辑电路就阻塞了 $\overline{INTA}$ 的通路，后面的外设接口不能接收到 $\overline{INTA}$ 信号。此级接口收到 $\overline{INTA}$ 信号后撤销中断请求信号，向总线发送中断类型号，从而 CPU 可以转入中断处理。

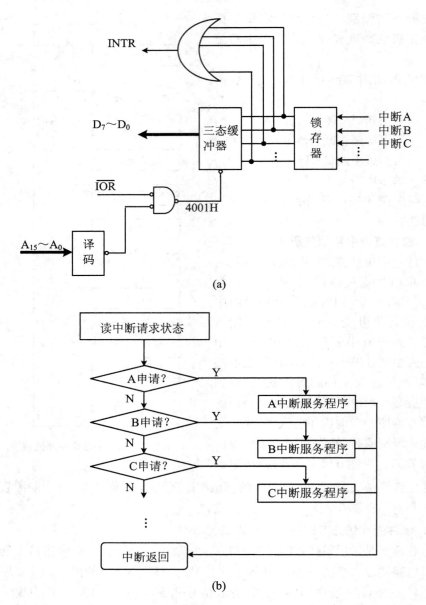

图 6.8 软件查询中断的接口与流程

当多个外设接口同时申请中断时,显然最接近 CPU 的接口优先得到中断响应。菊花链的排列,使外设接口不会竞争中断响应信号 INTA,从硬件线路上就决定了越靠近 CPU 的外设接口,优先级越高,首先响应中断。

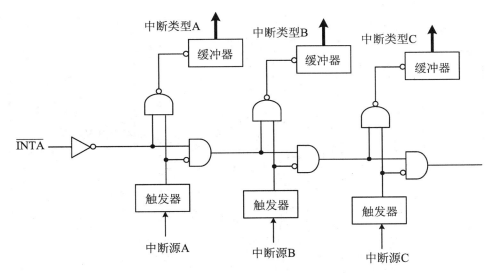

图 6.9 菊花链中断优先权排队电路

3. 专用芯片的管理方式

专用芯片的管理方式是采用专门的可编程中断优先级管理芯片来完成中断优先级管理的方式,这是微机系统最常用的方法。Intel 公司的 8259A 就是这样的专用芯片,又称为可编程中断控制器(PIC),将它接在 CPU 和接口电路之间,CPU 的 INTR 和 $\overline{\text{INTA}}$ 引脚不再直接和接口相连,而是和可编程中断控制器相连;另一方面,各个外设的中断请求信号并行地送到可编程中断控制器,由中断控制器为各个中断请求信号分配优先级。

6.4.2 中断嵌套

IBM PC 机没有规定中断嵌套的深度,但使用中受到堆栈容量的限制,必须要有足够的堆栈单元来保存多重中断的断点及寄存器。8259A 在完全嵌套优先级工作方式下,中断优先次序为 IR_0,IR_1,…,IR_7,图 6.10 说明了中断嵌套序列的例子。

主程序执行过程中 IR_2,IR_4 中断请求到达,优先执行 IR_2 中断服务程序。正在执行中,IR_1 中断请求又进入,IR_1 优先级高,CPU 中断 IR_2 中断服务程序转去执行 IR_1 中断服务程序。IR_1 中断服务程序结束,发出 EOI 结束命令,并返回 IR_2 中断服务程序。因 IR_2 中断服务程序中提前发出了 EOI 结束命令,IR_2 中断服务寄存器对应位清 0,允许级别较低的 IR_4 中断服务程序执行。在 IR_4 中断服务程序中,IR_3 中断请求到达。在开中断后 IR_3 优先级高,转入 IR_3 中断服务程序,IR_3 中断服务程序执行完毕,发出 EOI 结束命令及 IRET 命令,返回到 IR_4 中断服务程序,同样 IR_4,IR_2 逐级返回主程序。

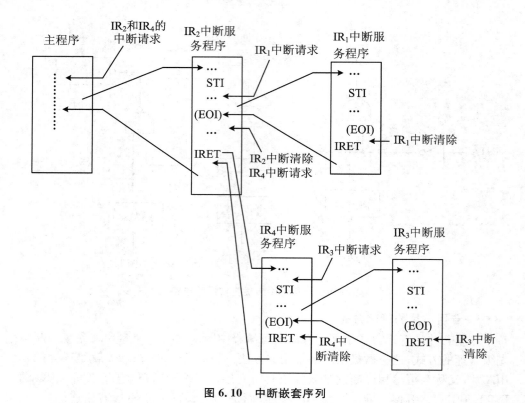

图 6.10　中断嵌套序列

中断嵌套是指在中断服务过程中,CPU 又得到优先权更高的外部可屏蔽中断的请求,则当前的中断服务被打断,优先权更高的中断优先获得服务,待返回后,再继续执行被打断的中断服务。只要条件满足,可以发生多重嵌套,也被称为多重中断。

对于软件中断指令和 NMI 中断,CPU 必须立即无条件响应,对于外部可屏蔽中断请求,只有 IF＝1,CPU 才能响应。

因此,可屏蔽中断的嵌套发生的条件是:

① IF＝1;

② 在外部可屏蔽中断服务过程中,CPU 又得到优先权更高的外部可屏蔽中断的请求。

对于 8088/8086 系统中,下列原因使 IF＝0:

① 系统复位操作后;

② 任一中断响应后(包括内、外部所有的中断);

③ 执行 CLI 指令后。

因此,要实现可屏蔽中断的嵌套,必须在当前的中断服务程序中设置 STI

指令。

　　中断服务程序最后执行中断返回指令 IRET,将使 IF 恢复到进入该中断以前的状态。

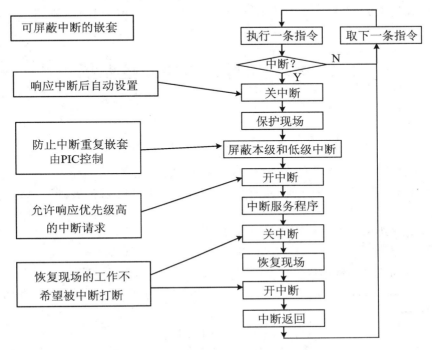

图 6.11　多个可屏蔽中源中断流程图

　　由此可以看出,IRET 指令对 IF 的影响:

　　① 主程序必须有开中断指令,使 IF＝1 才能响应中断。进入中断处理程序时,系统自动关中断,在中断服务程序中必须有 STI 开中断指令,这样才可以允许其他中断进入实现中断嵌套。

　　② 中断结束返回前要有 EOI 中断结束命令,用来清除中断服务寄存器中的对应位,允许低级中断进入。最后有中断返回指令 IRET,使程序返回到被中断的程序的断点处。

　　③ 中断服务程序中如果没有 STI 指令,中断处理中不会受其他中断影响,在执行 IRET 指令后,因为自动返回中断断点及中断标志寄存器 PSW 的内容,当 IF 的值为 1,系统便能开放中断。

　　④ 一个正在执行的中断服务程序,中断服务寄存器相应位置"1",在开中断(1F＝1)的情况下,能够被优先级高于它的中断源中断。但如果中断处理中提前发出了 EOI 命令,则清除了正在执行的中断服务,中断服务寄存器置"1"位被清 0,允

许响应同级或低级的中断申请。从图 6.10 中可以看到在 IR_2 处理程序中,由于发出了 EOI 命令,清除了 IR_2 的中断服务寄存器,所以较低优先级的 IR_4 请求到达后,转去处理 IR_4 中断请求。但这种情况要尽量避免,防止重复嵌套,使优先级高的中断不能及时服务,因此一般 EOI 结束命令放在中断返回指令 IRET 前面。

6.5　8259A 可编程中断控制器

6.5.1　可编程中断控制器 8259A 功能和引脚

8259A 是 8086/8088 的可编程中断控制器,它的主要功能是:

① 具有 8 级优先级控制,通过级联(9 片 8259A)可以扩展到 64 级优先级控制。

② 每一级中断可由程序单独屏蔽或允许。

③ 可提供中断类型号传送给 CPU。

④ 可以通过编程选择多种不同工作方式。

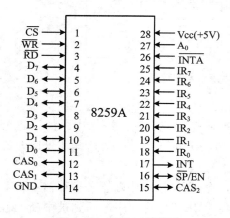

图 6.12　8259A 引脚图

8259A 为 28 个引脚的双列直插式芯片,其引脚图和内部结构方框图见图 6.12 和图 6.13。

$D_7 \sim D_0$:双向数据线,三态,它直接或通过总线驱动器与系统的数据总线相连。

$IR_7 \sim IR_0$:外设的中断请求信号输入端,输入,中断请求信号可以是电平触发或边沿触发。中断级联时,连接 8259A 从片 INT 端。

$\overline{RD}$:读命令信号,输入,低电平有效,用来控制数据由 8259A 读到 CPU。

$\overline{WR}$:写命令信号,输入,低电平有效,用来控制数据由 CPU 写到 8259A。

$\overline{CS}$:片选信号,输入,通过译码电路与高位地址总线相连。

A_0:选择 8259A 的两个端口,输入,连低位地址线。

INT:向 CPU 发出的中断请求信号,输出,与 CPU 的 INTR 端相连。

$\overline{INTA}$:CPU 给 8259A 的中断响应信号,输入。8259A 要求两个负脉冲的中断响应信号,第一个是 CPU 响应中断的信号,第二个 $\overline{INTA}$ 结束后,CPU 读取 8259A 送去的中断类型号。

$CAS_2 \sim CAS_0$:双向级联信号线。8259A 作主片时,为输出线,作从片时,为输入线。与 $\overline{SP}/\overline{EN}$ 配合实现 8259A 级联。

$\overline{SP}/\overline{EN}$:编程/双向使能缓冲。作为输入使用时,用来决定本片 8259A 是主片还是从片:若 $\overline{SP}/\overline{EN}=1$,则为主片;若 $\overline{SP}/\overline{EN}=0$,则为从片。作为输出使用时,启动 8259A 到 CPU 之间的数据总线驱动器。

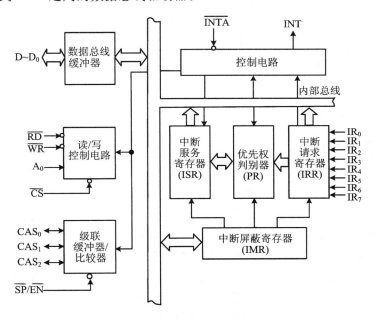

图 6.13　8259A 内部结构框图

$\overline{SP}/\overline{EN}$ 作为输入还是输出,决定于 8259A 是否采用缓冲方式工作,若采用缓冲方式工作,则 $\overline{SP}/\overline{EN}$ 作为输出;若采用非缓冲方式,$\overline{SP}/\overline{EN}$ 作为输入。

6.5.2　内部结构

1. 数据总线缓冲器

数据总线缓冲器是 8 位双向三态缓冲器,是 8259A 与系统数据总线接口,通常连接低 8 位数据总线 $D_7 \sim D_0$。CPU 编程控制字写入 8259A、8259A 的状态信息读出及中断响应时 8259A 输出的中断类型号,都经过它传送。

2. 读写控制电路

读写控制电路接收 CPU 送来的读/写命令、片选信号 $\overline{CS}$ 及端口选择信号 A_0。高位地址译码后送 $\overline{CS}$ 作片选信号。A_0 连地址总线 A_0 或 A_1,用来选择 8259A 的两个 I/O 端口,一个为奇地址,另一个偶地址。

读写操作由这 4 个信号控制来实现,使 8259A 接收 CPU 送来的初始化命令字(ICW)和操作命令字(OCW),或将内部状态信息送给 CPU。$\overline{RD}$,$\overline{WR}$,$\overline{CS}$,A_0 的控制作用见表 6.1。

表 6.1 8259A 的读写功能

$\overline{CS}$	$\overline{RD}$	$\overline{WR}$	A_0	D_4	D_3	读/写 操 作	指令
0	1	0	0	1	$\times$	CPU→ICW_1	
0	1	0	1	$\times$	$\times$	CPU→ICW_2,ICW_3,ICW_4,OCW_1	OUT
0	1	0	0	0	0	CPU→OCW_2	
0	1	0	0	0	1	CPU→OCW_3	
0	0	1	0			IRR/ISR→CPU	IN
0	0	1	1			IMR→CPU	
1	$\times$	$\times$	$\times$			高阻	
$\times$	1	1	$\times$				

注:D_4,D_3 代表控制字的第 4 位和第 3 位。

在 IBM PC/XT 机中用 $A_9 \sim A_1$ 译码来产生$\overline{CS}$信号,组合为 00001$\times\times\times\times$b,产生 I/O 端口地址为 20H~3FH,共 32 个。而 8259A 只需要两个 I/O 端口地址,IBM PC/XT 取 20H($A_0=0$)、21H($A_0=1$)两个地址在编程时使用。但其他 30 个地址为影像地址,不可能再分配给其他 I/O 设备使用。

8088 系统中数据线为 8 位,8259A 数据线为 8 位,所以地址总线的 A_0 连 8259A 的 A_0,可以分配给 8259A 两个端口地址,一个奇地址,一个偶地址,从而满足 8259A 的编程要求。在 8086 系统中数据总线为 16 位,我们知道 CPU 传送数据时,低 8 位数据总线传送到偶地址端口,高 8 位数据总线传送到奇地址端口。

当 8 位 I/O 接口芯片与 8086 CPU 的 16 位数据总线相连接时,既可以连到低 8 位数据总线,也可以连到高 8 位数据总线,实际设计时,8259A 的 $D_7 \sim D_0$ 与 CPU 数据总线低 8 位相连。为了保证 CPU 与 8259A 用低 8 位传输数据,CPU 的 A_1 连 8259A 的 A_0。这样对 CPU 来说,$A_0=0$,A_1 可以为 1 或 0,CPU 读写始终是用偶地址。对 8259A 来说 A_1 可以为 1 或为 0,给 8259A 的端口分配了两个地址,一个奇地址,一个偶地址,符合 8259A 的编程要求。

3. 级联缓冲/比较器

级联缓冲/比较器用于多片 8259A 级联使用。

4. 中断请求寄存器 IRR(Interrupt Request Register)

中断请求寄存器是一个 8 位寄存器,存放外部输入的中断请求信号 $IR_7 \sim IR_0$。当某个 IR 端有中断请求时,IRR 相应的某位置"1"。可以允许 8 个中断请求信号同时进入,此时 IRR 寄存器被置成全"1"。当中断请求被响应时,IRR 的相应位复位。

5. 中断屏蔽寄存器 IMR(Interrupt Mask Register)

中断屏蔽寄存器是一个 8 位寄存器,用来存放对各级中断请求的屏蔽信息。

可用软件编程设置 IMR 寄存器。当 $D_5 = 1$,表示由 IR_5 引入的中断请求不允许进入中断优先级判别器(与 IF 的设置恰恰相反)。

当用软件编程使 IMR 寄存器中某一位置"0"时,允许 IRR 寄存器中相应位的中断请求进入中断优先级判别器。若 IMR 中某位为"1",则此位中断请求被屏蔽。各个中断屏蔽位是独立的,屏蔽了优先级高的中断,不影响其他较低优先级的中断允许。

6. 优先级判别器 PR

优先级判别器对保存在 IRR 寄存器中的中断请求进行优先级识别,输出最高优先级的中断请求到中断服务寄存器 ISR 中去。当出现多重中断时,PR 判定是否允许所出现的中断去打断正在处理的中断,让优先级更高的中断优先处理。

7. 中断服务寄存器 ISR(Interrupt Service Register)

中断服务寄存器是一个 8 位寄存器,保存正在处理中的中断请求信号,某个 IR 端的中断请求被 CPU 响应后,当 CPU 发出第一个 $\overline{INTA}$ 信号时,ISR 寄存器中的相应位置"1",一直保持到该级中断处理结束为止。允许多重中断时,ISR 多位同时被置成"1"。

8. 控制电路

控制电路是 8259A 的内部控制器。根据中断请求寄存器 IRR 的置位情况和中断屏蔽寄存器 IMR 设置的情况,通过优先级判别器 PR 判定优先级,向 8259A 内部及其他部件发出控制信号。并向 CPU 发出中断请求信号 INT 和接收 CPU 的中断响应信号 $\overline{INTA}$,使中断服务寄存器 ISR 相应位置"1",并使中断请求寄存器 IRR 相应位置"0"。当 CPU 第二个 $\overline{INTA}$ 信号到来,控制 8259A 输出中断类型号,使 CPU 转入中断服务子程序。如果方式控制字 ICW_4 的中断自动结束位为"1",则在第二个 $\overline{INTA}$ 脉冲结束时,将 8259A 中断服务寄存器 ISR 的相应位清"0"。

6.5.3　中断响应时序

CPU 对可屏蔽中断请求的响应过程要执行两个连续的中断响应 INTA 总线

周期,每个总线周期包括 4 个时钟周期 $T_1 \sim T_4$。第一个中断响应总线周期,CPU 通知外设准备响应中断,外设应该准备好中断类型号,第二个中断响应总线周期,CPU 接收外设接口发来的中断类型号。

在第一个 $\overline{\text{INTA}}$ 周期中,CPU 将地址/数据总线置于浮动状态,在 $T_2 \sim T_4$ 期间发出中断响应信号 $\overline{\text{INTA}}$ 给 8259A,表示 CPU 响应此中断请求,禁止来自其他总线控制器的总线请求。在最大模式时,CPU 启动 $\overline{\text{LOCK}}$ 信号,通知系统中总线仲裁器 8289,使系统中其他处理器不能访问总线。

在第二个 $\overline{\text{INTA}}$ 周期中,CPU 向 8259A 发出第二个 $\overline{\text{INTA}}$ 信号,8259A 响应第二个 $\overline{\text{INTA}}$,在 T_2 和 T_3 周期将一个字节的中断类型号 N 送到数据总线低 8 位。CPU 读取中断类型号 N,乘以 4,得到中断向量表的地址继而查得中断服务程序入口地址。然后 CPU 保护 PSW,清标志位 IF 和 TF,将断点返回地址 CS 和 IP 入栈,转向中断服务程序入口。图 6.14 给出了 8086/8088 中断响应时序。8086 执行中断响应时,在两个中断响应周期之间要插入 2~3 个空闲状态,8088 系统并没有在两个中断响应总线周期中插入空闲状态。

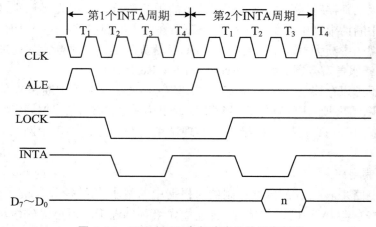

图 6.14 8086/8088 中断响应总线周期时序

下面作几点说明:

① 8086 要求中断请求信号 INTR 是一个电平信号,必须维持 2 个时钟周期的高电平。否则 CPU 执行完一条指令后,如果总线接口部件正在执行总线周期,则会使中断请求得不到响应而执行其他的总线周期。

② 8086 工作在最大模式时,不从 $\overline{\text{INTA}}$ 引脚上发中断响应脉冲,而是由 $\overline{S_2} \overline{S_1} \overline{S_0}$ 组合为 000,通过总线控制器 8288 发出 $\overline{\text{INTA}}$ 中断响应信号。

③ 8086 不允许在两个 $\overline{\text{INTA}}$ 周期之间响应总线保持请求(通过 HOLD 或 $\overline{\text{RQ}/\text{GT}}$ 线请求),但如果同时出现中断请求和总线保持请求,则 CPU 先对总线保

持请求服务。

④ 外设的中断类型号一般通过 16 位数据总线的低 8 位传送给 8086,所以提供中断向量的外设接口应该接在数据总线的低 8 位上。

⑤ 在两个中断响应总线周期中,地址/数据/状态总线是浮空的,但是 M/$\overline{\text{IO}}$ 为低电平,而 ALE 在每个总线周期的 T_1 状态输出一个高电平脉冲,作为地址锁存信号。

⑥ 软件中断和非屏蔽中断不按照这种时序来响应中断。

6.5.4　8259A 的中断管理方式

8259A 有多种工作方式,这些工作方式都是通过编程方法来设置的,使用十分灵活。

6.5.4.1　8259A 的编程结构

8259A 的编程结构见图 6.15,由图 6.15 可以看出:

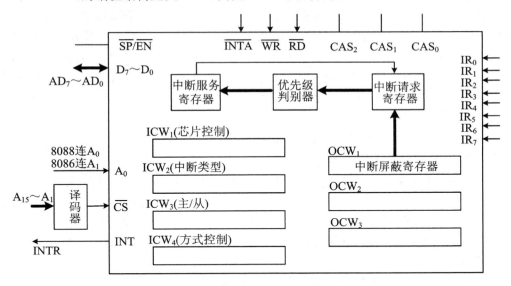

图 6.15　8259A 的编程结构

① 中断管理方式是通过 8259A 初始化时写入初始化命令字和操作命令字来设置的。

② 初始化命令字写入寄存器 ICW$_1$～ICW$_4$,它是由初始化程序设置的,初始化命令字一经设定,在系统工作过程中就不再改变。

③ 操作命令字写入寄存器 OCW$_1$～OCW$_3$,它是由应用程序设定的,用来对中断处理过程进行控制,在系统运行过程中,操作命令字可以重新设置。

8259A 的中断优先级的管理采用多种方式,优先级既可以固定设置,又可以循环设置,给用户极大的方便。中断优先级设定后,允许中断嵌套,通常允许高级中断打断低级中断,不允许低级或同级中断打断高级中断。特殊情况下与中断结束方式有关,也可以低级中断打断高级中断,称为重复中断。

6.5.4.2 优先级设置方式

1. 完全嵌套方式

若 8259A 初始化后没有设置其他优先级的方式,就自动进入完全嵌套方式。在这种方式下,中断优先级分配固定级别 0～7 级,IR_0 具有最高优先级,IR_7 优先级最低。也可用初始化命令字 ICW_4 中 SFNM=0,将 8259A 置成完全嵌套优先级方式。

允许打断正在处理的中断,优先处理更高级的中断,实现中断嵌套,但禁止同级与低级中断请求进入。

在完全嵌套工作方式下,当一个中断请求被响应后,中断服务寄存器 ISR 中的对应位置"1",中断类型号被放到数据总线上,CPU 转入中断服务程序。一般情况下(除自动中断结束方式外),在 CPU 发出中断结束命令 EOI 前,ISR 寄存器中此对应位一直保持"1"。当新的中断请求进入时,中断优先级裁决器将新的中断请求和当前 ISR 寄存器中置"1"位比较,判断哪一个优先级更高。中断嵌套时,ISR 寄存器中内容发生变化,又有一个对应位置"1",当实现 8 级中断嵌套时,ISR 寄存器内容为 0FFH。

有两种中断结束方式:普通 EOI 结束方式和自动 AEOI 结束方式。

2. 特殊全嵌套工作方式

在级联时,还有一种特殊全嵌套工作方式,它与全嵌套工作方式基本相同。区别在于当处理某级中断时,有同级中断请求进入,8259A 也会响应,从而实现了对同级中断请求的特殊嵌套。

在级联方式中,主片编程为特殊全嵌套工作方式,从片为其他优先级方式(全嵌套方式或优先级循环方式)。当从片上有中断请求进入并正在处理时,同一从片上又进入更高优先级的中断请求,从片能响应更高优先级中断请求,并向主片申请中断,但对主片来说是同级中断请求。当主片处于特殊全嵌套工作方式时,主片就能允许对相同级别的中断请求开放。

当然,和普通全嵌套一样,对来自主片上其他引脚的优先级较高的中断请求是开放的。所以特殊全嵌套工作方式是专门为多片 8259A 系统提供的,可以用来确认从片内部优先级的工作方式。见图 6.16。

特殊全嵌套工作方式的设置是主片初始化时 ICW_4 中的 SFNM=1,同时应将从片 ICW4 中 AEOI 位 置"0",设成非自动结束方式,通常用特殊 EOI 结束方式。

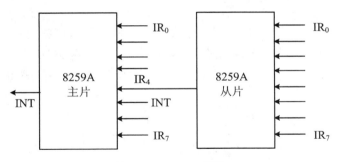

图 6.16　8259A 级联

3. 优先级自动循环方式

在优先级自动循环方式中,优先级别可以改变。初始优先级次序规定为 IR_0,IR_1,$\cdots$,IR_7,当任何一级中断被处理完后,它的优先级别变为最低,将最高优先级赋给原来比它低一级的中断请求,其他依次类推。见图 6.17。

优先级自动循环方式适合用在多个中断源优先级相等的场合。

用操作命令字 OCW_2 中 R,SL＝10 就可设置优先级自动循环方式。

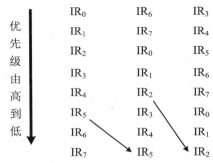

图 6.17　自动循环优级先级示意图

根据结束方式不同,有两种自动循环方式:普通 EOI 循环方式和自动 EOI 循环方式。

4. 优先级特殊循环方式

优先级特殊循环方式和优先级自动循环方式相比,不同之处在于优先级特殊循环方式中,初始时最低优先级由程序规定,最高优先级也就确定了。例如初始时指定 IR_1 为最低优先级,则 IR_2 为最高优先级,其他依次类推。而优先级自动循环方式初始时最高优先级一定是 IR_0。

用操作命令字 OCW_2 中 R,SL＝11 就可设置优先级特殊循环方式。结束方式通常用特殊 EOI 循环方式。

6.5.4.3　中断源屏蔽方式

CPU 由 CLI 指令禁止所有可屏蔽中断进入,中断优先级管理也可以对中断请求单独屏蔽,通过对中断屏蔽寄存器的操作可以实现对某几位的屏蔽。有两种屏蔽方式:

1. 普通屏蔽方式

将中断屏蔽寄存器 IMR 中某一位或某几位置"1",即可将对应位的中断请求屏蔽掉。普通屏蔽方式的设置通过设置操作命令字 OCW_1 来实现。

例 6.7 屏蔽第 2,3,5,6 位进入的中断请求,假设 8259A 的端口地址为 20H,21H。

```
MOV   AL,01101100H
OUT   21H,AL
```

对 OCW_1 的设置可以在主程序中,也可放在中断服务程序中,具体根据中断处理要求而定。

2. 特殊屏蔽方式

在某些场合,希望一个中断服务程序能动态地改变系统的优先级结构。例如当 CPU 正在处理中断程序的某一部分时,希望禁止低级中断请求,但在执行中断处理程序的另一部分时,希望开放较低级中断请求,此时可采用特殊屏蔽方式。

此方式能对本级中断进行屏蔽,而允许优先级比它高或低的中断进入,特殊屏蔽方式总是在中断处理程序中使用,特殊屏蔽方式的设置是通过设置操作命令字 OCW_3 中的 ESMM,SMM=11 来实现的。

例如当前正在执行 IR_3 的中断服务程序,设置了特殊屏蔽方式后,再用 OCW_1 对中断屏蔽寄存器中第 3 位置"1"时,就会同时使当前中断服务寄存器中对应位自动清"0",这样可以既屏蔽了当前正在处理的中断,又开放了较低级别的中断。

待中断服务程序结束时,应将 IMR 寄存器的第 3 位复位,并将 SMM 位复位,标志退出特殊屏蔽方式。

6.5.4.4   中断结束方式

在固定优先级方式中,对中断结束的处理有自动 AEOI 结束方式和非自动结束方式,非自动结束方式又分普通 EOI 结束方式和特殊 SEOI 结束方式。

为什么要进行中断结束处理?

中断结束处理实际上就是对中断服务寄存器 ISR 中对应位的处理。当一个中断得到响应时,8259A 使 ISR 寄存器中对应位置"1",表明此对应外设正在服务,并为中断优先级判别器提供判别依据。中断结束时,必须使 ISR 寄存器中对应位置"0",否则中断优先级判别会不正常。什么时刻使 ISR 中对应位置"0",就产生不同的中断结束方式。

1. 普通 EOI 结束方式

在完全嵌套工作方式下,任何一级中断处理结束返回上一级程序前,CPU 向 8259A 传送 EOI 结束命令字,8259A 收到 EOI 结束命令后,自动将 ISR 寄存器中级别最高的置"1"位清"0"(此位对应当前正在处理的中断)。

EOI 结束命令字必须放在返回指令 IRET 前,没有 EOI 结束命令,ISR 寄存器中对应位仍为"1",继续屏蔽同级或低级的中断请求。

若 EOI 结束命令字放在中断服务程序中其他位置,会引起同级或低级中断在本级中断未处理完之前进入,容易产生错误。

普通 EOI 结束命令字是设置 OCW_2 中 EOI 位为 1,即 OCW_2 中 R,SL,EOI 组合为 001。对 IBM PC/XT 机,发 EOI 结束命令字指令为:

```
MOV   AL,20H
OUT   20H,AL        ;AL→OCW₂
```

2. 特殊 EOI 结束方式

在非全嵌套工作方式下,中断服务寄存器无法确定哪一级中断为最后响应和处理的,这时要采用特殊 SEOI 结束方式。CPU 向 8259A 发特殊 EOI 结束命令字,命令字中将当前要清除的中断级别也传给 8259A。此时,8259A 将 ISR 寄存器中指定级别的对应位清"0",它在任何情况下均可使用。

特殊 EOI 结束命令字是将 OCW_2 中 R,SL,EOI 设置成 011,而 $L_2 \sim L_0$ 三个位指明了中断结束的对应位。

3. 自动 EOI 结束方式

在自动 AEOI 方式中,任何一级中断被响应后,ISR 寄存器对应位置"1",但在 CPU 进入中断响应周期,发第二个 $\overline{INTA}$ 脉冲后,8259A 自动将 ISR 寄存器中对应位清"0"。此时,尽管对某个外设正在进行中断服务,但对 8259A 来说,ISR 寄存器中没有指示,好像已结束了中断处理一样。

这种方式虽然简单,但因为 ISR 寄存器中没有标志,低级中断申请时,可以打断高级中断,产生重复嵌套,嵌套深度也无法控制,容易产生错误,使用时要特别小心。

通常在只有一片 8259A,多个中断不会在嵌套情况下使用。

自动 AEOI 方式设置是在 8259A 初始化时,用初始化命令字 ICW_4 中使 AEOI=1 的方法来实现的。

在级联方式下,一般用非自动结束方式,无论用普通 EOI 结束方式,还是用特殊 EOI 结束方式,中断处理结束时,要发两次中断结束命令,一次是对主片发的,另一次是对从片发的。

6.5.4.5　循环优先级的循环方式

在循环优先级方式中,与中断结束方式有关,有 3 种循环方式。

1. 普通 EOI 循环方式

在主程序或中断服务程序中设置操作命令字,当任何一级中断被处理完后,使 CPU 给 8259A 回送普通 EOI 循环命令,8259A 收到 EOI 循环命令后,将 ISR 寄存器中,最高优先级的 IR_i 置"1"位清"0",并赋给它最低优先级,将最高优先级赋给它

的下一级 IR_{i+1}，其他依次类推。表 6.2 是普通 EOI 循环的示例。

表 6.2　普通 EOI 循环方式

		ISR_7	ISR_6	ISR_5	ISR_4	ISR_3	ISR_2	ISR_1	ISR_0
初始状态	ISR 内容	0	0	0	1	0	1	0	0
	优先级	7	6	5	4	3	2	1	0
IR_2 处理结束	ISR 内容	0	0	0	1	0	0	0	0
	优先级	4	3	2	1	0	7	6	5
IR_4 处理结束	ISR 内容	0	0	0	0	0	0	0	0
	优先级	2	1	0	7	6	5	4	3

例 6.8　某中断系统 IR_0 为最高优先级，IR_7 为最低优先级。有 IR_2，IR_4 两个中断请求。设置为普通 EOI 循环方式，要求给出 IR_2 及 IR_4 中断服务程序处理完后中断优先级的变化情况。

普通 EOI 循环方式命令字是设置 OCW_2。在非自动结束方式中，OCW_2 中的 R，SL，EOI 设置成 101，$L_2 \sim L_0$ 不起作用。

2. 特殊 EOI 循环方式

特殊 EOI 循环方式即指定最低优先级循环方式，最低优先级由编程确定，最高优先级也相应而定，例指定 IR_5 为最低优先级，则 IR_6 就为最高优先级，其他各级依次类推，重新排列优先级级别。这样在当前中断服务程序结束前，使 CPU 给 8259A 回送特殊 EOI 结束命令，同时将当前就要结束的中断级别也传送给 8259A，8259A 收到此命令字后，将 ISR 中相应位清"0"。显然这种结束方式最为安全可靠。

例 6.9　某一时刻 8259A 中 ISR 寄存器的第 2 位和第 6 位置"1"，表示 CPU 当前正在处理第 2 级和第 6 级中断，它们以嵌套方式引入系统。若当前 CPU 正在处理第 2 级中断服务程序，用户可以在该中断服务程序中安排一条优先级置位指令，将最低优先级赋给 IR_4，指令执行后，中断优先级变化情况见表 6.3。此时原第 2 级中断服务程序并未结束，ISR 寄存器中维持原状态，但 IR_2 和 IR_6 的优先级别已被改变为第 5 级和第 1 级。

表 6.3　特殊 EOI 循环方式

		ISR_7	ISR_6	ISR_5	ISR_4	ISR_3	ISR_2	ISR_1	ISR_0
初始状态	ISR 内容 优先级	0	1	0	0	0	1	0	0
		7	6	5	4	3	2	1	0
执行置位 优先级指令后	ISR 内容	0	1	0	0	0	1	0	0
	优先级	2	1	0	7	6	5	4	3

显然,使用置位优先级指令后,正在处理的中断不一定在尚未处理完的中断中具有最高优先级。在上例中,当第 2 级中断服务程序结束时,不能使用普通 EOI 方式,而必须使用特殊 EOI 方式,即向 8259A 发送 IR_2 结束命令的同时,还应将 IR_2 当前优先级别(第 5 级)传送给 8259A,8259A 才能正确地将 ISR 寄存器中的第 2 位清"0"。

设定特殊 EOI 循环方式时,设置 OCW_2 中 R,SL,EOI＝111,$L_2 \sim L_0$ 中指定一个最低优先级。

3. 自动 EOI 循环方式

在自动 EOI 循环方式中,任何一级中断被响应后,中断响应总线周期中第二个 $\overline{INTA}$ 信号的后沿自动将 ISR 寄存器中相应位清"0",并立即改变各级中断的优先级别,改变方式与普通 EOI 循环方式相同。使用这种方式要小心,防止重复嵌套产生。

自动 EOI 循环方式设置是 OCW_2 中 R,SL,EOI＝100。

6.5.4.6　中断请求引入方式

中断请求引入有 3 种方式:

1. 边沿触发方式

在边沿触发方式下,8259A 将中断请求输入端出现的上升沿作为中断请求信号。中断请求输入端出现上升沿触发信号后,可以一直保持高电平。

2. 电平触发方式

在电平触发方式下,8259A 将中断请求输入端出现的高电平作为中断请求信号。但当中断得到响应后,中断输入端必须及时撤出高电平,否则在 CPU 进入中断处理过程,并且开中断的情况下,原输入端的高电平会引起第二次中断的错误。

初始化命令字 ICW_1 中的 LTIM 位可用来设置这两种触发方式:LTIM＝1,设置为电平触发方式;LTIM＝0,设置为边沿触发方式。

3. 中断查询方式

在中断查询方式下,外部设备向 8259A 发中断请求信号,中断请求可以是边沿触发,也可以是电平触发。但 8259A 不通过 INT 信号向 CPU 发中断请求信号,因为 CPU 内部的中断允许触发器复位,所以禁止了 8259A 对 CPU 的中断请求。CPU 要使用软件查询来确定中断源,才能实现对外设的中断服务。因此,中断查询方式既有中断的特点,又有查询的特点。

CPU 执行的查询软件中必须有查询命令,才能实现查询功能。CPU 通过操作命令字 OCW_3 的设置来发出查询命令的。若外设发出中断请求,8259A 的中断服务寄存器相应位置"1",CPU 就可以在查询命令之后的下一个读操作,读取中断服务寄存器中的优先级。所以,CPU 所执行的查询程序应包括如下过程:

① 系统关中断;

② 用 OUT 指令使 CPU 向 8259A 端口(偶地址端口)送 OCW$_3$命令字;

③ 若外设已发出过中断请求,8259A 使中断服务寄存器中的对应位置"1",且立即组成查询字;

④ CPU 用 IN 指令从端口(偶地址)读取 8259A 的查询字。

OCW$_3$命令字构成的查询命令格式为:

D$_7$	D$_6$	D$_5$	D$_4$	D$_3$	D$_2$	D$_1$	D$_0$
×	0	0	0	1	1	0	0

其中 D$_1$ 位为 1,使 OCW$_3$具有查询性质。8259A 得到查询命令后,立即组成查询字,等待 CPU 读取。CPU 从 8259A 中读取的查询字格式为:

D$_7$	D$_6$	D$_5$	D$_4$	D$_3$	D$_2$	D$_1$	D$_0$
IR	×	×	×	×	W$_2$	W$_1$	W$_0$

其中 IR=1,表示有设备请求中断服务,IR=0,表示没有设备请求中断服务。W$_2$,W$_1$,W$_0$组成的代码表示当前中断请求的最高优先级。

中断查询方式一般用在多于 64 级中断的场合,或者用在一个中断服务程序中几个模块分别为几个中断设备服务的情况下。一般除了使用 8259A 以外,还要有一些附加电路来帮助完成查询功能。

6.5.4.7 连接系统总线的方式

8259A 与系统总线相连有两种方式:

1. 缓冲方式

在多片 8259A 级联的系统中,8259A 通过总线驱动器和数据总线相连,这就是缓冲方式。在缓冲方式下,8259A 的 $\overline{SP}/\overline{EN}$ 端与总线驱动器允许端相连,控制总线驱动器启动,$\overline{SP}/\overline{EN}$ 为输出端。当 $\overline{EN}=0$,8259A 控制数据从 8259A 送到 CPU,当 $\overline{EN}=1$ 时,控制数据从 CPU 送到 8259A。

2. 非缓冲方式

单片 8259A 或少量 8259A 级联时,可以将 8259A 直接与数据总线相连,称为非缓冲方式。非缓冲方式下,8259A 的 $\overline{SP}/\overline{EN}$ 端作输入端,控制 8259A 作为主片还是从片,$\overline{SP}=1$,表示此 8259A 为主片,$\overline{SP}=0$,表示此 8259A 为从片。单片 8259A 时,$\overline{SP}/\overline{EN}$ 接高电平。

由初始化命令字 ICW$_4$ 来设置缓冲方式或非缓冲方式。

6.5.5 8259A 的编程方法

对 8259A 的编程有两类命令字:初始化命令字 ICW(Initialization Command Word)和操作命令字 OCW(Operation Command Word)。系统复位后,初始化

程序对 8259A 置入初始化命令字。初始化后可通过发出操作命令字 OCW 来定义 8259A 的操作方式,实现对 8259A 的状态、中断方式和优先级管理的控制。初始化命令字只发一次,操作命令字允许重置,以动态改变 8259A 的操作与控制方式。

6.5.5.1　初始化命令字

初始化命令字完成的功能:

① 设定中断请求信号触发形式,高电平触发或上升沿触发;

② 设定 8259A 工作方式,单片或级联;

③ 设定 8259A 中断类型号基值,即 IR_0 对应的中断类型号;

④ 设定优先级设置方式;

⑤ 设定中断处理结束时的结束操作方式。

对 8259A 编程初始化命令字,共预置 4 个命令字:ICW_1,ICW_2,ICW_3,ICW_4。初始化命令字必须顺序填写,但并不是任何情况下都要预置 4 个命令字,用户根据具体使用情况而定。每片 8259A 有两个端口地址,一个为偶地址,一个为奇地址。

1. ICW_1——芯片控制初始化命令字

格式:

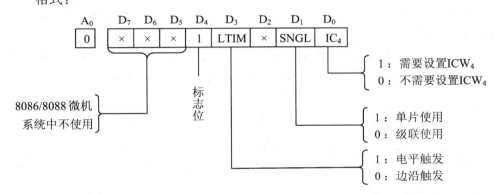

① $A_0 = 0$:表示 ICW_1 必须写入 8259A 的偶地址端口中,对 IBM PC/XT 机而言,地址为 20H。

② 标志位:ICW_1 的位 4 等于 1,是标志位,以区别 OCW_2 和 OCW_3 命令字的设置。

③ IC_4:说明是否要设置 ICW_4 命令字,在 8086/8088 系统中设为 1,表示要求设置命令字 ICW_4。

④ SNGL:说明级联使用情况。SNGL=1,表示使用单片 8259A;SNGL=0,表示使用多片 8259A 级联。

⑤ LTIM:定义中断请求信号触发方式。LTIM=1,表示用高电平触发方式;LTIM=0,表示用上升沿触发方式。

注意　ICW_1 的 D_4 位必须为 1,用作 ICW_1 的标志。其他"×"号表示的位是指

8259A 配合 8086/8088 CPU 没有使用的位,可以任意(建议为 0)。

例 6.10 IBM PC/XT 系统初始化中,设 ICW_1 上升沿触发,要求设置 ICW_1 指令为:

```
MOV   AL,13H
OUT   20H,AL
```

2. ICW_2——设置中断类型号的初始化命令字

格式:

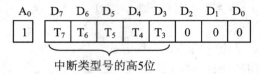

中断类型号的高5位

$A_0=1$,表示 ICW_2 必须写到 8259A 的奇地址端口中。

8259A 中 IR_0 端对应的中断类型号为中断类型号的基值,它是可以被 8 整除的正整数,ICW_2 用来设置这个中断类型号基值,由此提供外部中断的中断类型号。ICW_2 低 3 位为 0,高 5 位由用户设定。当 8259A 收到 CPU 发来的第 2 个 $\overline{INTA}$ 信号,它向 CPU 发送中断类型号,其中高 5 位为 ICW_2 的高 5 位,低 3 位根据 $IR_0 \sim IR_7$ 中响应哪级中断(对应为 000~111)来确定。

例 6.11 在 IBM PC/XT 系统中,$T_7 \sim T_3 = 00001b$,所以对应 8 个中断的类型号为 08H~0FH。$A_0=1$,I/O 端口地址为 21H。设置 ICW_2 的指令为:

```
MOV   AL,08H
OUT   21H,AL
```

3. ICW_3——标志主片/从片的初始化命令字

ICW_3 命令字在级联时(即 ICW_1 中 SNGL=0 时)才设置。

主片 8259A 的 ICW_3 格式:

A_0	D_7	D_6	D_5	D_4	D_3	D_2	D_1	D_0
1	S_7	S_6	S_5	S_4	S_3	S_2	S_1	S_0

从片 8259A 的 ICW_3 格式:

A_0	D_7	D_6	D_5	D_4	D_3	D_2	D_1	D_0
1	×	×	×	×	×	ID_2	ID_1	ID_0

从8259A的识别地址

$A_0=1$,表示 ICW_3 必须写到 8259A 的奇地址端口。

对于 8259A 主片,某位为 1,表示对应 IR_i 端上接有 8259A 从片。某位为 0,表示对应位未接 8259A 从片。

对于 8259A 从片,$ID_2 \sim ID_0 = 000b \sim 111b$ 表示从片接在主片的哪个中断请求输入端上,例如 $ID_2 \sim ID_0 = 010b$,表示从片接在主片 8259A 的 IR_2 端,见图 6.18。

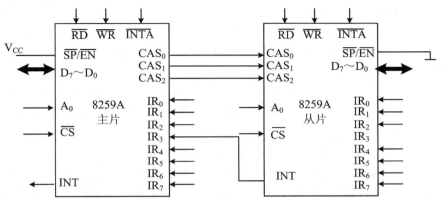

图 6.18　8259A 级联示例

在多片 8259A 级联情况下,主片与从片的 $CAS_2 \sim CAS_0$ 相连,主片的 $CAS_2 \sim CAS_0$ 为输出,从片的 $CAS_2 \sim CAS_0$ 作为输入。

当 CPU 发第一个中断响应信号 $\overline{INTA}$ 时,主片通过 $CAS_2 \sim CAS_0$ 发一个编码 $ID_2 \sim ID_0$,从片的 $CAS_2 \sim CAS_0$ 收到主片发来的编码与本身 ICW_3 中 $ID_2 \sim ID_0$ 相比较,如果相等,则在第 2 个 $\overline{INTA}$ 信号到来后,将自己的中断类型号送到数据总线上。

4. ICW_4——方式控制初始化命令字

ICW_1 为 1 时,要求预置 ICW_4 命令字,对 8086/8088 系统必须预置 ICW_4。

格式:

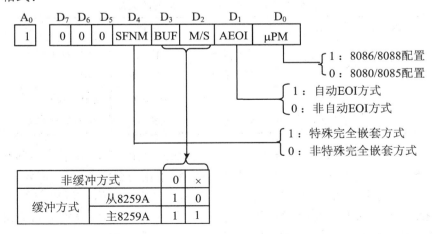

① $A_0=1$：表示 ICW_4 必须写入 8259A 的奇地址端口。

② $\mu PM=1$：表示 8259A 与 8086/8088 系统配合工作，$\mu PM=0$ 表示 8259A 与 8080/8085 系统配合工作。

③ AEOI：规定中断结束方式。

AEOI＝1，中断自动结束方式，CPU 响应中断请求过程中，向 8259A 发第二个 $\overline{INTA}$ 脉冲时，清除中断服务寄存器中本级对应位，这样在中断服务子程序结束返回时，不需要其他任何操作，称为中断自动结束，一般不常采用。

AEOI＝0，为非自动结束方式，必须在中断服务子程序中安排输出指令，向 8259A 发操作命令字 OCW_2，清除相应中断服务标志位，才标志中断结束。在 IBM PC/XT 系统中该位为 0。

④ M/S,BUF：表示 8259A 是否采用缓冲方式。

BUF＝1，采用缓冲方式，8259A 通过总线驱动器与数据总线相连，$\overline{SP}/\overline{EN}$ 作为输出端，控制数据总线驱动器启动，此时 $\overline{SP}/\overline{EN}$ 线中 $\overline{EN}$ 有效，$\overline{EN}=0$ 允许缓冲器输出，$\overline{EN}=1$ 允许缓冲器输入。此时，M/S＝1，表示该片是 8259A 主片；M/S＝0，表示该片是 8259A 从片。

BUF＝0，采用非缓冲方式，$\overline{SP}/\overline{EN}$ 线中 $\overline{SP}$ 有效，$\overline{SP}=0$，该片是 8259A 从片；$\overline{SP}=1$，该片是 8259A 主片，此时，M/S 信号无效。

IBM PC/XT 系统中 BUF 设定为 1，$\overline{SP}/\overline{EN}$ 端加＋5V，M/S 设定为 0。BUF，M/S 与 $\overline{SP}/\overline{EN}$ 之间关系可用表 6.4 来表示。

⑤ SFNM：定义级联方式下的嵌套方式。

SFNM＝1，工作在特殊全嵌套方式；SFNM＝0，工作在完全嵌套方式。IBM PC/XT 系统设置为 0。

表 6.4 BUF,M/S 与 $\overline{SP}/\overline{EN}$ 之间的关系

BUF 位	M/S 位	$\overline{SP}/\overline{EN}$端		
0:非缓冲方式	无意义	$\overline{SP}$有效（输入信号）	$\overline{SP}=1$ $\overline{SP}=0$	主 8259A 从 8259A
1:缓冲方式	1:主 8259A 0:从 8259A	$\overline{EN}$有效（输出信号）	$\overline{EN}=1$ $\overline{EN}=0$	CPU→8259A 8259A→CPU

初始化命令字的设置有固定次序，端口地址也有明确规定，并不会因为只有两个端口输出命令而混淆，设置次序见图 6.19。初始化命令字必须从 ICW_1 开始设置，依次顺序进行设置，并分别根据 ICW_1 中的 SNGL 位和 IC_4 位决定是否设置 ICW_3 和 ICW_4。级联时要设置 ICW_3，并且主片与从片的 ICW_3 设置不同。在初始化命令字设置完成前，对 $A_0=1$ 的输出指令不可能是操作命令字。

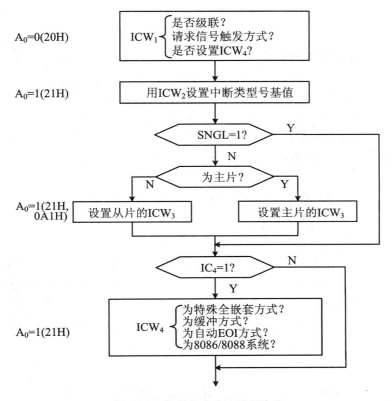

图 6.19　初始化命令字设置次序

初始化命令序列设置完成后,在操作命令字的设置中,不可能第 2 次初始化,因此不会混淆。

例 6.12　在 IBM PC/XT 系统中,ROM-BIOS 中的 8259A 初始化程序为:

```
    ...
    MOV   AL,13H      ;单片、边沿触发、要设置 ICW₄
    OUT   20H,AL      ;写入 ICW₁
    MOV   AL,08H      ;中断类型号基值为 08H
    OUT   21H,AL      ;写入 ICW₂
    MOV   AL,09H      ;缓冲方式、从片、非自动中断结束方式,
                      ;使用 8086/8088 微处理器
    OUT   21H,AL      ;写入 ICW₄
    ...
```

8259A 经初始化命令字 ICW 预置后已进入初始化状态,可接收来自 IR_i 端的中断请求,自动进入操作命令状态,可以随时接受 CPU 写入 8259A 的操作命令

字 OCW。

6.5.5.2　操作命令字

操作命令字决定中断屏蔽、中断优先级次序、中断结束方式等。

中断管理较复杂,包括:完全嵌套优先方式、特殊嵌套优先方式、自动循环优先方式、特殊循环优先方式、特殊屏蔽方式、查询方式等。

它是由操作命令字的设置来实现的,设置时,次序上没有严格要求,但端口地址有严格规定,OCW$_1$ 必须写入奇地址端口,OCW$_2$ 和 OCW$_3$ 必须写入偶地址端口。

1. OCW$_1$——中断屏蔽操作命令字

格式:

A$_0$	D$_7$	D$_6$	D$_5$	D$_4$	D$_3$	D$_2$	D$_1$	D$_0$
1	M$_7$	M$_6$	M$_5$	M$_4$	M$_3$	M$_2$	M$_1$	M$_0$

A$_0$=1,表示 OCW$_1$ 命令字必须写入 8259A 奇地址端口。

OCW$_1$ 命令字的各位直接对应中断屏蔽寄存器 IMR 的各位,当 OCW$_1$ 中某位 M$_i$ 为 1,对应位的中断请求受到屏蔽,某位为 0,对应位的中断请求得到允许(对比 IF 的设置,正好相反)。

例 6.13　设某中断系统要求屏蔽 IR$_0$,IR$_1$,8259A 编程指令为:

```
MOV   AL,00000011b
OUT   21H,AL
```

2. OCW$_2$——优先权循环方式和中断结束方式操作命令字

格式:

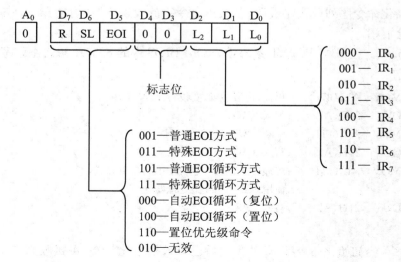

① $A_0=0$:表示 OCW_2 命令字必须写入 8259A 偶地址端口。

② 标志位:OCW_2 的 D_3,D_4 位等于 00,是标志位。以区别 ICW_1 和 OCW_3 的设置。

③ $L_2 \sim L_0$:$SL=1$ 时,$L_2 \sim L_0$ 有效。$L_2 \sim L_0$ 有两个用途,一是当 OCW_2 设置为特殊 EOI 结束命令时,$L_2 \sim L_0$ 指出清除中断服务寄存器中的哪一位;二是当 OCW_2 设置为特殊优先级循环方式时,$L_2 \sim L_0$ 指出循环开始时设置的最低优先级。

④ R,SL,EOI:这 3 位组合起来才能指明优先级设置方式和中断结束控制方式,但每位也有各自的意义,见表 6.5。

表 6.5　R,SL,EOI 组合功能

R	SL	EOI	功　　　能
1	0	0	设置自动 EOI 循环方式。 在中断响应周期的第二个 $\overline{INTA}$ 信号结束时,将 ISR 寄存器中正在服务的相应位置 0,本级赋予最低优先级,最高优先级赋给它的下一级,其他中断优先级依次循环赋给
0	0	0	清除自动 EOI 循环
1	0	1	设置普通 EOI 循环。 一旦中断结束,8259A 将中断服务寄存器 ISR 中当前级别最高的置 1 位清 0,此级赋予最低优先级,最高优先级赋给它的下一级,其他中断优先级依次循环赋给
1	1	1	设置特殊 EOI 循环。 一旦中断结束,将中断服务寄存器 ISR 中由 $L_2 \sim L_0$ 字段给定级别的相应位清 0,此级赋于最低优先级,最高优先级赋给它的下一级,其他中断优先级依次循环赋给
1	1	0	置位优先级循环。 8259A 按 $L_2 \sim L_0$ 字段确定一个最低优先级,最高优先级赋给它的下一级,其他中断优先级依次循环赋给,系统工作在优先级特殊循环方式
0	0	1	普通 EOI 结束方式。 一旦中断处理结束,CPU 向 8259A 发出 EOI 结束命令,将中断服务寄存器 ISR 中当前级别最高的置 1 位清 0。一般用在完全嵌套(包括特殊全嵌套)工作方式

续表

R	SL	EOI	功　　　能
0	1	1	特殊 EOI 结束方式。 一旦中断处理结束,CPU 向 8259A 发出 EOI 结束命令,8259A 将中断服务寄存器 ISR 中,由 $L_2 \sim L_0$ 字段指定的中断级别的相应位清 0
0	1	0	OCW_2 无效

⑤ R(Rotate):R=1,中断优先级是按循环方式设置的,即每个中断级轮流成为最高优先级。当前最高优先级服务后就变成最低级,它相邻的下一级变成最高级,其他依次类推;R=0,设置为固定优先级,0 级最高,7 级最低。

⑥ SL(Specific Level):指明 $L_2 \sim L_0$ 是否有效。SL=1,OCW_2 中 $L_2 \sim L_0$ 有效;SL=0,$L_2 \sim L_0$ 无意义。

⑦ EOI(End of Interrupt):指定中断结束方式。EOI=1,在非自动结束方式中,使用中断结束命令使中断服务寄存器中对应位复 0;EOI=0,不需要执行结束操作命令。初始化时,如果 ICW_4 的 AEOI=1,表示设置为自动结束方式,此时 OCW_2 中的 EOI 位应为 0。

OCW_2 的功能包括两个方面,一方面是决定 8259A 是否采用优先级循环方式,另一个方面是中断结束采用普通的还是特殊的 EOI 结束方式。

3. OCW_3——特殊屏蔽方式和查询方式操作命令字

OCW_3 功能有 3 个:设定特殊屏蔽方式,设置对 8259A 寄存器的读出及设置中断查询工作方式。

格式:

A_0		D_7	D_6	D_5	D_4	D_3	D_2	D_1	D_0
0		×	ESM	SMM	0	1	P	RR	RIS

标志位

① A_0=0:表示 OCW_3 必须写入 8259A 偶地址端口。

② 标志位:D_4,D_3 位组合为 01 时,表示为 OCW_3,以区别 OCW_2(OCW_2 中此 2 位组合为 00)。而 D_4=1 时,此操作字为 ICW_1。

③ RR,RIS:RR 为读寄存器状态命令。RR=1,允许读寄存器状态,RIS 为指定选取对象。RR,RIS=10,用输入指令(IN 指令),在下一个 $\overline{RD}$ 脉冲到来后,将中断请求寄存器 IRR 的内容读到数据总线上。RR,RIS=11,用输入指令,在下一个 $\overline{RD}$ 脉冲到来后,将中断服务寄存器 ISR 的内容读到数据总线上。8259A 中断屏蔽寄存器 IMR 的值,随时可通过输入指令从奇地址端口读取。读同一寄存器的命令

只需要发送一次,不必每次重写 OCW_3。表 6.6 列出了 P,RR,RIS 3 位的组合功能。

④ P:查询方式位。

P=1,设置 8259A 为中断查询工作方式。在查询工作方式下,CPU 不是靠接收中断请求信号来进入中断处理过程,而是靠发送查询命令,读取查询字来获得外部设备的中断请求信息。CPU 先送操作命令 OCW_3(P=1)给 8259A,再送一条输入指令将一个 $\overline{RD}$ 信号送给 8259A,8259A 收到后将中断服务寄存器的相应位置 1,并将查询字送到数据总线,查询字反映了当前外设有无中断请求以及哪一个中断请求的优先级最高,查询字为

A_0		D_7	D_6	D_5	D_4	D_3	D_2	D_1	D_0
0		IR	×	×	×	×	W_2	W_1	W_0

表 6.6　P,RR,RIS 组合功能

P	RR	RIS	功　　能
1	×	×	下次 $\overline{RD}$ 有效,读查询字
0	1	0	下次 $\overline{RD}$ 有效,读 IRR
0	1	1	下次 $\overline{RD}$ 有效,读 ISR
0	0	×	无效

例 6.14　P=1 时,写入 OCW_3,且优先级次序为 IR_3,IR_4,…,IR_2。假设当前在 IR_4 和 IR_1 引脚上有中断请求。CPU 再执行一条输入指令,得到查询字为 1××××100。说明当前级别最高的中断请求为 IR_4,CPU 随即转入执行 IR_4 中断处理程序。

中断查询方法的实际使用场合往往在多于 64 级中断的 8259A 级联系统中。

ESMM,SMM 表示置位和复位特殊屏蔽方式。

ESMM,SMM=11,设置 8259A 使用特殊屏蔽方式,只屏蔽本级中断请求,允许高级中断或低级中断进入;ESMM,SMM=10,取消特殊屏蔽方式,恢复原来优先级的控制。ESMM=0,设置无效。此时 SMM 位不起作用,所以 ESMM 可称为 SMM 位的允许位。表 6.7 列出了 ESMM,SMM 两位的组合功能。

表 6.7　ESMM,SMM 组合功能

ESMM	SMM	功　　能
1	0	复位为普通屏蔽方式
1	1	置位为特殊屏蔽方式
0	×	无效

操作控制字 OCW$_1$～OCW$_3$的设置,安排在初始化命令字设置之后,用户根据需要可在程序的任何位置去设置。

尽管 8259A 只有两个端口地址,但不会混淆 4 个初始化命令字和 3 个操作命令字。ICW$_2$,ICW$_3$,ICW$_4$ 和 OCW$_1$写入 8259A 奇地址端口,初始化时 ICW$_1$后面紧跟 ICW$_2$,ICW$_3$,ICW$_4$,而 OCW$_1$是单独写入的,不会紧跟在 ICW$_1$后面。ICW$_1$,OCW$_2$,OCW$_3$写入 8259A 偶地址端口,但一方面 ICW$_1$是在初始化时写入,另一方面可用 D$_4$ 位区分,D$_4$ = 1 为 ICW$_1$,D$_4$ = 0 为 OCW;再用 D$_3$ 位区分,D$_3$ = 0 为 OCW$_2$,D$_3$ = 1 为 OCW$_3$。因此对 8259A 编程时写入的命令字是不会混淆的。从 8259A 能够读出的状态字有 4 个:IMR,IRR,ISR 和查询字。A$_0$ = 1,读出的一定是 IMR;在 OCW$_3$的 P,RR 和 RIS 位的控制下,可相应读出 IRR,ISR 和查询字。

微机系统区别接口电路(或接口芯片)中不同的寄存器(或控制信息、状态信息等)的主要方法(8259A 命令字和状态字的区别方法):

① 利用读/写信号区别写入的控制寄存器和读出的状态寄存器;

② 利用地址信号区别不同 I/O 端口地址的寄存器;

③ 由命令字中的标志位说明是哪个寄存器;

④ 由芯片内部顺序控制逻辑按一定顺序识别不同的寄存器;

⑤ 由前面写入的命令字决定后续操作的寄存器。

6.6 外部可屏蔽中断服务程序的编写

外部可屏蔽中断用于实现微处理器和外设的信息交换,完成了具有真正意义的"中断"处理。综合上面的介绍,我们对可屏蔽中断有了一定的了解,下面将有关可屏蔽中断的主程序编写方法归纳如下:

1. 主程序中的初始化

① 设置中断向量。

② 8259A 初始化编程:根据需要设置 8259A 的中断屏蔽寄存器的中断屏蔽位以及其他操作命令字。

③ 设置 CPU 中断允许位标志 IF(开中断指令:STI)。

2. 硬件(外设接口)和 CPU 自动完成

① 外设接口向 CPU 的 INTR 端发中断请求。

② 当前指令执行完后,CPU 发两个中断响应信号$\overline{\text{INTA}}$给外设接口。

③ CPU 取中断类型号 n。

④ CPU 自动将当前 Flags,CS,IP 内容入栈保护。

⑤ 清除 IF,TF,禁止外部中断和单步中断,TEMP 保存 TF 的值。

⑥ 从中断向量表中取(0:4 * n)地址中内容→IP,取(0:4 * n+2)地址中内容→CS。

⑦ 转向中断服务子程序。

注意　① 对重复前缀的指令(如 REP MOVSB)作为一条指令处理。执行一次重复前缀和串指令即可响应中断,而不是把串操作全部执行完。

② 遇到开中断指令 STI 和中断返回指令 IRET,要在这两条指令执行完后,再执行一条指令才能响应中断。

③ CPU 自动清除 IF 及 TF 位,使 CPU 进入中断服务程序后,不允许再产生新的中断,如果在中断服务程序中还允许外部可屏蔽中断进入,则在中断服务程序中必须再开中断(STI)。

中断服务子程序的功能各有不同,但所有的中断服务子程序都有相同的结构形式:

① 程序开始必须保护中断时的现场,可以通过一系列 PUSH 指令将 CPU 各寄存器的值入栈保护。

② 若允许中断嵌套,则用 STI 指令来设置开中断,使中断允许标志 IF=1。

③ 执行中断处理程序。

④ 用 CLI 指令来设置关中断,使中断允许标志 IF=0,禁止其他中断请求进入。

⑤ 给中断命令寄存器送中断结束命令 EOI,使当前正在处理的中断请求标志位被清除,否则同级中断或低级中断的请求仍会被屏蔽掉。对于自动 EOI 结束方式不需要发中断结束命令。

⑥ 恢复中断时的现场,通过一系列 POP 指令将 CPU 各寄存器的值恢复。

⑦ 用 STI 指令来设置开中断,允许其他中断请求进入。

⑧ 用中断返回指令 IRET 返回主程序,此时堆栈中保存的断点值和标志值分别装入 IP,CS 和 Flags。

注意　中断服务程序中两次开中断,第一次开中断是为了允许中断嵌套而设置的。第二次开中断是因为恢复寄存器内容时,为了防止有中断进入破坏其内容,先执行关中断,然后在中断返回前再开中断,这样返回主程序后,中断请求能得到允许。中断结束命令 EOI 一般在中断处理结束前发出,使一次中断处理的过程是完整的。

例 6.15　写出一个完整的可屏蔽中断服务子程序。

8259A 的 IRQ_0(中断类型号为 08H)的中断请求来自定时器/计数器 8253,每隔 55 ms(精确为 54.925 493 ms)产生一次。MS-DOS 操作系统利用它实现日时钟计时功能。本程序利用我们自己设计的新的 08H 号中断服务程序暂时取代原中断服务程序,使得每次中断后显示一字符串信息,显示 1 min(8253 共产生 1 092 次中断)后,恢复原中断服务程序,并返回 DOS 操作系统。

```
DATA      SEGMENT
INTMSG    DB       "This is a 8259A interrupt!",0AH,0DH,"$"
COUNT     DW       0
DATA      ENDS
;
CODE      SEGMENT
          ASSUME   CS:CODE,DS:DATA
START:
          MOV    AX,DATA
          MOV    DS,AX          ;初始化数据段寄存器
          MOV    AX,3508H
          INT    21H            ;获取原中断向量
          PUSH   ES
          PUSH   BX             ;保存原中断向量到堆栈
          CLI                   ;关中断
          PUSH   DS
          MOV    AX,SEG MY08H
          MOV    DS,AX
          MOV    DX,OFFSET MY08H
          MOV    AX,2508H
          INT    21H            ;设置新的中断向量
          POP    DS
          IN     AL,21H         ;读出 IMR
          PUSH   AX             ;保存原 IMR 的内容
          AND    AL,0FEH
          OUT    21H,AL         ;允许 IRQ₀
          STI                   ;开中断
                                ;主程序完成中断服务程序的设置,可以继续处理其他
                                ;事务
NEXT:     CMP    COUNT,1 092    ;本例的主程序仅仅循环等待中断
          JB     NEXT           ;中断 1 092 次后退出
          CLI                   ;关中断
          POP    AX
```

```
                OUT    21H,AL          ;恢复原 IMR 的状态
                POP    DX
                POP    DS
                MOV    AX,2508H
                INT    21H             ;恢复原中断向量
                STI                    ;开中断
                MOV    AX,4C00H
                INT    21H             ;返回 DOS
                                       ;主程序结束,下面为中断服务程序
MY08H           PROC
                STI                    ;开中断
                PUSH   AX
                PUSH   DS
                PUSH   DX              ;保护现场
                MOV    AX,DATA
                MOV    DS,AX           ;DS 指向数据段
                INC    COUNT           ;中断次数加 1
                MOV    DX,OFFSET INTMSG
                MOV    AH,09H
                INT    21H             ;显示信息
CLI
                MOV    AL,20H
                OUT    20H,AL          ;发 EOI 命令
                POP    DX
                POP    DS
                POP    AX              ;恢复现场
                STI
                IRET                   ;中断返回
MY08H           ENDP
CODE            ENDS
                END    START
```

习　　题

1. 什么是中断?

2. 中断源有哪些? 各有何特点?

3. 可屏蔽中断与非屏蔽中断有何不同?

4. 什么是中断向量表？如何使用？

5. 简述中断响应与处理过程。

6. 如何实现中断嵌套？

7. 简述 8259A 的主要功能。

8. 8259A 是如何区别 ICW 和 OCW 命令的？

9. 设 8259A 的地址为 0FFFCH，一外设的数据端口的地址为 0FFC0H，外设的中断请求信号接入 IR_0，现要求编写 8259A 的初始化程序，并且在外设发出中断请求信号后在中断服务子程序中从数据缓冲区中读取一个字输出给外设。

第 7 章　典型可编程接口芯片的编程和应用

本章重点

1. 8253 定时器/计数器初始化和应用编程；
2. 8255A 并行芯片初始化和应用编程。

本章以典型芯片作为实例,介绍可编程接口芯片的组成结构原理以及它们的分类方法,并对每种芯片的内部结构,引脚及信号名称和功能作较详细的分析和讨论,讲述其工作原理及编程方法。重点讨论定时/计数器接口、并行数据接口以及 A/D 和 D/A 转换等典型接口电路并介绍系统连接实例。

7.1　概　　述

I/O 设备与计算机系统主机之间一般通过 I/O 端口相连。I/O 端口一方面挂在系统的总线上,通过总线与主机进行通信,传送状态信息和数据,它是由主机对接口的操作命令来实现的;另外一方面与一台或多台外设相连,直接控制外设的操作,读取或发送数据,使得 I/O 设备成为系统中的一个组成部分。随着大规模和超大规模集成电路的发展,各种可编程接口芯片得以出现并取得了广泛的应用。在这些接口芯片中一般含有若干个端口,且接口芯片中的端口均可通过编程进行设置和控制,因此称为可编程接口芯片。

7.1.1　接口芯片的组成

接口芯片应具有如下组成部分。

7.1.1.1　数据输入和输出电路

所有 I/O 接口电路,都是为了保障主机与外设之间数据信息的交换这一基本任务。I/O 接口应依据计算机主机发出的指令进行相应的输入和输出操作。由于数据信息的多样性,输入和输出电路应包含以下部分:

1. 数据的缓冲与锁存

由于主机中高速的 CPU 与慢速的 I/O 设备在工作的速度上不匹配,因此,应将数据缓冲及锁存,以保证数据传送的正确性。

如主机需要将数据输出给打印机打印,当主机给打印机发出指令后,打印机进行相应的准备工作,当它准备就绪时就向主机申请中断,主机响应中断后,就在中断服务子程序中输出打印数据,而每个数据只在写周期内有效,在 8088/8086 CPU 中,其写周期就为 μs 级,而当今 CPU 的主频越来越高,指令执行的时间也就越来越短,在这么短的时间内要打印机打印出一个字符在当今的科技水平下还不能实现。因此,必须将数据存放到缓冲寄存器中,加以锁存供打印机读取。

2. 信息的转换

在计算机控制系统中,主机要与各种 I/O 设备进行数据信息的交换,因此常会出现主机与 I/O 设备之间在数据信息的类型(数字量、模拟量等)、电平(TTL 电平、非 TTL 电平等)或信息的格式(并行输入输出、串行输入输出)等不同的情况,此时接口电路中必须对信息进行相应的转换以满足主机或 I/O 设备的要求。

7.1.1.2　地址译码电路

计算机控制系统中,包含有多个可编程接口芯片,而一个可编程接口芯片的内部又都有两个以上的 I/O 端口,它们都挂在主机的系统总线上。因此,当主机进行 I/O 操作时,同一时刻应该只允许被选中的 I/O 端口与数据总线相通,与主机进行数据传送。而其他没有被选中的 I/O 端口应呈高阻状态,与数据总线隔离。所以,每个 I/O 端口应通过地址译码电路来确定 I/O 端口地址的唯一性。

7.1.1.3　控制和状态寄存器

控制寄存器的作用是接收并存放 CPU 发来的控制命令(控制字)。这样,就可以在程序中控制可编程接口芯片的工作方式、工作速度以及指定某些参数、功能及特定的操作。

状态寄存器的作用是保存外设的当前状态信息(如忙/闲、准备就绪等),以供 CPU 查询、判断,使外设能与 CPU 通过查询或中断方式传送数据。

7.1.2　接口电路芯片的分类

接口电路有的可以简单到只有一块集成电路芯片组成,也可以复杂到利用I/O总线插槽连接 I/O 设备的接口电路板(如网卡、显卡、声卡、图像采集卡、电视卡等),其类型多种多样;但其核心部分往往是一块或数块集成电路芯片,这些芯片常被称为"接口芯片"。

7.1.2.1　按功能分类

按其功能可分为以下几种:

1. 通用接口芯片

支持通用的数据输入/输出和控制的接口芯片。它适用于大部分外部设备,如并行接口芯片 8212,8255A 等,串行接口芯片 8250,8251 等。

2. 专用接口芯片

专用接口芯片还可细分为以下两类:

(1) 面向外设的专用接口芯片

这类芯片一般是针对某种外设而设计的,如 CRT 控制器 MC6845 支持显示接口电路,软盘控制器 μPD765 支持软盘驱动器接口电路,键盘/显示器接口芯片 8279 支持简易键盘和数码显示器。

(2) 面向微机系统的专用接口芯片

这类芯片与 CPU 和系统配套使用,以增强其总体功能。如用来扩展系统可屏蔽中断能力的中断控制器 8259A、用来支持 DMA 数据高速传送的 DMA 控制器 8237、用来为系统提供时基信号的定时计数器 8253 和 8254 等。

7.1.2.2　按可编程性分类

1. 可编程接口芯片

可编写程序选定芯片的某种功能或工作方式。为设定芯片的工作方式而编写的程序段一般被称为该接口芯片的初始化程序段。如 8237,8255A 等。

2. 不可编程的接口芯片

如 8286,8282 等。

7.2　计数和定时

在微型计算机系统中,常需要用到定时功能。例如,在 IBM PC 机中,需要有一个实时时钟以实现计时功能,还要求按一定的时间间隔对动态 RAM 进行刷新,扬声器的发声也是由定时信号来驱动的,实时操作系统和多任务操作系统中需要定时进行进程调度。在计算机实时控制和处理系统中,则要按一定的采样周期对处理对象进行采样,或定时检测某些参数等,都需要定时信号。此外,在许多微机应用系统中,还会用到计数功能,需对外部事件进行计数。

实现定时功能主要有 3 种方法:

① 软件定时:指程序执行一个固定的循环,以得到不同的定时信号,其定时的时间常数是用每条指令的 T 周期数决定。

② 不可编程的硬件定时:一般采用计数分频器,RC 单稳等。

③ 可编程的硬件定时：可编程的计数和定时器是专为微机系统而设计的，其工作方式可随时由 CPU 编程，因而能满足各种不同的计数和定时要求。

软件定时是最简单的定时方法，它不需要硬件支持，只要让计算机执行某一循环子程序。循环子程序内部由一系列指令构成，这些指令本身并没有具体的执行目的，但由于执行每条指令都需要一定的机器周期，重复执行这些指令就会占用一段固定的时间。因此，习惯上将这种定时方法称为软件延时。

通过正确选取指令和合适的循环次数，很容易便可实现定时功能。由软件编程来控制和改变定时时间的这种方法，灵活方便，而且节省费用，缺点是 CPU 的利用率太低，在定时循环期间，CPU 不能再去做任何其他有用的工作，而仅仅是在反复循环，等待预定定时时间的到来，这在许多情况下是不允许的。比如，对动态存储器的定时刷新操作，只要处于开机状态，就需要一直不停地进行下去，显然不能采用软件定时。为了提高 CPU 的利用率，常采用可编程和不可编程的硬件电路来实现定时。

如 555 芯片就是一种常用的不可编程器件，加上外接电阻和电容就能构成定时电路。这种定时电路结构简单，通过改变电阻或电容值，可以在一定的定时范围内改变定时时间。但这种定时电路在硬件已连接好的情况下，定时时间和范围就不能由程序来控制和改变，而把它的定时信号作为基准，其适用性也不广，而且定时精度也不高，因此，这种定时电路只在某些特殊的场合使用。

可编程定时器/计数器电路利用硬件电路和中断方法控制定时，定时时间和范围完全由软件来确定和改变，并由微处理器的时钟信号提供时间基准，因这种时钟信号由晶体振荡器产生，故计时精确稳定。但该时钟信号频率太高，所以要送到专门的定时器/计数器芯片进行分频后，才能产生所需的各种定时信号。用可编程定时器/计数器电路进行定时时，先要根据预定的定时时间，用指令给定时器/计数器芯片设定计数初值，然后启动芯片进行工作。定时器/计数器一旦开始工作后，CPU 就可以去做别的工作了，等待定时器/计数器计到预定的时间，便自动形成一个输出信号，该信号可用来向 CPU 提出中断请求，通知 CPU 定时时间已到，使CPU 作相应的处理。或者直接利用输出信号去启动设备工作。这种方法不但显著提高了 CPU 的利用率，而且定时时间由软件设置，使用起来十分灵活方便，加上定时时间又很精确，所以获得了广泛的应用。

如果系统中有产生代表外部事件的脉冲信号源，也可以利用定时器/计数器芯片对外部事件进行计数。

7.2.1　可编程定时器/计数器 8253

定时器：在时钟信号作用下，进行定时的减"1"计数，定时时间到(减"1"计数回零)时,从输出端输出周期均匀、频率恒定的脉冲信号。

由上述可知,定时器强调的是精确的时间。

例如,一天 24 h 的计时,称为日时钟;在监测系统中,对被测点的定时取样;在读键盘时,为去抖,一般延迟一段时间再读;在微机控制系统中,控制某工序定时启动。

计数器:在时钟信号作用下,进行减"1"计数,计数次数到(减"1"计数回零)时,从输出端输出一个脉冲信号。例如,对零件和产品的计数;对大桥和高速公路上车流量的统计等。

Intel 8253 在微机系统中可用作定时器和计数器,称为可编程间隔定时器(Programmable Interval Timer,PIT),也可以作为事件的计数器(Event Counter)。定时时间与计数次数是由用户事先设定。

8253 定时与计数器与 CPU 相互独立,并行操作。定时与计数结束时产生的脉冲信号可用于对某一事件进行控制,也可用作一外部终端请求信号。

Intel 8253 定时器/计数器的基本性能参数:

① 一片 8253 内部有 3 个 16 位的计数器(相互独立)。

② 每个计数器的内部结构相同,可通过编程手段设置为 6 种不同的工作方式来进行定时/计数。

③ 每个计数器再开始工作前必须预制时间常数(时间初始)。

④ 每个计数器在工作过程中的当前计数值可被 CPU 读出。

⑤ 最高计数频率能达到 2 MHz。

注意　时间常数也可在计数过程中更改。

8253 具有计数、定时、测频、代替软件延时和产生多种频率的脉冲信号的功能,适用于许多场合,如用作可编程方波频率产生器、分频器、程控单脉冲发生器等。

7.2.1.1　8253 的内部结构和引脚信号

8253 的内部结构和引脚信号分别见图 7.1 和图 7.2。

8253 内部包含数据总线缓冲器、读/写控制电路、控制寄存器和 3 个结构完全相同的计数器,这 3 个计数器分别称为计数器 0,计数器 1 和计数器 2。各部分的功能和有关引脚的意义分述如下:

1. 数据总线缓冲器

它是一个三态、双向 8 位寄存器,用于将 8253 与系统数据总线 $D_0 \sim D_7$ 相连。CPU 用输入、输出指令对 8253 进行读/写操作的信息包括:

① CPU 在对 8253 进行初始化编程时,向它写的控制字。

② CPU 向某一计数器写入的计数初值。

③ 从计数器读出的计数值。

2. 读/写控制电路

接收系统控制总线送来的输入信号,经组合后形成控制信号,对各部分操作进

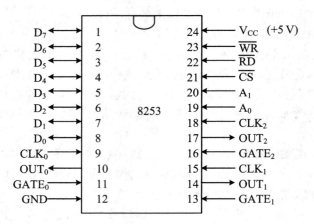

图 7.1　8253 内部结构框图

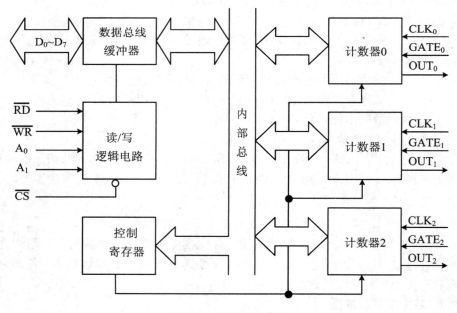

图 7.2　8253 的引脚图

行控制。可接收的信号有：

① $\overline{CS}$：片选信号，低电平有效，由地址总线经 I/O 端口译码电路产生。

② $\overline{RD}$：读信号，低电平有效。当 $\overline{RD}$ 为低电平时，表示 CPU 正在读取所选定的计数器通道中的内容。

③ $\overline{WR}$：写信号，低电平有效。当 $\overline{WR}$ 为低电平时，表示 CPU 正在将计数初值写入所选中的计数通道中或者将控制字写入控制字寄存器中。

④ A_1，A_0：端口选择信号。在 8253 内部有 3 个计数器通道($0\sim2$)和一个控制字寄存器端口。当 $A_1A_0=00b$ 时，选中通道 0；$A_1A_0=01b$ 时，选中通道 1；$A_1A_0=10b$ 时，选中通道 2；$A_1A_0=11b$ 时，选中控制字寄存器端口。

如果系统采用的是 8086 CPU，则数据总线为 16 位。CPU 在传送数据时，总是将低 8 位数据送往偶地址端口，将高 8 位数据送到奇地址端口。当仅具有 8 位数据总线的存储器或 I/O 接口芯片与 8086 的 16 位数据总线相连时，既可以连到高 8 位数据总线，也可以接在低 8 位数据总线上。在实际设计系统时，为了方便起见，常将这些芯片的数据线 $D_7\sim D_0$ 接到系统数据总线的低 8 位，这样，CPU 就要求芯片内部的各个端口都使用偶地址。

假设一片 8253 被用于 8086 系统中，为了保证各端口均为偶地址，CPU 访问这些端口时，必须将地址总线的 A_0 置为 0。因此，我们就不能像在 8088 系统中那样，用地址线 A_0 来选择 8253 中的各个端口。而改用地址总线中的 A_2、A_1 实现端口选择，即将 A_2 连到 8253 的 A_1 引脚，而将 A_1 与 8253 的 A_0 引脚相连。若 8253 的基地址为 0F0H(11110000b)，因为 $A_2A_1=00b$，所以它也就是通道 0 的地址；$A_2A_1=01b$ 选择通道 1，所以通道 1 的地址为 0F2H(11110010b)；$A_2A_1=10b$，选择通道 2，即端口地址为 0F4H(11110100b)；$A_2A_1=11b$ 选中控制字寄存器，即端口地址为 0F6H(11110110b)。

各输入信号经组合形成的控制功能见表 7.1。

表 7.1　8253 输入信号组合的功能表

$\overline{CS}$	$\overline{RD}$	$\overline{WR}$	A_1A_0	功　　能
0	1	0	00b	写入计数器 0
0	1	0	01b	写入计数器 1
0	1	0	10b	写入计数器 2
0	1	0	11b	写入控制字寄存器
0	0	1	00b	读计数器 0
0	0	1	01b	读计数器 1
0	0	1	10b	读计数器 2
0	0	1	11b	无操作
1	×	×	××b	禁止使用
0	1	1	××b	无操作

3. 计数器 $0\sim3$

8253 内部包含 3 个完全相同的定时器/计数器通道，对 3 个通道的操作完全是独立的。每个通道都包含一个控制字寄存器、一个 16 位的计数初值寄存器 CR、一个计数器执行部件 CE(实际的计数器,为减 1 计数器)和一个输出锁存器 OL。执行部件实际上是一个 16 位的减法计数器,它的起始值就是初值寄存器的值,该值可由程序设置。输出锁存器用来锁存计数器执行部件的值,必要时 CPU 可对它执行读操作,以了解某个时刻计数器的瞬时值。计数初值寄存器、计数器执行部件和输出锁存器都是 16 位寄存器,它们均可被分成高 8 位和低 8 位两个部分,因此也可作为 8 位寄存器来使用。见图 7.3。

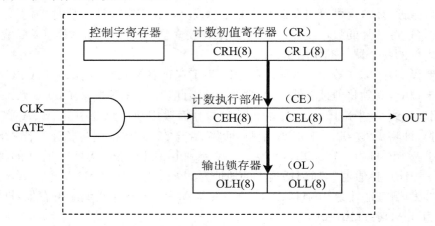

图 7.3　8253 计数通道结构

每个通道工作时,都是对输入到 CLK 引脚上的脉冲按二进制或十进制(BCD码)格式进行计数。计数采用倒计数法,先对计数器预置一个初值,再把初值装入实际的计数器。然后,开始递减计数。即每输入一个时钟脉冲,计数器的值减 1,当计数器的值减为 0 时,便从 OUT 引脚输出一个脉冲信号。输出信号的波形主要由工作方式决定,同时还受到从外部加到 GATE 引脚上的门控信号控制,它决定是否允许计数。

当用 8253 作外部事件计数器时,在 CLK 引脚上所加的计数脉冲是由外部事件产生的,这些脉冲的间隔可以是不相等的。如果要用它作定时器,则 CLK 引脚上应输入精确的时钟脉冲。这时,8253 所能实现的定时时间,决定于计数脉冲的频率和计数器的初值,即

$$定时时间 = 时钟脉冲周期 T_C × 预置的计数初值 n$$

例如,在某系统中,8253 所使用的计数脉冲频率为 0.5 MHz,即脉冲周期 $T_C = 2\ \mu s$,如果给 8253 的计数器预置的初值 n=500,则当计数器计到数值为 0 时,定时时间 $T = 2\ \mu s × 500 = 1$ ms。

对 8253 来讲,外部输入到 CLK 引脚上的时钟脉冲频率不能大于 2 MHz。如果大于 2 MHz,则必须经分频后才能送到 CLK 端,使用时要注意。

8253 的 3 个计数器都各有 3 个引脚,它们是:

① $CLK_0 \sim CLK_2$:计数器 0~2 的输入时钟脉冲从这里输入。

② $OUT_0 \sim OUT_2$:计数器 0~2 的输出端。

③ $GATE_0 \sim CATE_2$:计数器 0~2 的门控脉冲输入端。

4. 控制字寄存器

控制字寄存器是一种只写寄存器,在对 8253 进行编程时,由 CPU 用输出指令向它写入控制字,来选定计数器通道,规定各计数器通道的工作方式,读/写格式和数制。见图 7.4 为 8253 控制字格式。

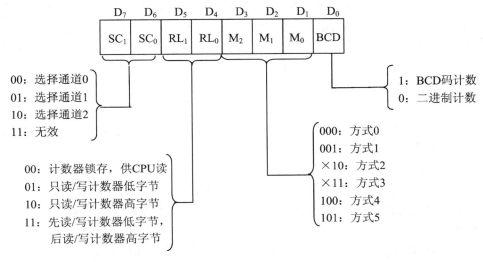

图 7.4　8253 控制字格式

① $SC_1 SC_0$:通道选择位。由于 8253 内部有 3 个计数通道,需要有 3 个控制字寄存器分别规定相应通道的工作方式,但这 3 个控制字寄存器只能使用同一个端口地址,在对 8253 进行初始化编程,设置控制字时,需由这两位来决定在向哪一个通道写入控制字。选择 $SC_1 SC_0 = 00,01,10$ 分别表示向 8253 的计数器通道 0~2 写入控制字。$SC_1 SC_0 = 11$ 时无效。

② $RL_1 RL_0$:读/写操作位,用来定义对选中通道中的计数器的读/写操作方式。当 CPU 向 8253 的某个 16 位计数器装入计数初值,或从 8253 的 16 位计数器读入数据时,可以只读/写它的低 8 位字节或高 8 位字节。$RL_1 RL_0$ 组成 4 种编码,表示 4 种不同的读/写操作方式,即:

• $RL_1 RL_0 = 01$,表示只读/写低 8 位字节数据,若只写入低 8 位时,高 8 位自动置为 0;

• $RL_1 RL_0 = 10$,表示只读/写高 8 位字节数据,若只写入高 8 位时,低 8 位自动置为 0；

• $RL_1 RL_0 = 11$，允许读/写 16 位数据。由于 8253 的数据线只有 8 位（$D_7 \sim D_0$），一次只能传送 8 位数据，故读/写 16 位数据时必须分两次进行，先读/写计数器的低 8 位字节，后读/写高 8 位字节；

• $RL_1 RL_0 = 00$，把通道中当前 CE 中的值送到 16 位锁存器中锁存，供 CPU 读取该值。

③ BCD：计数方式选择位。当该位为 1 时，采用 BCD 码计数，写入计数器的初值用 BCD 码表示，初值范围为 0000H～9999H，其中 0000H 表示最大值 10000H，即 10^4。例如，当我们预置的初值 n＝1200H 时，就表示预置了一个十进制数 1200D。当 BCD 位为 0 时，则采用二进制格式计数，写入计数器中的初值用二进制数表示。在程序中，二进制数可以写成十六进制数的形式，所以初值范围为 0000H～0FFFFH，其中 0000H 表示最大值 65536，即 2^{16}。这时，如果我们仍预置了一个初值 n＝1200H，就表示预置了一个十进制数 4608。

④ $M_2 M_1 M_0$：工作方式选择位。8253 的每个通道都有 6 种不同的工作方式，即方式 0～5，当前工作于哪种方式，由这 3 位来选择。每种工作方式的特点、计数器的输出与输入及门控信号之间的关系等问题，将在后面作进一步介绍。

关于 8253 的控制字说明：

① 8253 只有一个工作方式控制字，但是对每个计数器而言，它们的工作方式控制字内容一定各不相同（前两位不同），所用各计数器的控制字需要分别设置，先后不计。

② 8253 的工作方式控制字的特殊形式可用于对计数器的当前计数值进行锁存。$RW_1 RW_2 = 00$，M_2，M_1，M_0，BCD 未用。

③ 工作方式控制字被设置之后，随后必须紧接着给计数器预设置计数初值，计数器方可开始工作。

④ 计数初值与输入时钟（CLK）频率及输出波形（OUT）频率之间的关系为：

$$N = f_{CLK} / f_{OUT} \quad 或 \quad N = T_{OUT} / T_{CLK}$$

⑤ 8253 初始化的工作有两个内容：

• 一是向命令寄存器写入方式命令，以选择器（3 个计数器之一），确定工作方式（6 种方式之一），指定计数器计数初值的长度和装入顺序以及计数值的码制（BCD 或二进制码）。

• 二是向已选定的计数器按方式命令的要求写入计数初值。

例 7.1　选择 2 号计数器，工作在方式 3，计数初值为 533H（2 个字节），采用二进制计数。其初始化程序段为

```
    MOV   DX,307H          ;命令口
```

	MOV	AL,10110110b	;2 号计数器的初始化命令字
	OUT	DX,AL	;写入命令寄存器
	MOV	DX,306H	;2 号计数器数据口
	MOV	AX,533H	;计数初值
	OUT	DX,AL	;选送低字节到 2 号计数器
	MOV	AL,AH	;取高字节送 AL
	OUT	DX,AL	;后送高字节到 2 号计数器

例 7.2　要求读出并检查 1 号计数器的当前计数值是否是全"1"(假定计数值只有低 8 位),其程序段为

	MOV	DX,307H	;命令口
L:	MOV	AL,01000000b	;1 号计数器的锁存命令
	OUT	DX,AL	;写入命令寄存器
	MOV	DX,305H	;1 号计数器数据口
	IN	AL,DX	;读 1 号计数器的当前计数值
	CMP	AL,0FFH	;比较
	JNE	L;非全"1",再读	
	HLT		;是全"1",暂停

7.2.1.2　初始化编程步骤和门控信号的功能

1. 8253 的初始化编程步骤

8253 没有复位信号,加电后工作方式不确定。为使 8253 正常工作,在使用之前,微处理器必须对其进行初始化编程。

(1)写入控制字

用输出指令向控制字寄存器写入一个控制字,以选定计数器通道,规定该计数器的工作方式和计数方式。写入控制字还起到复位作用,使输出端 OUT 变为规定的初始状态,并使计数器清 0。

(2)写入计数初值

用输出指令向选中的计数器端口地址中写入一个计数初值,初值设置时要符合控制字中有关格式的规定。初值可以是 8 位数据,也可以是 16 位数据。若是 8 位数,只要用一条输出指令就可完成初值的设置。如果是 16 位数,则必须用两条输出指令来完成,而且规定先送低 8 位数据,后送高 8 位数据。

注意　计数初值为 0 时,也要分成两次写入,因为在二进制计数时,它表示 65536,BCD 计数时,它表示 10000。

由于 3 个计数器分别具有独立的编程地址,而控制字寄存器本身的内容又确定了所控制的寄存器的序号,因此对 3 个计数器通道的编程没有先后顺序的规定,可任意选择某一个计数器通道进行初始化编程,只要符合先写入控制字,后写入计

数初值的规定即可。

在计数初值写入 8253 后,还要经过一个时钟脉冲的上升沿和下降沿,才能将计数初值装入实际的计数器,然后在门控信号 GATE 的控制下,对从 CLK 引脚输入的脉冲进行递减计数。

2. 门控信号的功能

门控信号 GATE 在各种工作方式中的控制功能见表 7.2。

表 7.2　门控信号 GATE 的控制功能

工作方式	GATE 为低电平或下降沿	GATE 为上升沿	GATE 为高电平
方式 0	禁止计数	—	允许计数
方式 1	—	从初始值开始计数,下一个时钟脉冲后输出变为低电平	—
方式 2	禁止计数,使输出变高	从初值开始计数	允许计数
方式 3	禁止计数,使输出变高	从初值开始计数	允许计数
方式 4	禁止计数	—	允许计数
方式 5	—	从初值开始计数	

注:"—"代表无影响。

从表 7.2 可以看出,可以用门控信号的上升沿、低电平或下降沿来控制 8253 进行计数。对于方式 0 和方式 4,当 GATE 为高电平时,允许计数,GATE 为低电平或下降沿时,禁止计数。对于方式 1 和方式 5,只有当门控信号产生从低电平到高电平的正跳变时,才允许 8253 从初始值开始计数。但两者对输出电平的影响是有区别的:在方式 1 时,GATE 信号触发 8253 开始计数后,就使输出端 OUT 变成低电平;方式 5 的 GATE 触发信号不影响 OUT 端的电平。对方式 2 和方式 3,GATE 为高电平时允许计数,低电平或下降沿时禁止计数,若 GATE 变低后又产生从低到高的正跳变时,将会再次触发 8253 从初值开始计数。

7.2.1.3　8253 的工作方式

8253 的每个通道都有 6 种不同的工作方式,下面分别进行介绍:

1. 方式 0:计数结束中断方式("一次有效")

此方式的定时时序见图 7.5,工作过程如下:

① 计数器写完计数值时,开始计数,相应的输出信号 OUT 就开始变成低电平。当计数器减到零时,OUT 立即输出高电平。

② 门控信号 GATE 位高电平时,计数器工作;为低电平时,计数器停止工作,计数值保持不变。

③ 在计数器工作期间,如果重新写入新的计数值,计数器将按新写入的计数
值重新工作。

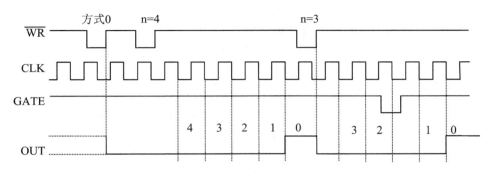

图 7.5　工作方式 0 的时序图

设 GATE 为高电平,若 CPU 利用输出指令向计数通道写入初值 n(=4)时,
$\overline{WR}$ 变成低电平。在 $\overline{WR}$ 的上升沿时,n 被写入 8253 内部的计数器初值寄存器。在
$\overline{WR}$ 上升沿后的下一个时钟脉冲的下降沿时,才把 n 装入通道内的实际计数器中,
开始进行减 1 计数。也就是说,从写入计数器初值到开始减 1 计数之间,有一个时
钟脉冲的延迟。此后,每从 CLK 引脚输入一个脉冲,计数器就减 1。总共经过
(n+1)个脉冲后,计数器减为 0,表示计数计到终点,计数过程结束,这时 OUT 引
脚由低电平变成高电平。这个由低到高的正跳变信号,可以接到 8259A 的中断请
求输入端,利用它向 CPU 发中断请求信号。OUT 引脚上的高电平信号,一直保持
到对该计数器装入新的计数值,或设置新的工作方式为止。

在计数的过程中,如果 GATE 变为低电平,则暂停减 1 计数,计数器保持
GATE 有效时的值不变,OUT 仍为低电平。待 GATE 回到高电平后,又继续往下
计数。

按方式 0 进行计数时,计数器只计一遍。当计数器计到 0 时,不会再装入初值
重新开始计数,其输出将保持高电平。

如果计数初值为两个字节的数据,在写入第 1 个字节后,计数器停止以前的计
数工作,在写入第 2 个字节后,计数器在下一个时钟脉冲按新的初值开始计数。

例 7.3　使计数器 T_1 工作在 0 方式,进行 16 位二进制计数,计数初值的高低
字节分别为 BYTEH 和 BYTEL。其初始化程序段如下:

```
MOV   DX,307H              ;命令口
MOV   AL,01110000B         ;方式字
OUT   DX,AL
MOV   DX,305H              ;T₁ 数据口
MOV   AL,BYTEL             ;计数值低字节
```

```
OUT    DX,AL
MOV    AL,BYTEH                ;计数值高字节
OUT    DX,AL
```

2. 方式 1:可编程单稳态输出方式

低电平输出(GATE 信号上升沿重新计数):

(1) 情况一

① 写入计数初值后,计数器并不立即开始工作;

② 门控信号 GATE 有效,才开始工作,使输出 OUT 变成低电平;

③ 直到计数器值减到零后,输出才变高电平。见图 7.6①。

(2) 情况二

在计数器工作期间,当 GATE 又出现一个上升沿时,计数器重新装入原计数初值并重新开始计数,见图 7.6②。

(3) 情况三

如果工作期间对计数器写入新的计数初值,则要等到当前的计数值计满回零且门控信号再次出现上升沿后,才按新写入的计数初值开始工作,见图 7.6③。

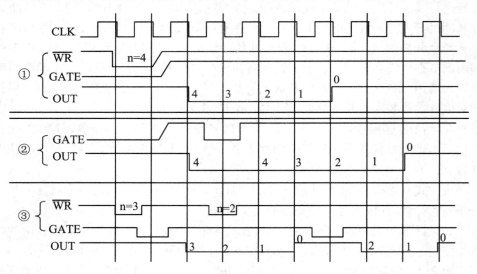

图 7.6　工作方式 1 的时序图

在 OUT 引脚上得到一个负的单脉冲,单脉冲的宽度等于时钟脉冲的宽度乘以计数值 n。在计数过程中,若 GATE 产生负跳变,不会影响计数过程的进行。当计数器回零后,GATE 又产生从低到高的正跳变,不需要再送计数初值,计数器按照以前的计数初值又可产生一个同样宽度的负的单脉冲。

例 7.4　使计数器 T_2 工作在方式 1,进行 8 位二进制计数,并设计数初值的低

8 位为 BYTEL。

　　其初始化程序段为

```
MOV   DX,307H        ;命令口
MOV   AL,10010010b   ;方式字
OUT   DX,AL
MOV   DX,306H        ;T₂ 数据口
MOV   AL,BYTEL       ;低 8 位计数值
OUT   DX,AL
```

3. 方式 2:频率发生器(分频器)

　　方式 2 是一种具有自动装入时间常数(计数初值 N)的 N 分频器。特点:一次设置计数初值,计数器可自动重复进行减"1"计数操作,减"1"计数回"0",可从输出端输出一负脉冲信号。当对某一计数通道写入控制字,选定工作方式 2 时,OUT端输出高电平。见图 7.7。

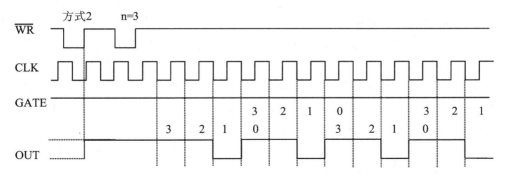

图 7.7　工作方式 2 的时序图

　　如果 GATE 为高电平,则在写入计数值后的下一个时钟脉冲时,将计数值装入执行部件。此后,计数器随着时钟脉冲的输入而递减计数。当计数值成为 1 时,OUT 端由高电平变为低电平,待计数器的值减为 0 时,OUT 引脚又回到高电平,即低电平的持续时间等于一个输入时钟周期。与此同时,还将计数初值重新装入计数器,开始一个新的计数过程,并由此周而复始地循环计数。

　　如果装入计数器的初值为 n,那么在 OUT 引脚上,每隔 n 个时钟脉冲就产生一个负脉冲,其宽度与时钟脉冲的周期相同,频率为输入时钟脉冲频率的 1/n。所以,这实际上是一种分频工作方式。

　　在操作过程中,任何时候都可由 CPU 重新写入新的计数值,它不会影响当前计数过程的进行。当计数值减为 0 时,一个计数周期结束,8253 将按新写入的计数值进行计数。

在计数过程中,当 GATE 变为低电平时,将迫使 OUT 变为高电平,并禁止计数;当 GATE 从低电平变为高电平,也就是 GATE 端产生上升沿时,则在下一个时钟脉冲时,又把预置的计数初值重新装入计数器,从初值开始递减计数,并循环进行。当需要产生连续的负脉冲序列信号时,可使 8253 工作于方式 2。

例 7.5　使计数器 T_0 工作在 2 方式,进行 16 位二进制计数。

其初始化程序段为

```
MOV   DX,307H      ;命令口
MOV   AL,00110100B ;方式字
OUT   DX,AL
MOV   DX,304H      ;T₀ 数据口
MOV   AL,BYTEL     ;低 8 位计数值
OUT   DX,AL
MOV   AL,BYTEL     ;高 8 位计数值
OUT   DX,AL
```

4. 方式 3:方波发生器

方式 3 工作方式与方式 2 基本相同,也具有自动装入时间常数(计数初值)的功能,不同之处在于:

① 工作在 3 方式,引脚 OUT 输出的不是一个时钟周期的负脉冲,而是占空比为 1∶1 或近似 1∶1 的方波;当计数初值为偶数时,输出在前一半的计数过程中为高电平,在后一半的计数过程中为低电平。

② 由于方式 3 输出的波形是方波,并且具有自动重装计数初值的功能,因此,8253 一旦计数开始,就会在输出端 OUT 输出连续不断的方波。

当 GATE 为高电平时的输出波形见图 7.8。

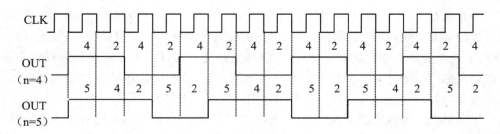

图 7.8　工作方式 3 的波形图

当输入控制字后,OUT 端输出变为高电平。如果 GATE 为高电平,则在写入计数值后的下一个时钟脉冲时,将计数值装入执行部件,并开始计数。

如果写入计数器的初值为偶数,则当 8253 进行计数时,每输入一个时钟脉冲,

均使计数值减 2。计数值减为 0 时,OUT 输出引脚由高电平变成低电平,同时自动重新装入计数初值,继续进行计数。当计数值减为 0 时,OUT 引脚又回到高电平,同时再一次将计数初值装入计数器,开始下一轮循环计数;

如果写入计数器的初值为奇数,则当输出端 OUT 为高电平时,第一个时钟脉冲使计数器减 1,以后每来一个时钟脉冲,都使计数器减 2,当计数值减为 0 时,输出端 OUT 由高电平变为低电平,同时自动重新装入计数初值继续进行计数。这时第一个时钟脉冲使计数器减 3,以后每个时钟脉冲都使计数器减 2,计数值减为 0 时,OUT 端又回到高电平,并重新装入计数初值后,开始下一轮循环计数。

这两种情况下,从 OUT 端输出的方波频率都等于时钟脉冲的频率除以计数初值。但要注意,当写入的计数初值为偶数时,输出完全对称的方波,写入初值为奇数时,其输出波形的高电平宽度比低电平多一个时钟周期。

在计数过程中,若 GATE 变成低电平时,就迫使 OUT 变为高电平,并禁止计数,当 GATE 回到高电平时,重新从初值 n 开始进行计数。

如果希望改变输出方波的频率,CPU 可在任何时候重新装入新的计数初值,在下一个计数周期就可按新的计数值计数,从而改变方波的频率。

5.　方式 4:软件触发选通信号发生器

单次负脉冲输出(软件触发),是一种由软件启动的计数方式。

即由写入计数初值来触发计数器开始工作。门控信号 GATE 为高电平时,允许计数器工作。见图 7.9。

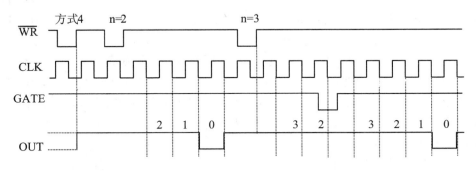

图 7.9　工作方式 4 的时序图

例 7.6　使计数器 T_0 工作于方式 4,进行 8 位二进制计数,并且只装入高 8 位计数值。其初始化程序段为

```
MOV   DX,307H              ;命令口
MOV   AL,00101000b         ;方式字
OUT   DX,AL
MOV   DX,304H              ;T₀ 数据口
```

  MOV AL,BYTEL   ;低 8 位计数值

  当对 8253 写入控制字,进入工作方式 4 后,OUT 端输出变为高电平。如果 GATE 为高电平,那么,写入计数初值后,在下一个时钟脉冲后沿将自动把计数初值装入执行部件,并开始计数。当计数值减为 0 时,OUT 端输出变低,经过一个时钟周期后,又回到高电平,形成一个负脉冲。方式 4 之所以称为软件触发选通方式,这是因为计数过程是由软件把计数初值装入计数寄存器来触发的。用这种方法装入的计数初值 n 仅一次有效,若要继续进行计数,必须重新装入计数初值。若在计数过程中写入一个新的计数值,则在现行计数周期内不受影响,但当计数值回 0 后,将按新的计数初值进行计数,同样也只计一次。如果在计数的过程中 GATE 变为低电平,则停止计数,当 GATE 变为高电平后,又重新将初值装入计数器,从计数初值开始计数,直至计数器的值减为 0 时,从 OUT 端输出一个负脉冲。

  6. 方式 5:硬件触发选通信号发生器

  工作特点是由 GATE 上升沿触发计数器开始工作。

  ① 在方式 5 工作方式下,当写入计数初值后,计数器并不立即开始计数,而要由门控信号的上升沿启动计数。

  ② 在计数过程中(或者计数结束后),如果门控再次出现上升沿,计数器将从原装入的计数初值重新计数。

  编程进入工作方式 5 后,OUT 端输出高电平。见图 7.10。当装入计数值 n 后,不管 GATE 是高电平还是低电平,减 1 计数器都不会工作。一定要等到从 GATE 引脚上输入一个从低到高的正跳变信号时,才能在下一个时钟脉冲后沿把计数初值装入执行部件,并开始减 1 计数。当计数器的值减为 0 时,输出端 OUT 产生一个宽度为一个时钟周期的负脉冲,然后 OUT 又回到高电平。计数器回 0 后,8253 又自动将计数值 n 装入执行部件,但并不开始计数,要等到 GATE 端输入正跳变后,才又开始减 1 计数。由于从 OUT 端输出的负脉冲,是通过硬件电路产生的门控信号上升沿触发减 1 计数而形成的,所以这种工作方式称为硬件触发选通信号发生器。

  计数器在计数过程中,不受门控信号 GATE 电平的影响,但只要计数器未回 0,GATE 的上升沿却能多次触发计数器,使它重新从计数初值 n 开始计数,直到计数值减为 0 时,才输出一个负脉冲。

  如果在计数过程中写入新的计数值,但没有触发脉冲,则计数过程不受影响。当计数器的值减为 0 后,GATE 端又输入正跳变触发脉冲时,将按新写入的初值进行计数。

  6 种工作方式各有特点,适用的场合也不一样。各种方式的主要特点概括如下:

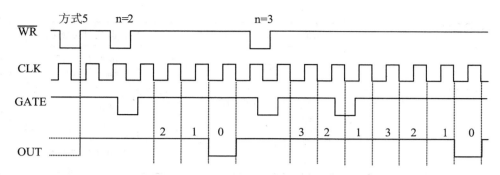

图 7.10　工作方式 5 的时序图

① 对于方式 0,在写入控制字后,输出端即变低,计数结束后,输出端由低变高,常用该输出信号作为中断源。其余 5 种方式写入控制字后,输出均变高。方式 0 可用来实现定时或对外部事件进行计数。

② 方式 1 用来产生单脉冲。

③ 方式 2 用来产生序列负脉冲,每个负脉冲的宽度与 CLK 脉冲的周期相同。

④ 方式 3 用于产生连续的方波。方式 2 和方式 3 都实现对时钟脉冲进行 n 分频。

⑤ 方式 4 和方式 5 的波形相同,都在计数器回 0 后,从 OUT 端输出一个负脉冲,其宽度等于一个时钟周期。但方式 4 由软件(设置计数值)触发计数,而方式 5 由硬件(门控信号 GATE)触发计数。

⑥ 这 6 种工作方式中,对于方式 0,1 和 4,计数初值装进计数器后,仅一次有效。如果要通道再次按此方式工作,必须重新装入计数值。对于方式 2,3 和 5,在减 1 计数到 0 后,8253 会自动将计数初值重新装进计数器。

每种工作方式写入计数初值 n 开始计数后,OUT 端输出信号都不尽相同;在计数过程中写入新的计数初值,也将引起输出波形的改变。见表 7.3。

表 7.3　计数初值 n 与 OUT 端输出波形

工作方式	计数初值 n 与输出波形的关系	改变计数初值
0	写入 n 后,经过(n+1)个 CLK 脉冲输出变高	立即有效(写入后下一个 CLK 脉冲)
1	单稳脉冲的宽度为 n 个 CLK 脉冲	外部触发后有效
2	每 n 个 CLK 脉冲,输出宽度为一个 CLK 周期的负脉冲	计数到 1 后有效

续表

工作方式	计数初值 n 与输出波形的关系	改变计数初值
3	前一半为高电平,后一半为低电平	外部触发有效或计数到 0 后有效
4	写入 n 后经过(n+1)个 CLK,输出宽度为 1 个 CLK 周期的负脉冲	计数到 0 后有效
5	门控信号触发后经过(n+1)个 CLK,输出宽度为 1 个 CLK 周期的负脉冲	外部触发后有效

7.2.2　8253 应用举例

图 7.11 是用 8253 产生各种定时波形。

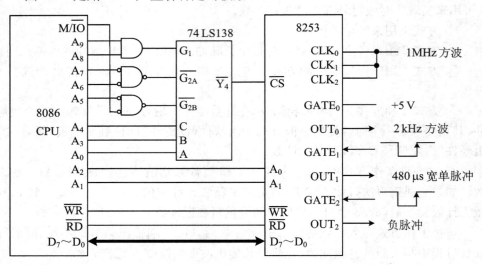

图 7.11　8253 定时波形产生电路

在某个以 8086 为 CPU 的系统中使用了一块 8253 芯片,通道的基地址为 310H,所用的时钟脉冲频率为 1 MHz。要求 3 个计数通道分别完成以下功能:

① 通道 0 工作于方式 3,输出频率为 2 kHz 的方波;

② 通道 1 产生宽度为 480 μs 的单脉冲;

③ 通道 2 用硬件方式触发,输出单脉冲,时间常数为 26。

据此设计的硬件电路见图 7.11。由图 7.11 可见,8253 芯片的片选信号 $\overline{CS}$ 由 74LS138 构成的地址译码电路产生,只有当执行 I/O 操作(即 M/$\overline{IO}$ 为低电平)时以及 $A_9A_8A_7A_6A_5=11000b$ 时,译码器才能工作。当 $A_4A_3A_0=100b$ 时,$\overline{Y_4}=0$,

使 8253 的片选信号 $\overline{CS}$ 有效,选中偶地址端口,端口基地址值为 310H。CPU 的 A_2,A_1 分别与 8253 的 A_1,A_0 相连,用于 8253 芯片内部寻址,使 8253 的 4 个端口地址分别为 310H,312H,314H 和 316H。8253 的 8 根数据线 $D_7 \sim D_0$ 必须与 CPU 的低 8 位数据线 $D_7 \sim D_0$ 相连。另外,8253 的 $\overline{RD}$ 和 $\overline{WR}$ 引脚分别与 CPU 的相应引脚相连。3 个通道的 CLK 引脚连在一起,均由频率为 1 MHz(周期为 1 μs)的时钟脉冲驱动。

通道 0 工作于方式 3,即构成一个方波发生器,它的控制端 $GATE_0$ 须接 +5 V 电压,为了输出 2 kHz 的连续方波,应使时间常数 $N_0 = 1\,MHz/2\,kHz = 500$。

通道 1 工作于方式 1,即构成一个单稳态电路,由 $GATE_1$ 的正跳变触发,输出一个宽度由时间常数决定的负脉冲。此功能一次有效,需要再形成一个脉冲时,不但 $GATE_1$ 脚上要有触发信号,通道 1 也需重新初始化。需输出宽度为 480μs 的单脉冲时,应取时间常数

$$N_1 = 480\,\mu s/1\,\mu s = 480$$

通道 2 工作于方式 5,即由 $GATE_2$ 的正跳变触发减 1 计数,在计到 0 时形成一个宽度与时钟周期相同的负脉冲。此后,若 $GATE_2$ 引脚上再次出现正跳变,又能产生一个负脉冲。这里假设预置的时间常数 $N_2 = 26$。3 个通道的初始化程序如下:

```
;通道 0 的初始化程序
MOV   DX,316H          ;控制端口地址
MOV   AL,00110111b     ;通道 0 控制字,先读/写低字节,后高
;字节,方式 3,BCD 计数
OUT   DX,AL            ;写入控制字寄存器
MOV   DX,310H          ;通道 0 端口地址
MOV   AL,00H           ;低字节
OUT   DX,AL            ;先写入低字节
MOV   AL,05H           ;高字节
OUT   DX,AL            ;后写入高字节
;通道 1 的初始化程序
MOV   DX,316H          ;控制端口地址
MOV   AL,01110011b     ;通道 1 控制字,先读/写低字节,后高
;字节,方式 1,BCD 计数
OUT   DX,AL            ;写入控制字寄存器
MOV   DX,312H          ;通道 1 端口地址
MOV   AL,80H           ;低字节
OUT   DX,AL            ;先写入低字节
MOV   AL,04H           ;高字节
OUT   DX,AL            ;后写入高字节
```

```
;通道 3 的初始化程序
MOV   DX,316H                    ;控制端口地址
MOV   AL,10011011b               ;通道 2 控制字,只读/写低字节,
                                 ;方式 5,BCD 计数
OUT   DX,AL                      ;写入控制字寄存器
MOV   DX,314H                    ;通道 2 端口地址
MOV   AL,26H                     ;低字节
OUT   DX,AL                      ;只写入低字节
```

7.3　并行输入输出接口技术

　　所谓并行输入输出方式就是将组成字和字符的数据,各位同时传送。计算机内部数据的传送都是以并行方式进行的,因此计算机与外设之间的数据传送使用并行输入输出方式最方便,速度最快,因而并行接口方式也得到最广泛的应用。

　　用于并行输入输出的芯片有很多,在其中应用最为典型也最为广泛的并行输入输出接口芯片是 8255A。

7.3.1　并行输入输出接口芯片 8255A

　　8255A 是为 Intel 公司的微处理机配套的通用可编程 I/O 器件。该器件有 24 条可编程 I/O 引脚,这些引脚可分成两组(每组 12 条)分别编程,且可采用 3 种主要的工作方式。在第 1 种工作方式(方式 0)中,可通过编程将每组 12 条引脚再分成 4 组,作为输入或输出;在第 2 种工作方式(方式 1)中,通过编程可使每组有 8 条线用作输入或输出线,其余的 4 条引脚中的 3 条用于传送联络信号和中断控制信号;第 3 种工作方式(方式 2)是双向总线方式,有 8 条线用作为双向总线,而另外 5 条(其中一条是借用另一组的)用于传送联络信号。

1. 主要技术特性
① 与 TTL 电路完全兼容;
② 与 Intel 公司的微处理机系列完全兼容;
③ 改善了时序特性;
④ 直接位置 1/置 0 功能便于实现控制性接口;
⑤ 采用 40 条引脚的双列直插式封装;
⑥ 减少了系统器件数;
⑦ 提高了直流驱动能力。

8255A 内部结构见图 7.12。

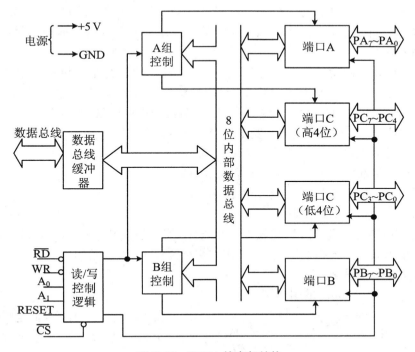

图 7.12　8255A 的内部结构

2. 功能说明

8255A 的功能组态是由系统软件通过编程确定的,因此与外围设备或外部结构相接时通常不需要附加外部逻辑线路。

(1) 数据总线缓冲器

三态双向 8 位缓冲器用于连接 8255A 与系统数据总线,其发送或接收数据是靠 CPU 执行输入或输出指令而实现的。控制字和状态信息也是通过这个数据总线缓冲器传送的。

(2) 读/写和控制逻辑

部件的功能是管理所有的内部和外部的传送过程,包括数据以及控制字。它接收来自 CPU 地址总线和控制总线的输入信号,然后向 A 和 B 两组的控制部件发送命令。

(3) 口 A、口 B 和口 C

8255A 包含有 3 个 8 位的 I/O 口(A,B 和 C)。所有的口都能由系统软件组接成各种的功能部件,但是每个口又有它自己的特点,以便进一步提高 8255A 的功能和灵活性。

口 A：一个 8 位的数据输出锁存器/缓冲器和一个 8 位的数据输入锁存器。

口 B：一个 8 位的数据输入/输出的锁存器/缓冲器和一个 8 位的数据输入缓冲器。

口 C：一个 8 位的数据输出锁存器/缓冲器和一个 8 位的数据输入缓冲器（不锁存输入信号）。

C 口可以通过设定工作方式而分成两个 4 位的口。每个 4 位的口包含一个 4 位的锁存器，与口 A 和口 B 一起用于输出控制信号和输入状态信号。

A 组和 B 组中的每个控制部件都从读/写控制逻辑接收"命令"，从内部数据总线接收"控制字"，并向有关的口发出适当的命令。

A 组控制部件——口 A 和口 C 高 4 位（$C_7 \sim C_4$）。

B 组控制部件——口 B 和口 C 低 4 位（$C_3 \sim C_0$）。

控制字寄存器只能写入，不允许读出。

（4）A 组和 B 组的控制

每个口的功能组态由系统软件编程设定，实际上是由 CPU 向 8255A 输出一个控制字来设定。该控制字包含"工作方式""位置 1"和"位清除"等信息。

3. 8255A 的引脚安排

图 7.13 为 8255A 的引脚图。

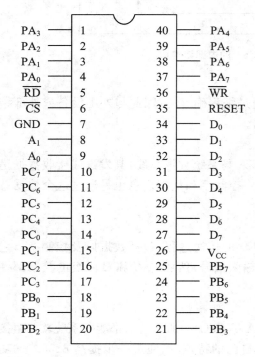

图 7.13 8255A 的引脚

① $\overline{CS}$（片选）：输入，低电平有效。当这个输入引脚处于低电平时，允许 8255A 与 CPU 进行通信。

② $\overline{RD}$（读）：输入，低电平有效。当这个输入引脚处于低电平时，允许 8255A 通过数据总线向 CPU 发送数据或状态信息。实际上，是允许 CPU 从 8255A 读取信息。

③ $\overline{WR}$（写）：输入，低电平有效。当这个输入引脚处于低电平时，允许 CPU 把数据或控制字写入 8255A。

④ A_0 和 A_1（端口选线 0 和端口选线 1）：输入。这两个输入信号与 $\overline{RD}$ 和 $\overline{WR}$ 输入信号一起。用来选择 3 个端口或控制字寄存器。这两条线通常接至地址总线的最低两位（A_0 和 A_1），表 7.4。

⑤ RESET（复位）：输入，高电平有效。当该输入端处于高电平时，所有内

部寄存器(包括控制寄存器)均被清除,所有的 I/O 口(A,B,C)均被置成输入方式。

⑥ $D_7 \sim D_0$:双向、三态数据线,与系统数据总线相连。

表 7.4　8255A 的基本操作

A_1	A_0	$\overline{RD}$	$\overline{WR}$	$\overline{CS}$	端口	操作
0	0	0	1	0	口 A→数据总线	输入操作(读)
0	1	0	1	0	口 B→数据总线	
1	0	0	1	0	口 C→数据总线	
0	0	1	0	0	数据总线→口 A	输出操作(写)
0	1	1	0	0	数据总线→口 B	
1	0	1	0	0	数据总线→口 C	
1	1	1	0	0	数据总线→控制寄存器	
×	×	×	×	1	数据总线→三态	禁止功能
1	1	0	1	0	非法状态	
×	×	1	1	0	数据总线→三态	

⑦ 口 A、口 B 和口 C 数据线:端口 A 数据线 $PA_7 \sim PA_0$;端口 B 数据线 $PB_7 \sim PB_0$;端口 C 数据线 $PC_7 \sim PC_0$。这 3 个端口的数据线与外设相连。

4. 8255A 的控制字

8255A 的工作状态是由 CPU 用输出指令向控制寄存器送控制字来决定的。8255A 的控制字分为两类:一类是方式选择控制字,一类是端口 C 按位置 1/置 0 控制字。方式选择控制字第 7 位总是为 1,而端口 C 置 1/置 0 控制字的第 7 位总是为 0。所以,第 7 位称为这两类控制字的标识符。

(1)方式选择控制字

方式选择控制字可以使 8255A 的 3 个数据端口工作在不同的工作方式。该控制字总是将 3 个数据端口分为两组来设定工作方式,其中端口 A 和端口 C 的高 4 位作为一组,端口 B 和端口 C 的低 4 位作为一组。方式选择控制字的格式见图 7.14。

8255A 可有 3 种基本工作方式:

① 方式 0:基本输入/输出方式;

② 方式 1:带选通的输入/输出方式;

③ 方式 2:双向传输方式。

端口 A 可工作在 3 种工作态式中的任一种,端口 B 只能工作在方式 0 或方式 1,端口 C 常配合端口 A 和端口 B 工作,为这两个端口的输入输出传输提供控制信号和状态信号。同一组的两个端口,如 A 组的端口 A 和端口 C 高 4 位可以分别工作在输入方式或输出方式,并不要求同为输入方式或同为输出方式,而一个端口到底是作输入端口还是作输出端口,这要由方式控制字来决定。

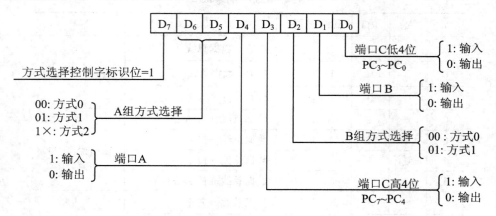

图 7.14　方式选择控制字格式

(2) 端口 C 置 1/置 0 控制字

端口 C 常用于配合端口 A 和端口 B 工作,为这两个端口的输入或输出提供控制信号和状态信号,因此,端口 C 的各位应可以用置 1/置 0 来单独设置。

当 8255A 接收到写入控制寄存器的控制字时,就会对最高位 D_7(即标志位)进行测试,如为 0,则说明此控制字是作为端口 C 的置 1/置 0 控制字来使用的。端口 C 置 1/置 0 控制字的具体格式见图 7.15。

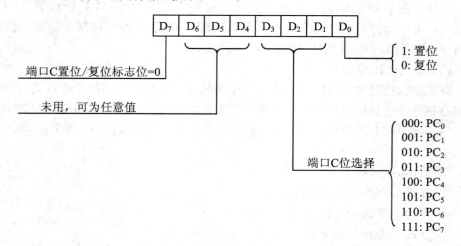

图 7.15　端口 C 置 1/置 0 控制字格式

其中,D_3,D_2,D_1三位的 8 种编码分别决定了对端口 C 的哪一位进行置位操作;D_0位表示该置位操作是置"1"还是置"0",D_0=1 置 1,否则置 0。

7.3.2　8255A 的工作方式

为更好地解释 8255A 工作方式,有必要作一些说明:

(1) 复位信号

当 RESET 输入端处于高电平时,所有的 I/O 口将被置成输入方式。当 RESET 信号撤销后,8255A 仍处于输入状态而不必再预置。在执行系统程序期间,只需用一条输出指令就可选择其他任何一种工作方式。这样就可以用一个简单的软件维护例程使一片 8255A 器件为各种外围设备服务。

口 A 和口 B 的工作方式可分别规定,而口 C 可视需要由口 A 和口 B 的定义分成两部分。工作方式改变时,所有的输出寄存器(包括状态触发器)均被复位。工作方式可以进行组合,因此其功能几乎适用于任何一种 I/O 结构。例如,B 组可编程为方式 0,以便监视简单开关的闭合或显示计算结果,而 A 组可编程为方式 1 以便通过中断来监视键盘或其他外设。

(2) 个别位的置 1/置 0 功能

口 C 的 8 位中的任何一位都可用一条输出指令置成 1 或置成 0。当把微处理机用于控制方面,由于 8255A 芯片具有这一特性,颇适于编程。

当口 C 用作口 A 或口 B 的状态控制口时,这些位可以像数据输出口一样用位置 1/置 0 操作置 1 或置 0。

(3) 中断控制功能

当 8255A 以方式 1 或方式 2 工作时,提供的控制信号可用作为 CPU 的中断请求输入。由口 C 产生的中断请求信号可通过将有关的 INTE 触发器置 1 或复位而加以禁止或允许,INTE 的状态是通过口 C 的相应位置 1/置 0 功能实现的。

程序编制时借助这一功能就可禁止或允许某个 I/O 设备向 CPU 申请中断,而不影响中断结构中的任何其他设备。

INTE 触发器的定义如下:

位置 1:INTE 被置 1 指允许中断;

位置 0:INTE 被置 0 指禁止中断。

注意　在选择工作方式和器件复位时,所有的屏蔽触发器均自动复位。

以下介绍 8255A 的几种工作方式。

7.3.2.1　方式 0——基本输入/输出方式

在这种功能组态下,3 个口中的任何一个都可提供简单的输入和输出操作。不需要应答式联络信号,数据只是简单地写入指定的口,或从口中读出。

方式 0 的基本功能定义如下：

① 两个 8 位的口和两个 4 位的口(口 A、口 B、口 C 高 4 位、口 C 低 4 位)；

② 任何一个口都可用作输入或输出；

③ 输出可被锁存；

④ 输入不能锁存。

根据方式 0 的基本功能定义,这 4 个端口的输入和输出有 16 种不同的组合,可适用于多种应用场合。

1. 方式 0 的输入时序分析

方式 0 的输入时充见图 7.16 和表 7.5。

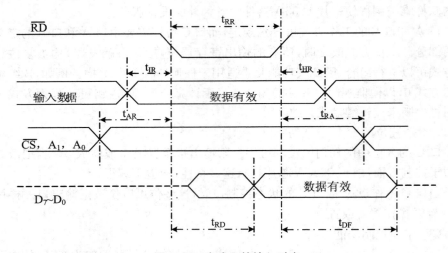

图 7.16　方式 0 的输入时序

表 7.5　方式 0 的输入时序参数说明

参　　数	说　　明	8255A	
		最小时间	最大时间
t_{RR}	读脉冲的宽度	300 ns	
t_{AR}	地址稳定领先于读信号的时间	0	
t_{IR}	输入数据领先于 $\overline{RD}$ 的时间	0	
t_{HR}	读信号过后数据继续保持时间	0	
t_{RA}	读信号无效后地址保持时间	0	
t_{RD}	从读信号有效到数据稳定的时间		250 ns
t_{DF}	读信号撤除后数据保持时间	10 ns	150 ns
t_{RY}	两次读操作之间的时间间隔	850 ns	

8255A 在方式 0 的输入时序下有以下两点要求：

① CPU 在读 8255A 的数据端口之前（读信号 $\overline{RD}$ 有效），应先发出地址信号，选择一个端口，从而使 8255A 的片选信号 $\overline{CS}$ 和端口选择信号 A_0 和 A_1 有效。

② 要求 CPU 在发出读信号前，外设已将输入数据送到 8255A 的输入缓冲器中，即输入数据要领先于读信号。

CPU 在发出地址信号后，至少经 t_{AR} 时间，便发出读信号 $\overline{RD}$，8255A 在读信号有效以后，经 t_{RD} 时间，就可以使数据总线得到的输入数据稳定，这里，有 3 个要求：

① 在整个读取期间，地址信号要保持有效；

② 输入数据必须保持到读信号结束后才消失；

③ 要求读脉冲的宽度 t_{RR} 至少为 300 ns。

2. 方式 0 的输出时序分析

方式 0 的输出时序见图 7.17 和表 7.6。

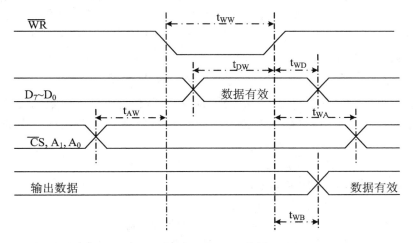

图 7.17　方式 0 的输出时序

表 7.6　方式 0 的输出时序参数说明

参　　数	说　　明	8255A	
		最小时间	最大时间
t_{AW}	地址稳定领先于写信号的时间	0	
t_{WW}	写脉冲的宽度	400 ns	
t_{DW}	数据有效时间	100 ns	
t_{WD}	数据保持时间	30 ns	
t_{WA}	写信号撤除后地址保持时间	20 ns	
t_{WB}	写信号结束到数据有效的时间		350 ns

方式 0 的输出是指 CPU 将数据经数据总线送到 8255A,在正式的写操作之前,CPU 必须先发出选通信号,使得$\overline{CS}$和端口选择信号 A_0 和 A_1 均有效。为保证数据的正确写入,地址信号必须保持到写信号撤除后延迟 t_{WA} 时间才消失。数据必须在写信号结束前 t_{DW} 时间内出现在数据总线上,且保持 t_{WD} 时间消失。写脉冲的宽度应大于等于 400 ns。

在写信号结束前 t_{DW} 时间,CPU 输出的数据就可以出现在 8255A 的指定端口上,从而可以送到外设。

3. 方式 0 的应用场合

方式 0 常用于两种场合,一是同步传送,一是查询式传送。在同步传送时,发送方和接收方的动作由同一时序信号来管理,双方互相知道对方的动作,所以不需要应答信号,同步方式下 8255A 的 3 个数据端口可以实现 3 路数据传输。

而在查询传输时,就需要应答信号了。但在方式 0 下,没有规定固定的应答信号,就需用端口 C 来配合端口 A 和端口 B 进行输入/输出操作,即将端口 C 的某 4 位(高 4 位或低 4 位)规定为输出口,用来输出一些控制信号,而将端口 C 的其余 4 位规定为输入口,用来读外设的状态。

7.3.2.2 方式 1——带选通的输入/输出方式

这种功能组合能提供借助于选通或"应答式联络"信号把 I/O 数据发送给指定的口或从该口接收 I/O 数据的方法。在方式 1 中,口 A 和口 B 用口 C 上的一些引脚产生或接收"应答式联络"信号。

1. 方式 1 的基本功能定义

方式 1 的基本功能定义如下:

① 分成两组(A 组和 B 组);

② 每组包含一个 8 位的数据口和一个 4 位的控制/数据口;

③ 8 位的数据口既可作为输入又可作为输出。输入和输出均可锁存;

④ 4 位的口用于传送 8 位的数据口的控制和状态信息。

2. 方式 1 的组合

在方式下,口 A 和口 B 可分别定义为输入或输出,以适应各种选通型 I/O 应用。

3. 方式 1 的工作特点

当端口 A 和端口 B 用方式 1 进行输入和输出传输时,端口 C 的部分位被当作固定的选通信号和应答信号使用,这些信号不是程序可以改变的,除非改变工作方式。

方式 1 的特点如下:

① 端口 A 和端口 B 可分别工作于方式 1,且任何一个端口都可作为输入口或输出口。

　② 如 8255A 的端口 A 和端口 B 中只有一个端口工作于方式 1,那么,端口 C 中就有 3 位被规定为配合方式 1 工作的信号。此时,另一个端口可以工作在方式 0,且端口 C 的其他位也可以工作在方式 0,作为输入和输出端口。

　③ 如端口 A 和端口 B 中都工作于方式 1,那么端口 C 中就有 6 位被规定为配合方式 1 工作的信号,剩下的两位仍可作输入和输出端口。

4. 方式 1 输入情况下的控制信号的定义和输入时序

8255A 在方式 1 输入情况下的控制信号见图 7.18。

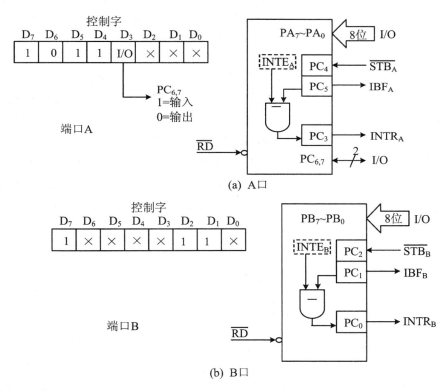

(a) A口

(b) B口

图 7.18　8255A 方式 1 输入

各控制信号的说明如下:

　① $\overline{STB}$(Strobe):选通信号输入端。低电平有效。它是由外设送往 8255A 的。当 $\overline{STB}$ 有效时,8255A 接收外设送来的一个 8 位数据,从而使 8255A 的输入缓冲器中得到一个新数据;当端口 A 工作于方式 1,并作为输入端口时,端口 C 配合它使用对应控制信号为 PC_4,作选通信号输入端 $\overline{STB_A}$。当端口 B 工作于方式 1 并作为输入端口时,端口 C 配合它使用的对应控制信号为 PC_2,作选通信号输入端 $\overline{STB_B}$。

② IBF(Input Buffer Full)：缓冲器满信号。高电平有效。是 8255A 输出的状态信号，当 IBF 有效时表示输入缓冲器中已有一个新的数据。此信号一般供 CPU 查询使用。IBF 由 $\overline{STB}$ 信号置位，而在 CPU 的读信号 $\overline{RD}$ 的后沿（即上升沿）变低；当端口 A 工作于方式 1，并作为输入端口时，端口 C 配合它使用对应控制信号为 PC_5，作输入缓冲器满信号 IBF_A 输出端。当端口 A 工作于方式 1，并作为输入端口时，端口 C 配合它使用对应控制信号为 PC_1，作输入缓冲器满信号 IBF_B 输出端。

③ INTR(Interrupt Reguest)：高电平有效。是 8255A 送往 CPU 的中断请求信号。INTR 在 $\overline{STB}$,IBF 均为高时被置为高电平，也就是说，当选通信号结束且输入缓冲器满信号已为高电平，8255A 会向 CPU 发中断请求信号，即 INTR 变为高，表示 8255A 已完成将一个新数据输入缓冲器的操作。在 CPU 响应中断请求读取输入缓冲器中的数据时，读信号 $\overline{RD}$ 的下降沿将 INTR 变为低电平。当端口 A 工作于方式 1，并作为输入端口时，端口 C 配合它使用对应控制信号为 PC_3：作中断请求信号输出端 $INTR_A$。当端口 B 工作于方式 1，并作为输入端口时，端口 C 配合它使用对应控制信号为 PC_0，作中断请求信号输出端 $INTR_B$。

注意 CPU 是通过软件对端口 C 的置 1/置 0 方式选择实现对中断的控制，通过对 PC_4 置 0 使 $INTE_A$ 为 0 而使端口 A 处于中断屏蔽状态，也可通过对 PC_2 置 0 使 $INTE_B$ 为 0 而使端口 B 处于中断屏蔽状态；相反地，由软件对 PC_4,PC_2 置 1 则可使相应的端口处于中断允许状态。

方式 1 的输入时序见图 7.19，各参数说明见表 7.7。

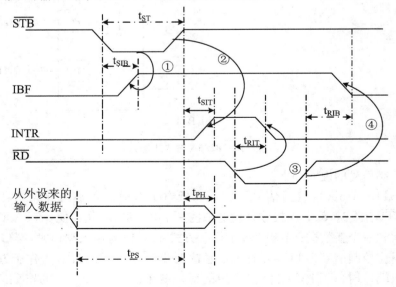

图 7.19　方式 1 的输入时序

表 7.7　方式 1 的输入时序参数说明

参　　数	说　　明	8255A	
		最小时间	最大时间
t_{ST}	选通脉冲的宽度	500 ns	
t_{SIB}	选通脉冲有效到 IBF 有效之间的时间		300 ns
t_{SIT}	$\overline{STB}=1$ 到中断请求 INTR 有效之间的时间		300 ns
t_{PH}	数据保持时间	180 ns	
t_{PS}	数据有效到 $\overline{STB}$ 无效之间的时间	0	
t_{RIT}	$\overline{RD}$ 有效到中断请求撤除之间的时间		400 ns
t_{RIB}	$\overline{RD}$ 为 1 IBF 为 0 之间的时间		300 ns

5. 方式 1 输出情况下有关控制信号的定义和输出时序

8255A 方式 1 输出情况下有关控制信号见图 7.20,各控制信号的说明如下:

① $\overline{ACK}$(Acknowledge):外设响应信号;低电平有效。由外设送给 8255A。当 $\overline{ACK}$ 有效时,表明外设已由 8255A 读取了 CPU 输出的数据。当端口 A 工作于方式 1,并作为输出端口时,端口 C 配合它使用对应控制信号为 PC_6,作选通信号输入端 $\overline{ACK_A}$;当端口 B 工作于方式 1 并作为输出端口时,端口 C 配合它使用的对应控制信号为 PC_2,作选通信号 $\overline{ACK_B}$ 输入端。

② $\overline{OBF}$(Output Buffer Full):输出缓冲器满信号。低电平有效。是 8255A 输出的状态信号,当 $\overline{OBF}$ 有效时,表示 CPU 已向指定的端口输出了数据。所以,$\overline{OBF}$ 是 8255A 通知外设来取走数据的信号。$\overline{OBF}$ 由写信号而至的上升沿置成有效低电平,而由 $\overline{ACK}$ 信号恢复为高电平。当端口 A 工作于方式 1,并作为输出端口时,端口 C 配合它使用对应控制信号为 PC_7,作输出缓冲器满信号 $\overline{OBF_A}$ 输出端。当端口 B 工作于方式 1,并作为输出端口时,端口 C 配合它使用对应控制信号为 PC_1,作输出缓冲器满信号 $\overline{OBF_B}$ 输出端。

③ INTR(Interrupt Reguest):高电平有效。中断请求信号。当外设已由 8255A 读取了 CPU 输出的数据且 8255A 接收到外设的 $\overline{ACK}$ 响应后,便向 CPU 发中断请求信号,以便 CPU 再次输出数据,所以,当 $\overline{ACK}$ 和 $\overline{OBF}$ 均为高电平时,INTR 便成为有效电平,而当写信号 $\overline{WR}$ 的下降沿来到时,INTR 变为低电平(复位)。当端口 A 工作于方式 1,并作为输出端口时,端口 C 配合它使用对应控制信号为 PC_3:作中断请求信号输出端 $INTR_A$。当端口 B 工作于方式 1,并作为输出端口时,端口 C 配合它使用对应控制信号为 PC_0,作中断请求信号输出端 $INTR_B$。

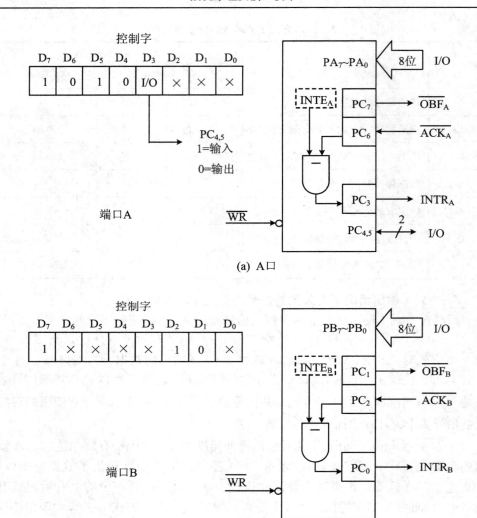

图 7.20 方式 1 的输出

同样需要注意的是,当端口 A 和端口 B 工作于方式 1,并作为输出端口时 CPU 也是通过软件对端口 C 的置 1/置 0 方式选择实现对中断的控制,通过对 PC_6 置 0 使 $INTE_A$ 为 0 而使端口 A 处于中断屏蔽状态,也可通过对 PC_2 置 0 使 $INTE_B$ 为 0 而使端口 B 处于中断屏蔽状态;相反地,由软件对 PC_4,PC_2 置 1 则可使相应的端口处于中断允许状态。在方式 1 下,端口 C 的其余位仍可作输入/输出使用。

方式 1 的输出时序见图 7.21,各参数说明见表 7.8。

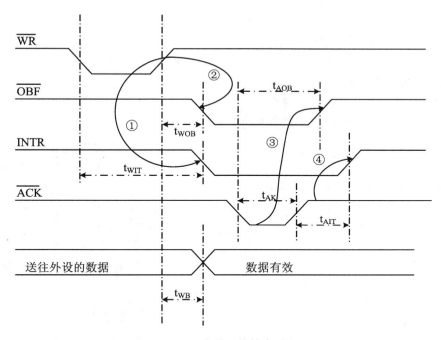

图 7.21　方式 1 的输出时序

表 7.8　方式 1 的输出时序参数说明

参　　数	说　　明	8255A	
		最小时间	最大时间
t_{WIT}	从写信号有效到中断请求无效的时间		850 ns
t_{WOB}	从写信号无效到输出缓冲器满的时间		650 ns
t_{AOB}	$\overline{ACK}$有效到$\overline{OBF}$无效的时间		350 ns
t_{AK}	$\overline{ACK}$脉冲的宽度	300 ns	
t_{AIT}	$\overline{ACK}$为 1 到发新的中断请求的时间		350 ns
t_{WB}	写信号撤除到数据有效的时间		350 ns

6. 方式 1 的应用场合

在方式 1 下,规定一个端口作为输入一口或者输出口的同时,自动规定了有关的控制信号,尤其是规定了相应的中断请求信号。这样,如果外部设备能为 8255A 提供选通信号或数据接收应答信号,那么,在许多采用中断方式进行输入和输出的场合,使用方式 1 工作比用方式 0 更加方便有效。

7.3.2.3　方式 2——双向传输方式

只有端口 A 能够工作于方式 2。在此方式下,外设可以在 8 位数据线上既往
CPU 发数据,又从 CPU 接收数据。和方式 1 类似,这时端口 A 占用了端口 C 的 5
根口线为自己提供控制信号。

1. 方式 2 工作时的控制信号

8255A 端口 A 在方式 2 情况下的控制信号见图 7.22。

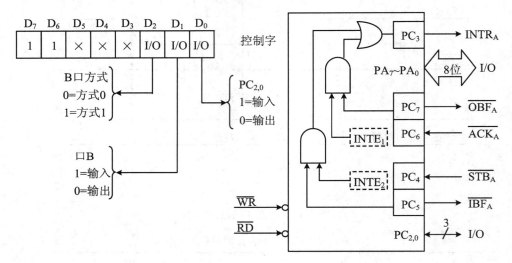

图 7.22　方式 2 的输出

端口 C 为方式 2 提供的控制信号:

① PC_3:作中断请求信号 $INTR_A$。高电平有效。不论是输入还是输出操作完
成后,要进入下一个操作前 8255A 都通过此引脚向 CPU 发出中断请求。

② PC_4:作外设对 8255A 的准备好信号 $\overline{STB_A}$。低电平有效。此信号将外设送
到 8255A 的数据打入输入锁存器锁存。

③ PC_5:作输入缓冲器满信号 IBF_A。高电平有效。此信号有效,表示当前已
有一个新的数据送至输入锁存器中。等待 CPU 取走。常用作 CPU 的查询信号。

④ PC_6:作外设接收数据后响应信号 $\overline{ACK_A}$,低电平有效。这是外设对 $\overline{OBF_A}$ 信
号的响应信号,它使 8255A 的端口 A 的输出缓冲器开启;输出数据。否则输出缓
冲器处于高阻态。

⑤ PC_7:作输出缓冲器满信号 $\overline{OBF_A}$。低电平有效。是由 8255A 提供给外设的
选通信号,当 $\overline{OBF_A}$ 有效时,表示 CPU 已将一个数据写入 8255A 端口 A,通知外设
取走。

另外,PC_6 为 1 时,允许 8255A 经 INTR 向 CPU 发出中断请求信号,通知 CPU

现在可以往 8255A 的端口 A 输出一个数据;PC$_6$ 为 0 时则屏蔽了此中断。PC$_4$ 为 1 时,端口 A 的输入处于中断允许状态,PC$_4$ 为 0 时,端口 A 的输入处于中断屏蔽状态。

2. 方式 2 的时序

方式 2 的时序相当于方式 1 的输入时序和输出时序的组合。方式 2 的时序见图 7.23,各参数说明见表 7.9。

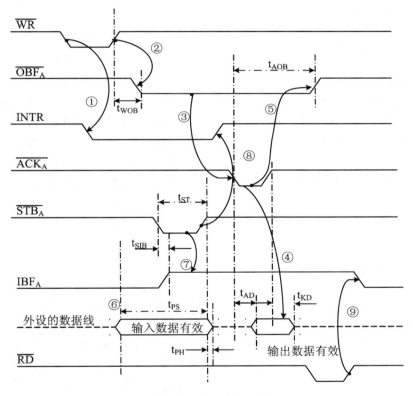

图 7.23　方式 2 的时序

表 7.9　方式 2 的时序参数说明

参　　数	说　　明	8255A	
		最小时间	最大时间
t$_{ST}$	选通脉冲的宽度	500 ns	
t$_{SIB}$	选通脉冲有效到 IBF 有效之间的时间		300 ns
t$_{PS}$	数据有效到 $\overline{STB}$ 无效之间的时间	0	

续表

参 数	说 明	8255A	
		最小时间	最大时间
t_{PH}	数据保持时间	180 ns	
t_{WOB}	从写信号无效到输出缓冲器满的时间		650 ns
t_{AOB}	$\overline{ACK}$有效到$\overline{OBF}$无效的时间		350 ns
t_{AD}	$\overline{ACK}$有效到数据输出的时间		
t_{KD}	数据保持时间		

3. 方式 2 的应用场合

方式 2 是一种双向工作方式,因此,对 8255A 端口 A 为方式 2 下相连的外设要求是:此并行设备既可输入,又可输出,并且输入/输出不会同时进行。如软盘驱动器就是这样的一种外设,主机既可往软盘驱动器输出数据,也可从软盘驱动器输入数据,且输入过程与输出过程总不重合。使用时,可将软盘驱动器的数据线与 8255A 的 $PA_7 \sim PA_0$ 相连,再使 $PC_7 \sim PC_0$ 和软盘驱动器的控制线与状态线相连即可。

注意 端口 A 工作于方式 2 时,端口 B 可以工作在方式 1 或方式 0 下,既可输入也可输出,在方式 1 下,端口 C 的 $PC_2 \sim PC_0$ 配合端口 B 的工作。

7.3.3 8255A 的应用

图 7.24 中电路,是一计算机控制系统的接口电路。电路中 ADC0809 是模/数(A/D)转换芯片,它的通道选择 ADD-C,ADD-B,ADD-A 三根引脚接地,即为低电平。因此,选择从通道 0(IN-0)输入模拟量,输出的数字量接入 8255A 的 A 口 $PA_7 \sim PA_0$。现要求 8255A 的端口 A 设置为方式 1 输入,采用查询方式读取 ADC0809 输出的数字量,再将读入的数字量经端口 B 为方式 0 输出给八位发光二极管(LED)。

程序设计思路:

① 8255A 的端口 A 设置为方式 1 输入,端口 B 设置为方式 0 输出,PC_4 置"1",允许 A 口中断请求。

② 将 PC_2 置"1",然后再置为"0",启动 A/D 转换器。

③ 8255A 端口 A 的 IBF_A(PC_5)初始化状态为"0",经反相器后为"1",使得 ADC0809 的 ENABLE 信号有效,允许 ADC0809 输出数据。当 A/D 转换结束,EOC=1,因而与非门的几个输入端同时为"1",使得输出为"0",把它作为外设的"数据准备好"状态信号输出给 8255A 口 A 的 $\overline{STB_A}$(PC_4)信号线,此时,$\overline{STB_A}$ 有

效,ADC0809 输出的数据被锁存到 8255A 的 A 口。数据被锁存后,8255A 的 A 口的输入缓冲器"满",$IBF_A=1$ 有效。IBF_A 信号有效后有两个影响,一个是 IBF_A 信号经反相器后为"0",使得 ADC0809 的 ENABLE 信号无效,禁止 ADC0809 输出数据;另一个是使 $INTR(PC_3)=1$ 有效,发出中断请求。

④ CPU 发出启动 A/D 的信号后,不断读取 C 口状态,判断 PC_3 是否为"1",不为"1",说明 A/D 转换器尚未完成转换,继续监视 PC_3 直到 $PC_3=1$,然后读取 A 口数据,再由 B 口输出。

假设 8255A 3 个数据端口和一个控制端口的地址为 0FFC0H～0FFC3H,则程序如下:

```
        ORG   100H
        MOV   DX,0FFC3H        ;送控制端口的地址以对 8255A 进行初始化

        MOV   AL,0B0H          ;A 口设为方式 1 输入,B 口设为方式 0 输出
        OUT   DX,AL
        MOV   AL,04H           ;PC₂复位
        OUT   DX,AL
        MOV   AL,09H           ;PC₄置位,允许 8255A 发中断请求信号,即 INTRₐ
        OUT   DX,AL            ;有效
        MOV   DX,0FFC1H        ;清显示
        MOV   AL,00H
        OUT   DX,AL
AA:     MOV   DX,0FFC3H        ;发启动脉冲
        MOV   AL,05H
        OUT   DX,AL
        MOV   AL,04H
        OUT   DX,AL
        MOV   DX,0FFC2H        ;读 C 口
BB:     IN    AL,DX
        AND   AL,08H           ;判断 PC₃(INTRₐ)是否为"1"
        JZ    BB               ;不为"1",转 BB
        MOV   DX,0FFC0H        ;为"1",读取 A 口数据
        IN    AL,DX
        INC   DX
        OUT   DX,AL            ;由 B 口输出
        JMP   AA
        HLT
```

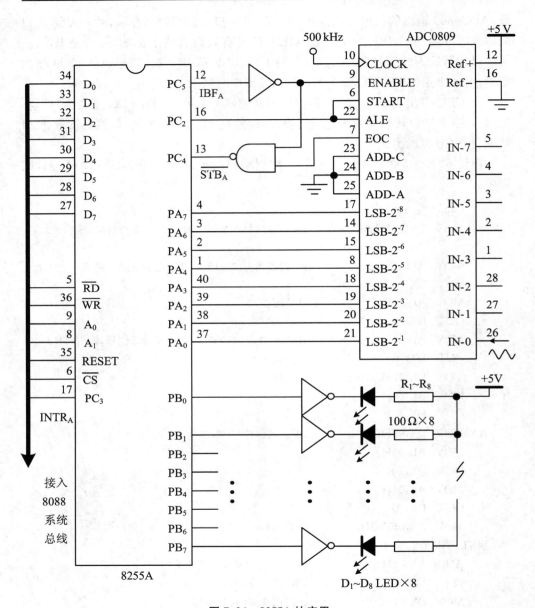

图 7.24　8255A 的应用

7.4　串行通信及其接口电路

CPU 与外部设备之间的信息交换称为通信(Communication)。基本的通信方式有两种:并行通信和串行通信。并行通信就是数据的所有位同时传送;串行通信就是把数据在传输线路上按时间的先后顺序一位一位地传送。

串行、并行通信各有其特点,下面我们介绍串行通信及其接口电路。

7.4.1　串行通信的特点

7.4.1.1　串行通信的优缺点

计算机与大部分外设之间数据的传输都是以并行的方式通信的,数据有多少位就需要有多少条传输线,它的优点是速度快,但缺点是传输距离较短。因为数字信号的传输随着距离的增加和信号传输速率的提高,在传输线上的反射、串扰、衰减和共地噪声等影响会引起信号的畸变,从而限制了通信距离。在远距离通信中一般采用串行通信方式。串行通信的优点是需要传输线很少,一般为数据发送、时钟等信号线,故串行通信能节省传输线,又因此能对实行串行通信的数据加以处理,减少信号的畸变,实现远距离通信。当位数很多和长距离传送时,串行通信的优点就更为突出。但串行通信的缺点是传输数据的速度较慢。

7.4.1.2　串行通信的方式

在串行通信中,有两种最基本的通信方式。

1. 异步通信 ASYNC(Asynchronous Data Communication)

串行通信中,接收方和发送方要遵守同一通信规程(或通信协议),是对数据传送控制的规定,也叫链路控制规程。在计算机网络中作为网络的链路层协议。

异步通信用一个起始位表示字符的开始,中间为传输的字符数据,最后用停止位表示字符的结束,以此构成一帧(Frame)信息。图 7.25 是传送 ASCII 字符的格式。

在通信线上,没有数据传输时处于逻辑"1"状态,因此,起始位就应是逻辑"0",以表示数据传输的开始。传输的数据若为 ASCII 码则为 7 位,第 8 位为奇偶校验位,奇偶校验位的内容是包含奇偶校验位的传输数据中为"1"的位数为奇数还是偶数。数据位可以是 5～8 位。紧随着数据位,发送的是表示字符发送完毕的停止位,为逻辑"1",可以是一位,一位半或两位。每个字符数据的传送都以逻辑"0"开始,传送时,从低位到高位逐位顺序传送,在发送的字符数据间歇或其他空闲状态时,通信线总是处于逻辑"1"状态。由此可以看出,每个字符内部的每一位位宽均为固定时间,而字符之间的间隔可以改变,可以用任意数目的空闲位延续任意长的时间间隔。

通信双方可根据需要随时改变通信协议,即改变数据位数、奇偶类型、停止位长度、数据传输率等,只需双方同时遵守即可。

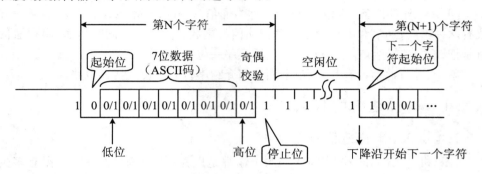

图 7.25　异步通信的格式

能够完成异步通信的硬件称为 UART,即通用异步接收器/发送器(Universal Asynchronous Receiver/Transmitter)。

2. 同步通信 SYNC(Synchronous Data Communication)

在异步通信中,每一个字符要用起始位和停止位作为字符开始和结束的标志,占用了时间。所以,在进行数据块传送时,为了提高速度,常去掉这些标志,而采用同步传送。同步通信不像异步通信那样,靠起始位在每个字符开始时使发送和接收取得同步,而是通过同步字符在每个数据块开始时使收/发双方取得同步。见图 7.26。

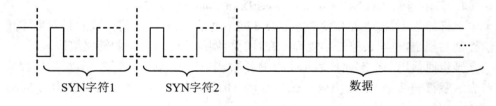

图 7.26　同步通信的格式

同步通信的特点如下:

① 以同步字符作为传送开始;

② 每位占用的时间都相等;

③ 字符之间不允许有空隙(字符间隔时间＝0),当线路空闲或没有字符可发时,发送同步字符。

同步字符通常是由用户自己确定的。可以选择一个或两个特殊的8位二进制码作为同步字符(单同步字符或双同步字符)。双同步字符可以相同,也可以不同,形成一个16位同步字符。与异步通信收/发双方必须使用相同的字符格式一样,同步通信的收/发双方也必须使用相同的同步字符。关于同步通信的规程主要有两类:面向字符型(如ASCII字符)和面向比特型(二进制码)。

能够完成同步通信的硬件电路称为USRT(Universal Sychronous Receiver/Transmitter),既能异步又能异步通信的硬件电路称为USART。即通用同步—异步接收器/发送器(Universal Synchronous-Asynchronous Receiver/Transmitter)。

在串行通信中常使用异步通信,但异步通信格式中有二到三位是辅助性的,即一个起始位和一到两个停止位,因此它的编码效率比同步通信低,并使传送速度下降。其传输速度一般在每秒50~19 200位。

同步通信只在每个数据块传送开始时,发送同步字符。同步传送的速度高于异步传送,可工作在几十至几百千波特。在传输信息量很大,传送速度要求较高时常采用同步通信。但它要求有时钟来实现发送端与接收端之间的同步,由于发送端与接收端之间时钟存在微弱的差异,在长时间通信时将累积误差,导致通信失败,故而硬件比异步通信复杂。

7.4.1.3　接收/发送时钟和波特率

1. 波特率(Baud Rate)

波特率是衡量串行通信的一个重要指标,它是指在单位时间内能够传送的信息量。以每秒传送几位(Bit)数表示,它是以波特为单位的,即

$$1 \text{ 波特} = 1 \text{ 位/秒}(1 \text{ b/s})$$

在传送的串行数据中,每位的时间(脉宽)T_{bit}=波特率的倒数。假设波特率=2 400位/秒,则 $T_{bit}=1/2\ 400=0.000\ 416\ 7\ s=416.7\ \mu s$。

波特率也是衡量数据传输通道频宽的指标。

2. 接收/发送时钟

二进制数据序列在串行传送过程中是以数字信号波形的形式出现。不论接收还是发送都必须有时钟信号对传送的数据进行定位。一般都是在发送时钟的下降沿将数据串行移位输出,而在接收时钟的上升沿对接收数据采样,进行数据位检测,见图7.27。因此,外部所加的接收和发送时钟,对于收/发双方之间的数据传输达到同步是至关重要的。

接收/发送时钟频率与波特率有如下关系:

$$收/发时钟频率 = n \times (收/发波特率)$$

或

$$收/发波特率 = (收/发时钟频率)/n \quad (n=1,16,32,64)$$

　　对于同步传送,必须取 n=1,即收/发时钟频率=收/发波特率。在进行数据传送时,接收方和发送方要保持完全同步,使用同一时钟。在近距离通信时可以在传输线中加一根时钟线来解决。在远距离通信时,可在接收方设置锁相环电路,从数据流中提取同步信息,然后产生本地的位时钟信号。

　　对于异步传送,通常 n=16,64。异步传送接收数据实现同步的方法是在停止位或任意数目的空闲位后,在接收时钟的每个上升沿时接收器对输入进行采样。通过检验接收数据线上的低电平是否保持 8 或 9 个连续的时钟周期(假定 n=16,则收/发时钟 $T_C=T_D/16$),就可以确定是否为起始位。这样能够避免由于接收线上的噪声干扰信号而产生误操作,从而删除假起始位,并且能够相当精确地确定起始位中间点,从而提供一个准确的时间基准。从这个基准算起,每隔 $16T_C$ 对其余的数据位采样。见图 7.27。

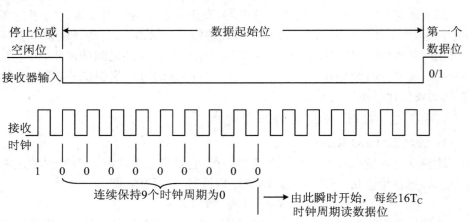

图 7.27　接收器起始位检测

7.4.1.4　串行通信的传输方式

1. 线路传输方式

(1) 单工(Simplex)方式

数据只能固定的向一个方向传送。见图 7.28(a),一方只能发送,而另一方只能接收。

(2) 半双工(Half-Duplex)方式

通信双方既可发送又可接收,但不能同时进行。见图 7.28(b)。

(3) 全双工(Full-duplex)方式

全双工是通信线路的两端都能同时发送和接收的一种工作方式。见图7.28(c)。

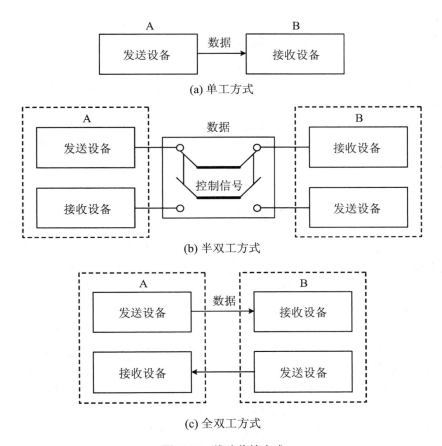

图 7.28 线路传输方式

2. 串行通信的信号传输方式

（1）基波传输方式

按信号的原样直接传输，传输的数字信号是矩形波。矩形波通过传输线后会发生畸变、衰减和延迟。频率越高和距离越远则发生畸变和延迟越大。所以，基波传输方式适用于近距离和速度较低的通信。

（2）模拟载波传输方式

为实现远距离通信，须在通信双方接入 MODEM（Modulator Demodulator）即调制解调器，通过对信号进行调制和解调来实现数据的远距离传输。在发送端，是把数字信号调制成模拟信号，通过电话线、专线或无线发送出去；在接收端，把模拟信号解调成数字信号。采用这种方法，可将两个远距离的数据终端通过 MODEM 的转换进行通信。

MODEM 从工作原理来分有移频键控、移相键控两种方式；从协议来分有串行接口标准 ITU-T V2.1,V2.2,V2.3 等。

7.4.1.5　串行数据接口标准

串行数据接口标准指的是计算机或数据终端的串行口电路(数据终端设备 DTE)与 MODEM(数据通信设备 DCE)之间的连接标准。在计算机网络中,由它构成网络的物理层协议。

普通的 TTL 电路,由于驱动能力差,输入电阻小,灵敏度不高以及抗干扰能力弱,因而信号传输的距离短。为解决此一问题,由美国电子工业协会(EIA)制定了串行数据接口标准,按协议来分包括 RS-232,RS-422,RS-485 等。它们作为工业标准,其目的在于保证不同厂家产品之间的兼容。

RS-232 接口电路,其驱动器输出信号摆幅比 TTL 电路大得多,使抗干扰能力大大提高,但 RS-232 标准规定,驱动器允许有 2 500 pF 的电容负载,通信距离将受此电容的限制。例如,采用 150 pF 的通信电缆时,最大通信距离为 15 m;若每米电缆的电容减小,通信距离可以增加。传输距离短的另一个原因是 RS-232 属于单端信号传输,存在共地噪声和不能抑制共模干扰等问题。

RS-422 由 RS-232 发展而来。为改进 RS-232 通信距离短,速度低的缺点,RS-422 定义了一种平衡通信接口,将传输速率提高到 10 Mbit/s,并允许在一条平衡总线上连接最多 10 个接收器。RS-422 是一种单机发送、多机接收的单向、平衡传输规范。

为扩展应用范围,EIA 在 RS-422 的基础上制定了 RS-485 标准,增加了多点、双向通信能力,通常在要求通信距离为几十米至上千米时,广泛采用 RS-485 收发器。RS-485 收发器采用平衡发送和差分接收,即在发送端,驱动器 TTL 电平信号转换成差分信号输出;在接收端,接收器将差分信号变成 TTL 电平,因此具有抑制共模干扰的能力,加上现在的接收器具有高灵敏度,能检测低达 200 mV 的电压,故传输距离可达千米以外。

在这其中应用广泛且比较常见的是 RS-232 接口电路,因此,以下将以 RS-232 接口电路的介绍为主。

1. RS-232 接口电路的信号

RS-232 接口电路标准规定使用 25 针的连接器,它的所有信号可分成数据、地、控制、定时 4 类。具体可参看表 7.10。

表 7.10　RS-232 引脚信号

引脚	信号	含　义	说　明
1		保护地	屏蔽,连至设备外壳
2	TXD	数据发送	输出数据到 MODEM
3	RXD	数据接收	从 MODEM 输入数据

引脚	信号	含　义	说　　明
4	RTS	发送请求	从 DTE 到 MODEM,打开发送器
5	CTS	清除发送	从 MODEM 到 DTE,表示 DTE 可以发送
6	DSR	数据传送就绪	从 MODEM 到 DTE,表示与通信线路连接就绪
7	GND	信号地	
8	DCD	接收线路信号检测	从 MODEM 到 DTE,表示已检测到远端 MODEM 调制信号
9		空	
10		空	
11		空	
12	DCD	辅信道接收线信号检测	从 MODEM 到 DTE,表示辅信道正在通信
13	CTS	辅信道清除发送	从 MODEM 到 DTE,辅信道发送就绪
14	TXD	辅信道数据发送	从 DTE 到 MODEM,辅信道输出数据
15		发送器信号定时	从 MODEM 到 DTE,提供发送数据定时
16	RXD	辅信道数据接收	从 MODEM 到 DTE,辅信道输入数据
17		接收器信号定时	从 MODEM 到 DTE,提供接收数据定时
18		空	
19	RTS	辅信道发送请求	从 DTE 到 MODEM,打开辅信道发送器
20	DTR	数据终端就绪	从 DTE 到 MODEM,允许与通信线路连通
21		信号质量检测	从 MODEM 到 DTE,表示接收信号无错
22	RI	振铃指示	从 MODEM 到 DTE,表示与通信线路已连通
23	DSRD	数据信号速率选择	双向,表明信号速率
24		发送器信号定时	从 DTE 到 MODEM,提供定时
25		空	

　　DTE 与 MODEM 之间通过信号线进行握手联系应答。例如，DTE 向 MODEM 发 DTR 信号，表示数据已就绪；MODEM 向 DTE 回答 DSR 信号表示已准备就绪；DTE 向 MODEM 发 RTS 信号，请求发送；MODEM 向远端系统发出信号，检测到有效的应答信号后向 DTE 发 DCD；MODEM 认为远端的 MODEM 已准备好接收数据后，向 DTE 发 CTS 信号，作为对 RTS 信号的回答；DTE 开始由 TXD 端发送数据。

　　对于同步通信，在传送数据信息的同时还要传送定时信息以及数据信号速率选择等信号。

　　辅信道适合于低速率的握手联络和验证信息的传送；主信道一般用在高速通信中以信息包形式进行通信的场合，数据传输的速率可在以下波特率中选择：19 200,9 600,4 800,2 400,1 200,600,300,150,110,75,50。

　　通信的双方通过接入 MODEM 实现数据的远距离传输，但是对于十几米以下的近距离的通信，信号的衰减与畸变在可容许的范围内，因此，不必使用 MODEM。这时，为了能够形成发送端的 DTE 所需的应答信号、DTR 的就绪信号以及其他控制信号，RS-232 接口可采用图 7.29 所示的"虚 MODEM"接法实现全双工传输。如果双方不需要对方发来的控制信号，RS-232 接口可采用图 7.30 所示的"环回三线"接法实现全双工传输。

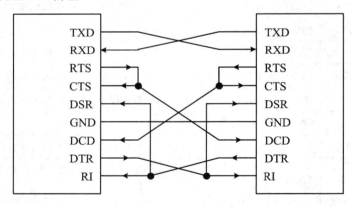

图 7.29　"虚 MODEM"RS-232 接口

　　在近距离的通信中，有时完全不要控制信号，这时，RS-232 接口可采用图 7.31 所示的接法即可。

　　RS-232 接口之间通过连接器连接。由于 PC/XT 微型机需要支持电流环接口，因此使用了 DB-25 型 25 芯连接器，而 PC/AT 通常使用 DB-9 型 9 芯连接器，为向下兼容，保留了 DB-25 型 25 芯连接器。目前微型机只使用 DB-9 型 9 芯连接器。见图 7.32。

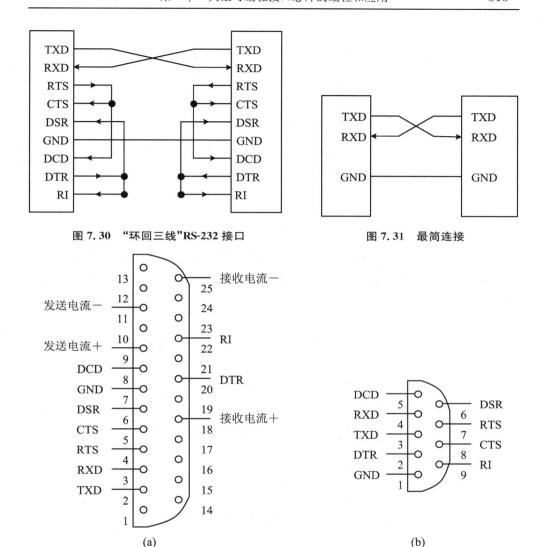

图 7.30　"环回三线"RS-232 接口　　　　图 7.31　最简连接

(a)　　　　　　　　　　　　　　　　　(b)

图 7.32　PC/XT 的 DB-25(a)与 PC/AT 的 DB-9(b)连接器

2. RS-232 接口电路的连接

由于 TTL 电平抗干扰能力较弱,因此,在传输信号时为增强信号的抗干扰能力,RS-232C 标准规定+3～+15 V 之间的电平表示逻辑"0",而-15～-3 V 之间的电平表示逻辑"1"。因此,需要在 TTL 与 RS-232 接口之间进行电平转换。

目前,随着技术的发展,RS-232 接口电路的连接比较简单,如用于最简连接的 RS-232 接口芯片 ADM202,ADM203,MAX202 等,RS-485 接口芯片 ADM485,ADM3491 等。

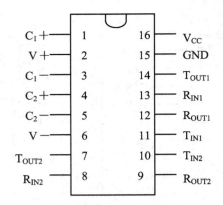

图 7.33 ADM202,MAX202 的引脚

图 7.33、图 7.34 为较常用的 RS-232 接口芯片 ADM202,MAX202 的引脚和内部结构图。ADM202,MAX202 芯片在 RS-232 接口电路最简连接方式下的连接图见图 7.35。

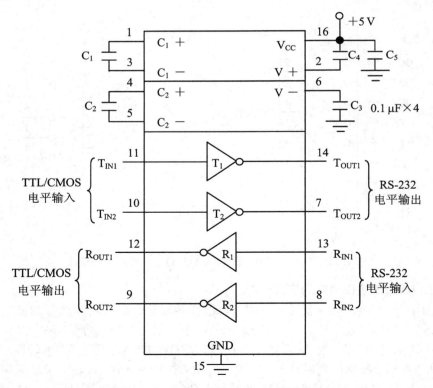

图 7.34 ADM202,MAX202 的内部结构

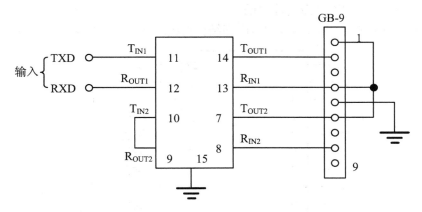

图 7.35　最简方式下 ADM202,MAX202 芯片与 GB-9 的连接

7.4.2　串行输入输出接口芯片 8251A

8251A 是一种通用的同步异步接收/发送器(USART)。8251A 作为一种外围器件,可由 CPU 编程而采用目前常用的任何一种串行数据传输技术工作。8251A 接收来自 CPU 的并行数据字符,然后将其转换为连续的串行数据流,以便发输出去。与此同时,8251A 可以接收串行数据流,并将其转换为并行数据字符提供给 CPU。每当 8251A 能接受要发输出去的新字符,或已接收了提供给 CPU 的一个新字符时,都会向 CPU 发出信号。CPU 可在任何时候读出 8251A 的全部状态包括数据传输的错误和控制信号。例如 SYNDET,TxEMPTY 等。

1. 主要技术特性

① 同步和异步操作;

② 同步:5~8 位的字符,内部或外部字符同步,自动插入同步位;

③ 异步:6~8 位的字符。时钟频率 1,16 或 64 倍于波特率,断点(中止)字符的产生,1 位、1 位半或 2 位停止位,假起动位的检测,断点自动检查和处理;

④ 同步波特率:0~64 K 波特;

⑤ 异步波特率:0~19.2 K 波特;

⑥ 全双工、双缓冲器的发送器和接收器;

⑦ 出错检测——奇偶校验、重叠检测和帧校验;

⑧ 28 脚双列直插式封装;

⑨ 所有输入和输出电路均与 TTL 兼容;

⑩ 只需一组+5 V 电源;

⑪ 一个 TTL 时钟。

2. 8251A 内部结构及功能说明

8251A 的引脚安排见图 7.36,内部结构见图 7.37。

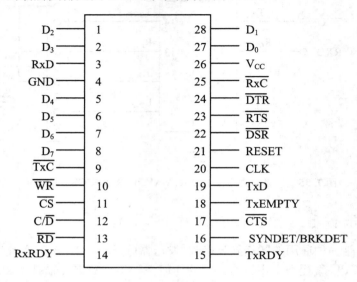

图 7.36　8251A 的引脚

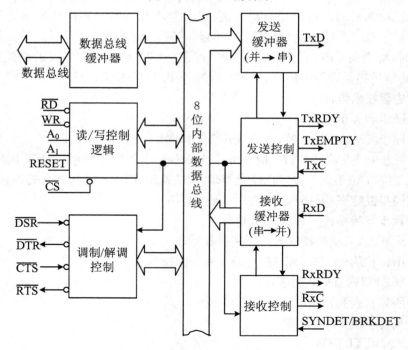

图 7.37　8251A 的内部结构

（1）数据总线缓冲器

三态、双向。这个 8 位的缓冲器将 8251A 与系统数据总线连接起来。由 CPU 执行输入或输出指令使缓冲器发送或接收数据。控制字、命令字和状态信息也通过该数据总线缓冲器传送。控制状态和数据输入以及数据输出的 8 位寄存器是相互独立的，以便提供缓冲性能。

这个功能块接收来自系统控制总线的输入信号，并产生整个器件工作所需的控制信号。它包括控制字寄存器和命令字寄存器，存放决定器件功能的各种控制信息。

（2）读/写控制逻辑

① RESET（复位）：高电平有效。该输入为高电平迫使 8251A 处于“空闲”状态。在把一组新的控制字写入 8251A 设定其功能之前，该器件就一直处于“空闲”状态。RESET 脉冲的最小宽度为 6 个时钟脉冲。

② CLK（时钟）：CLK 输入用于产生器件内部的时序，外部的输入或输出不必与 CLK 同步，但是 CLK 的频率在同步方式下必须比接收器或发送器的时钟频率高 30 倍以上。在异步方式下必须比接收器或发送器的时钟频率高 4.5 倍以上。

CLK 的周期须在 $0.42 \sim 1.35\ \mu s$。

③ $\overline{WR}$（写）：低电平有效。该输入端有效表明 CPU 正在把数据或控制字写入 8251A。

④ $\overline{RD}$（读）：低电平有效。该输入端有效表明 CPU 正在从 8251A 读取数据或状态信息。

⑤ $C/\overline{D}$（控制/数据）：这个输入端与 $\overline{WR}$ 和 $\overline{RD}$ 输入信号相结合，通知 8251A 数据总线上的字是数据字符、控制字，还是状态信息。

1＝控制/状态

0＝数据

⑥ $\overline{CS}$（片选）：低电平有效。该输入端有效表明选中这个 8251A，否则不能被读出或写入。若 $\overline{CS}$ 为高电平，数据总线处于浮置状态，$\overline{RD}$ 和 $\overline{WR}$ 对器件没有影响。$\overline{CS}$，$\overline{RD}$ 和 $\overline{WR}$ 的功能选择见表 7.11。

表 7.11　8251A 的功能选择

$C/\overline{D}$	$\overline{RD}$	$\overline{WR}$	$\overline{CS}$	说　　明
0	0	1	0	8251A→数据总线
0	1	0	0	数据总线→8251A 数据寄存器
1	0	1	0	状态→数据总线
1	1	0	0	数据总线→控制寄存器
×	1	1	0	数据总线→三态
×	×	×	1	数据总线～三态

(3) 调制解调器控制

调制解调器的控制信号是通用的。必要的话也可用作其他功能。

① $\overline{\text{DSR}}$(Data Set Ready,数据装置准备就绪):低电平有效。CPU 可通过读状态操作在状态寄存器的位 7 测试其状态。

② $\overline{\text{DTR}}$(Data Terminal Ready,数据终端准备就绪):低电平有效。可通过对命令字中的位 1 编程而使之变为低电平。$\overline{\text{DTR}}$ 输出信号通常用于调制解调器的控制。例如数据终端准备就绪或速率选择。

③ $\overline{\text{RTS}}$(Request to Send,请求发送):低电平有效。可通过对命令字中的位 5 编程而使其变为低电平。$\overline{\text{RTS}}$ 输出信号一般用于请求发送之类的调制解调器控制功能。

④ $\overline{\text{CTS}}$(Clear to Send,清除发送):低电平有效。若调制解调器响应 $\overline{\text{RTS}}$ 信号,则 $\overline{\text{CTS}}$ 输入为低电平时允许 8251A 发送串行数据。

(4) 发送器缓冲器

发送器缓冲器接收数据总线来的数据,将其转换为串行数据流,根据不同的通信技术插入适当的字符或位,并在 $\overline{\text{TxC}}$ 的下降沿由 TxD 输出引脚输出合成的串行数据流。如果 $\overline{\text{CTS}}$=0,那么发送器就在受到启用时开始发送。在主复位、发送启用状态/$\overline{\text{CTS}}$ 信号消失或 TxEMPTY 出现时,TxD 线将立即处于标志状态。

(5) 发送器控制

发送器控制部分管理与串行数据发送有关的所有活动,该部分接收和发送内部的和外部的信号,以便实现这些功能。

① TxRDY(Transmitter Ready,发送器准备就绪):该输出信号告诉 CPU 发送器已准备好接收一个数据字符。TxRDY 输出引脚可用作系统的中断信号,因为它可由禁止发送状态屏蔽掉;也可用于查询操作,CPU 可用读状态操作检查 TxRDY 的状态。把来自 CPU 的数据字符打入 8251A 时,TxRDY 自动地被 $\overline{\text{WR}}$ 的前沿复位。值得注意的是,使用查询操作时 TxRDY 状态位不会被发送启用状态所屏蔽,而只表示发送器数据输入寄存器的空/满状态。

② TxE(TxEMPTY)(Transmitter Empty,发送器"空"):当 8251A 没有要发送的字符时,TxEMPTY 输出端处于高电位。若允许发送器工作,则接收到来自 CPU 的一个字符时 TxEMPTY 自动复位。TxEMPTY 可用来表示发送方式结束,在半双工方式下使 CPU 知道何时切换数据传输方向。

在同步方式下,这个输出端为高电平表示字符还未被打入,正在把同步字符作为"填空字符"自动地连续发输出去。当同步字符正在移出时,TxEMPTY 不会变成低电平。

③ $\overline{\text{TxC}}$(Transmitter Clock,发送器时钟):发送器时钟控制字符发送的速率。

在同步传输方式下,波特率(n＝1)等于$\overline{\text{TxC}}$的频率(同频同相)。在异步传输方式下,波特率是实际$\overline{\text{TxC}}$频率的函数。由工作方式指令的一部分决定这个系数,可以等于$\overline{\text{TxC}}$的 1 倍、1/16 或 1/64。$\overline{\text{TxC}}$的下降沿把串行数据移出 8251A,需要注意的是$\overline{\text{TxC}}$的时钟频率在波特率等于$\overline{\text{TxC}}$的 1 倍、1/16 或 1/64 时不能超过 64 kHz、310 kHz,615 kHz。

(6) 接收缓冲器

接收器可接收串行数据,并将其转换为并行数据,对这种通信技术采用的特别位或字符进行检查,并向 CPU 发送一个装配好的字符。串行数据输入到 RxD 引脚,由$\overline{\text{RxC}}$的上升沿打入。

(7) 接收器控制

这个功能块管理与接收器有关的所有动作。包括下述特性:

RxD 预置电路防止 8251A 把一个无用的输入线错当作处于"空闲状态"下的低电平有效的数据线。主复位以后,在开始接收 RxD 线上的串行字符之前必须先检测到有效的"1"。然后才允许寻找有效低电平(起动位)。这个特点只在异步方式下有效,每次总清后只做一次。

假起动位检测电路防止由于瞬态噪声尖峰造成的假起动。它首先检测下降沿,然后在起动位(RxD＝低电平)的标称中心进行选通。

奇偶校验触发器和奇偶错触发器电路用于奇偶校验并设置相应的状态位。

在异步方式下,若数据字节末尾没有停止位,则帧出错标志触发器置 1,相应的状态位也置 1。

① RxRDY(Receiver Ready,接收器准备就绪):这个输出表明 8251A 已准备好输入给 CPU 的一个字符。RxRDY 可以接至 CPU 的中断结构上;或者在查询操作中,CPU 可用该状态操作检查 RxRDY 的状态。

"接收启用"状态消失就屏蔽该输出,使之处于复位状态。在异步工作方式下,要把 RxRDY 置 1 则接收器必须启用,并检测到起动位、装配好一个完整的字符,并传送给数据输出寄存器。在同步工作方式下,要把 RxRDY 置 1 则接收器也必须启用,装配好一个字符,并传送给数据输出寄存器。

在下一个数据字装配好之后,CPU 还未读出数据输出寄存器中的字符,则重叠出错标志置位,前一个字符因被写重而丢失。

② $\overline{\text{RxC}}$(Receiver Clock,接收器时钟):接收器时钟控制字符接收的速率。在同步工作方式下,波特率(n＝1)等于$\overline{\text{RxC}}$的实际频率。在异步工作方式下,波特率是$\overline{\text{RxC}}$频率的若干分之一。由工作方式指令的一部分决定这个系数,可以是$\overline{\text{RxC}}$的 1 倍、1/16 或 1/64。例如,若波特率等于 300 波特,则$\overline{\text{RxC}}$频率等于 300 Hz(1×)、4 800 Hz(16×)或 19.2 kHz(64×)。数据在$\overline{\text{RxC}}$的上升沿采样输入 8251A 中。

　　注意　在大多数通信系统中，8251A 能处理一条链路上的发送操作和接收操作，因而，接收和发送速率相同。这种操作的 $\overline{TxC}$ 和 $\overline{RxC}$ 频率要求相同，两者可一起连接至同一个频率源（波特率发生器），以简化接口。

　　③ SYNDET(Synchronous Detect，同步检测)/BRKDET(Break Detect，断点检测)。

　　同步检测：在同步工作方式下，该引脚用于同步检测。或者用作输入或输出，通过控制字来编程。复位时该引脚处于输出低电平状态。当用作输出（内同步方式）时，SYNDET 引脚变成高电平表明 8251A 在接收方式下已找到同步字符。如果把 8251A 编程为采用双同步字符，SYNDET 在第 2 个同步字符的最后一位的中间变成高电平。SYNDET 在执行读状态操作时会自动复位。

　　当用作输入（外同步检测方式）时，由一个正跳信号启动 8251A 在下个 $\overline{RxC}$ 的上升沿处开始装配数据字符。一旦进入同步，即可撤销高电平输入信号。在编程为外同步检测方式时，就禁止进行内同步检测。

　　断点检测（只用于异步方式）：只要接收器在两个连续的停止位串（包括起动位、数据位、奇偶位）中保持低电平，这个输出就变成高电平。断点检测也可以读作状态位。只有在主复位或 RxD 数据回到 1 状态时该信号才复位。

7.5　模拟量输入/输出接口技术

　　在计算机的应用系统中，如智能仪表、工业控制、实时测控等，需要微机监控工作过程中发生的各种参数的变化。但计算机应用系统面向的对象大部分是模拟量，因此，首先就要由传感器把各种物理参数，如水位、压力、流量、温度、位移等测量出来，并且转换成电信号，经过再处理，送到模数转换器转换成离散的数字量。这一过程称为量化过程。经过转换后的数字量才能被输入微机，实现对各种信号的计算和加工处理。而由于大部分执行部件和显示部件需要由模拟量来调节和控制，所以，微机处理的结果——数字量也常常要经数模转换器转换成模拟量输出，从而实现对被控对象的控制。

　　模数转换通常称为 A/D(Analog to Digit)转换，数模转换通常称为 D/A (Digat to Analog)转换。D/A 和 A/D 转换是计算机应用系统检测及过程控制的必要设备，它与处理器的连接是典型的接口技术内容。在现阶段技术条件下，D/A 和 A/D 转换接口设计的主要任务是选择适当的芯片，配置外围电路及器件。根据 D/A 转换器(DAC)和 A/D 转换器(ADC)接口设计的这一要求，对转换器的结构原理及内部电路不必作详细分析,但对转换器的基本原理及主要技术指标须要正确的了解。在接口设计中对一些目前广泛采用的、典型的转换器芯片加以举例说明。

7.5.1　D/A 转换器的接口分析

在计算机应用系统设计中,常常需要将数字量转换成模拟量输出,以达到控制和调节 I/O 设备的目的。为实现这一目标,D/A 转换器就是一种必不可少的器件。在理想状态下,认为 D/A 转换器可把离散的数字信号转换成为连续的模拟信号,实际上,D/A 转换器输出的电量并不真正能连续可调,而是以所用 D/A 转换器的绝对分辨率为单位增减,因此,我们可以说它是准模拟量输出。

1. D/A 转换器的基本工作原理及主要技术指标

(1) D/A 转换器的基本工作原理

在现阶段广泛使用的 D/A 转换器类型中,较为常用的是采用 T 型电阻网络的 D/A 转换器。它的内部电路由 T 型电阻解码网络、模拟电子开关及求和放大器组成。见图 7.38。求和放大器输入端为一组 T 型电阻解码网络和模拟电子开关。其输出端为模拟信号。

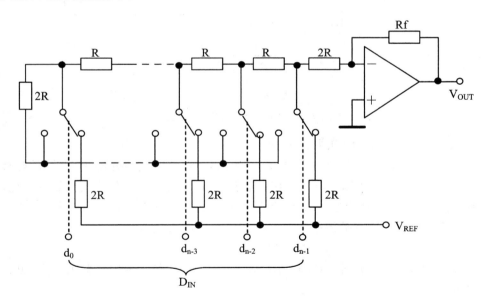

图 7.38　T 型电阻网络 D/A 转换器

D/A 转换器的基本要求是输出电压 V_{OUT} 应该和输入的数据量 D_{IN} 成正比,即

$$V_{OUT} = D_{IN} \cdot V_{REF}$$

其中,V_{REF} 为基准电压,D_{IN} 为输入的数字量。这个电路中,电阻只有 R 和 2R 两种,整个网络由相同的电路环节组成,每个电路环节由两个电阻和一个模拟电子开关组成,对应二进制的一位。由图中可以看出

$$D_{IN} = d_{n-1} \cdot 2^{n-1} + d_{n-2} \cdot 2^{n-2} + \cdots + d_1 \cdot 2^1 + d_0 \cdot 2^0$$

其中,n 为 D/A 转换器数字输入信号的有效位数。

输入的数字量直接控制模拟电子开关,数字位为 0 时开关接地,数字位为 1 时开关接到基准电压 V_{REF},就会有一定的电流通过,T 型电阻网络用来把每位代码转换成相应的模拟量,再经求和放大器求和即得到与数字量成正比的模拟量。

D/A 转换器的基本框图见图 7.39。

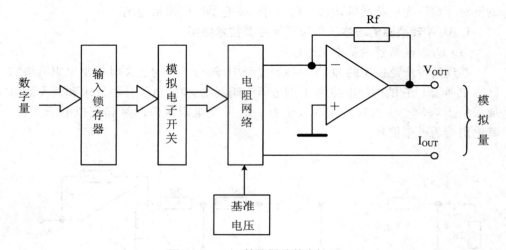

图 7.39   D/A 转换器的基本框图

(2) D/A 转换器的主要技术指标

① 分辨率(Resolution):这个参数表明 DAC 对模拟值的分辨能力,指最低有效位(LSB)对应的最小输出电压。它确定了 DAC 能够产生的最小模拟量的变化。通常,分辨率用二进制的位数表示,常见的有 8 位、10 位、12 位、14 位等。例如对于 8 位 D/A 转换器,其分辨率为 8 位,对应的最小输出电压

$$1/(2^8 - 1) = 1/255 \approx 0.003\,92$$

在 D/A 转换时,分辨率越高,对应最低有效位的模拟信号电压数值越小,也就越灵敏。

② 精度(Accuracy):精度和分辨率是两个不同的概念。分辨率取决于 DAC 的位数,精度是指转换后所得的实际值对于理想值的接近程度,分辨率高的 D/A 转换器并不一定具有很高的精度。转换精度可分为绝对精度和相对精度。

• 绝对精度(Absolute Accuracy):以最大的静态转换误差的形式给出。即输

入的数字量所对应的理想模拟量输出与实际测试取得的模拟量输出值之差。这个转换误差应该包含增益误差、零点误差以及噪声引起的误差等综合误差。

• 相对精度(Relative Accuracy):相对精度是指满量程值校准后,输入的数字量所对应的理想模拟量输出值之差。相对精度就是非线性度。如 AD7302 相对精度为 ±1 LSB。

③ 建立时间(Settling Time):所谓建立时间,指 D/A 转换器中的输入代码有满量程的变化时,其模拟输出信号电压(或模拟信号电流)达到满量程的 1/2 LSB 时所需要的时间。对于一个理想的 D/A 转换器,当输入的数字信号发生变化时,相应的输出模拟信号电压,应立即跳变到与新的数字信号对应的新的输出电压。但是在实际的 D/A 转换器中,由于电路中的电容、电感等电路会在模拟信号电压变化时引起时间延迟,因此,D/A 转换器建立的模拟信号电压要滞后于输入的数字信号。D/A 转换器的建立时间,一般从几个毫微秒到几个微秒。若是电流输出形式,其 D/A 转换器的建立时间是很短的;若是电压输出形式,则 D/A 转换器的主要建立时间是其输出运算放大器所需的响应时间。

④ 温度系数(Temperature Coefficients):在满量程输出的条件下,温度每升高 1 ℃,输出的模拟信号电压变化的百万分数定义为温度系数,其单位为 ppmFSR/℃(FSR 为满量程,ppm 为百万分之一)。

⑤ 电源抑制比:电源抑制比反映了 D/A 转换器件对电源电压变化的敏感程度。一般在接口设计中都要求 D/A 转换器在电源电压变化时,其输出的电压变化极小。通常把它定义为:满量程电压变化的百分数与电源电压变化的百分比。

⑥ 工作温度范围:过高或过低的工作温度会对 D/A 转换器件内部电路产生影响,为达到额定精度指标,须在规定的温度范围工作才能保证。一般转换器工作温度范围在 −40～85 ℃之间。

7.5.2　8 位 D/A 转换器的 DAC0832 的接口设计

DAC0832 是 CMOS/Si-Cr 工艺制造的分辨率为 8 位的 D/A 转换芯片,与微处理器完全兼容,具有接口简单、转换控制容易等优点,在计算机应用系统中是一种典型的 D/A 转换接口芯片,得到了广泛的应用。

1. DAC0832 的应用特性参数与引脚功能

DAC0832 的主要特性参数如下:

① 分辨率为 8 位;

② 建立时间 1 μs;

③ 可双缓冲、单缓冲或直接数字输入;

④ 电流输出;

⑤ 单一电源供电(＋5～＋15 V)；

⑥ 低功耗,200 mW。

　　DAC0832 的逻辑结构见图 7.40。DAC0832 由 8 位输入锁存器、8 位 DAC 寄存器、8 位 D/A 转换电路及转换控制电路构成。DAC0832 转换芯片的数字输入端具有两个输入数据寄存器,即具有双缓冲功能,可以双缓冲、单缓冲或直接输入数字量,能够实现多通道 D/A 的同步转换输出。

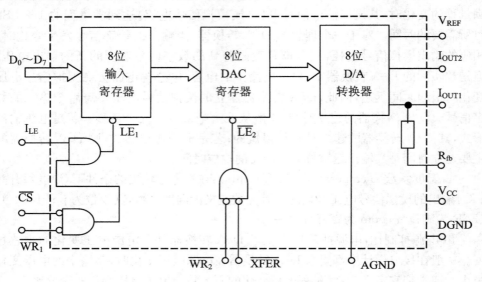

图 7.40　DAC0832 的逻辑结构图

　　DAC0832 的引脚见图 7.41。

　　DAC0832 各引脚的功能如下:

　　① $DI_{0\sim7}$:8 位数据输入端。

　　② I_{OUT1}:电流输出引脚 1。

　　③ I_{OUT2}:电流输出引脚 2。

　　④ R_{fb}:反馈信号输入引脚,反馈电阻在 DAC0832 芯片内部。

　　⑤ I_{LE}:数据锁存信号,高电平有效。

　　⑥ $\overline{CS}$:片选信号,低电平有效。

　　⑦ $\overline{WR_1}$:写信号 1,输入寄存器的写信号,低电平有效。输入寄存器的锁存信号$\overline{LE_1}$由 I_{LE}、$\overline{CS}$、$\overline{WR_1}$ 的逻辑组合产生。当 I_{LE} 为高电平、$\overline{CS}$、$\overline{WR_1}$ 为低电平时,$\overline{LE_1}$ 为高电平时,8 位输入锁存器的状态随数据总线的状态变化,若$\overline{LE_1}$产生负跳变时,数据总线上的信息被锁入输入寄存器。

　　⑧ $\overline{WR_2}$:写信号 2,为 DAC 寄存器的写选通信号,低电平有效。

⑨ $\overline{\text{XFER}}$：数据传送控制信
号，低电平有效。DAC 寄存器的
锁存信号 $\overline{\text{LE}_2}$，由 $\overline{\text{XFER}}$、$\overline{\text{WR}_2}$ 的
逻辑组合产生。当 $\overline{\text{XFER}}$，$\overline{\text{WR}_2}$
为低电平时，$\overline{\text{LE}_2}$ 为高电平，DAC
寄存器的输入和输出的状态一
致，若 $\overline{\text{LE}_2}$ 产生负跳变时，输入寄
存器的内容被锁入 DAC 寄存器。

⑩ V_{REF}：基准电压输入端。

⑪ V_{CC}：电源电压（+5 V）。

⑫ DGND：数字的。

⑬ AGND：模拟的。

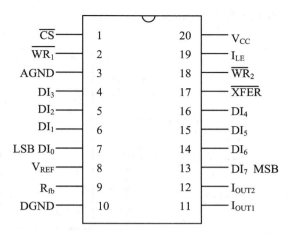

图 7.41　DAC0832 的引脚图

注意　（1）DAC0832 须外
接基准电压，因 DAC0832 无内部基准电压。

（2）DAC0832 为电流输出型 D/A 转换器，需要外加运算放大器，才能获得模
拟电压输出。具体电路可参考图 7.42。图中 OA_1 输出的模拟电压为单极性模拟
电压，模拟电压输出的范围为 $0 \sim V_{\text{REF}}$；OA_2 输出为双极性模拟电压，模拟电压输
出的范围为 $\pm V_{\text{REF}}$。

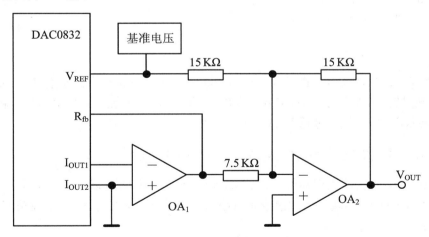

图 7.42　DAC0832 模拟电压输出

2. DAC0832 与 8088CPU 的连接

图 7.43 为直接输入方式下与 8088 CPU 的连接。8088CPU 可简单的通过输
出指令选择 DAC0832，一旦 8088CPU 选中 DAC0832，其数据总线上的数据就直接

加载到 8 位 D/A 转换器进行转换。

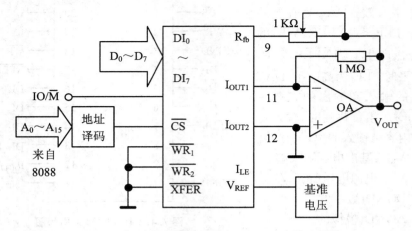

图 7.43 直接输入方式下与 8088 CPU 的连接

应用举例:

```
        LEA    BX,DATA      ;送数据缓冲区地址
        MOV    DX,DAC       ;送 DAC0832 地址
        MOV    CX,TAB       ;送转换数据的个数
LAB:MOV    AL,[BX]
        OUT    [DX],AL
        INC    BX
        LOOP   LAB
```

图 7.44 为双缓冲方式下与 8088 CPU 的连接。双缓冲方式适合于实现多路 DAC 同时输出,在此方式下,可妥善利用 A_0 和 A_1 两根地址线,分别将数据输入各 D/A 转换器,然后同时进行 D/A 转换。

7.5.3 串行数模转换器 AD7543 接口设计

AD7543 是美国模拟器件公司(Analog Devices)的 D/A 转换芯片,AD7543 的内部结构比较特殊,输入的数字量是以串行接口的方式来传输的 12 位高精度 D/A 转换器。

1. AD7543 的应用特性与引脚功能

(1) AD7543 的主要应用特性

① 分辨率为 12 位;

② 非线性为 ±1/2 LSB;

③ 按正或负选通进行串行加载;

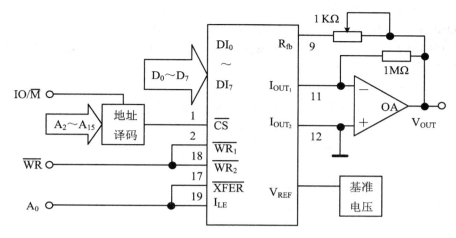

图 7.44　双缓冲方式下与 8088 CPU 的连接

④ 非同步清除输入,使其初始化;

⑤ +5 V 供电;

⑥ 低功耗,最大为 40 mW。

AD7543 为 16 引脚双列直插式封装,其结构框图见图 7.45。

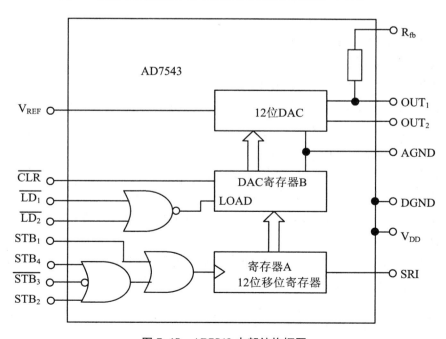

图 7.45　AD7543 内部结构框图

　　AD7543 的逻辑电路由 12 位串行输入并行输出移位寄存器(寄存器 A)和 12 位 DAC 输入寄存器(寄存器 B)组成。串行数据由 AD7543 的 SRI 端依时钟信号依次移位至寄存器 A,当寄存器 A 满载,在装载脉冲(由 $\overline{LD_1}$ 与 $\overline{LD_2}$ 决定)的控制下,寄存器 A 的数据便装入寄存器 B。

　　(2) AD7543 的引脚

　　AD7543 的引脚分布见图 7.46 所示,各引脚功能如下:

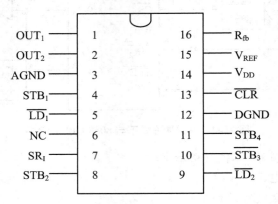

图 7.46　AD7543 的引脚

①　OUT_1:DAC 电流输出 1。

②　OUT_2:DAC 电流输出 2。

③　AGND:模拟地。

④　STB_1:寄存器 A 选通信号 1。

⑤　STB_2:寄存器 A 选通信号 2。

⑥　$\overline{STB_3}$:寄存器 A 选通信号 3。

⑦　STB_4:寄存器 A 选通信号 4。

⑧　SRI:串行数据输入端,数据输入到寄存器 A。

⑨　$\overline{LD_1}$:DAC 寄存器装载信号 1。

⑩　$\overline{LD_2}$:DAC 寄存器 B 装载信号 2。当 $\overline{LD_1}$ 和 $\overline{LD_2}$ 为低时,寄存器 A 的内容送到寄存器 B。

⑪　$\overline{CLR}$:清除寄存器 B 内容,低电平有效。寄存器 B 复位后为 00000000b。

⑫　V_{DD}:+5 V 电源。

⑬　DGND:数字地。

⑭　V_{REF}:基准电压输入引脚。

⑮　R_{fb}:DAC 反馈信号输入引脚。

2. 寄存器 A 和 B 控制逻辑

表 7.12 详细地说明了寄存器 A 和 B 为控制端所要求的各种逻辑状态。

表 7.12　AD7543 的逻辑真值表

AD7543 的逻辑输入							AD7543 的操作
寄存器 A 控制输入				寄存器 B 控制输入			
STB_4	$\overline{STB_3}$	STB_2	STB_1	$\overline{CLR}$	$\overline{LD_2}$	$\overline{LD_1}$	
0	1	0	↑	×	×	×	在 SRI 输入端的数据移入寄存器 A
0	1	↑	0	×	×	×	（表中 ↑ 表示上升沿，↓ 表示下降沿）
0	↓	0	0	×	×	×	
↑	1	0	0	×	×	×	
1	×	×	×				寄存器 A 无操作
×	0	×	×				
×	×	1	×				
×	×	×	1				
				0	×	×	清除寄存器 B 为 000H(非同步)
				1	1	×	无操作(寄存器 B)
				1	×	1	
				1	0	0	寄存器 A 的内容装载到寄存器 B

3. AD7543 的应用设计

通过 AD7543 输出方波,硬件见图 7.47。设 AD7543 与 8088 最小系统相连,8253 的地址为 0FFF8H,8251A 的地址为 0FFFCH。程序如下:

```
MOV  AL,37H        ;设置定时器 0 方式 3
MOV  DX,0FFFBH
OUT  DX,AL
MOV  AL,86H        ;送定时器计数值低字节
MOV  DX,0FFF8H
OUT  DX,AL
MOV  AL,19H        ;送定时器计数值高字节
OUT  DX,AL
MOV  DX,0FFFDH     ;设置 8251A 为同步方式
MOV  AL,0CH        ;送方式控制字
OUT  DX,AL
MOV  AL,23H        ;送命令控制字
OUT  DX,AL
```

```
        MOV   DX,0FFFCH          ;送数据
    LP: MOV   AL,00H
        OUT   DX,AL
        CALL  DELAY              ;调用延时子程序
        MOV   AL,0FFH
        CALL  DELAY
        JMP   LP
```

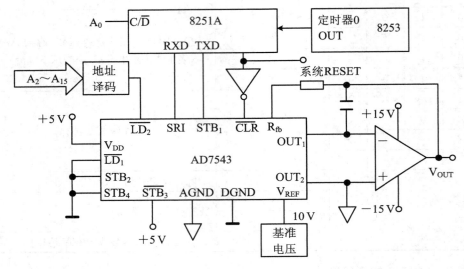

图 7.47　AD7543 应用

7.5.4　A/D 转换器的接口技术

　　在微型机应用系统中,经常需要监控工作过程中各种物理参数的变化,而微型机能够处理的只能是数字量。因此,首先要把各种物理参数,经由 A/D 转换器转换成离散的数字量。图 7.48 所示为较为完整的模数转换器前端电路:

　　① 传感器(Transducer):把各种物理参数(如压力等)转换为电信号。

　　② 量程放大器(Scaling Amplifier):传感器输出的电信号一般比较微弱,因此要经量程放大器把信号放大到 A/D 转换所需的量程范围。

　　③ 低通滤波器(Low-Pass Filter):可有效滤除串扰信号,增加信扰比。

　　④ 多路开关(MultiPlexer):通过多路开关,可以选择不同的传感器信号,提高A/D 转换器的利用率。

　　⑤ 采样:保持电路(Sample & Hold):由于要采集的各种物理参数总是不断在变化,因此传感器输出的电信号也在不断地变化,而 A/D 转换总是需要一定时间,因此,需要把信号采样后保持一段时间,以备转换。

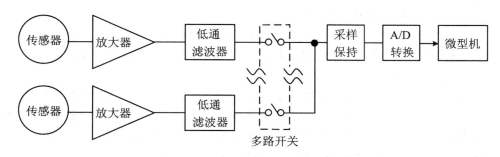

图 7.48 模数转换器前端电路

本节主要讨论 A/D 转换器的应用功能和与计算机的接口方法,因此上述的前端电路不再介绍。而着重介绍 A/D 转换器的主要技术指标,对目前广泛应用的几种 A/D 转换芯片与计算机的接口方法进行具体的介绍。

7.5.4.1 A/D 转换器的类型及基本原理

1. A/D 转换器的类型

根据 A/D 转换器的原理可将 A/D 转换器分成两大类。一类是直接型 A/D 转换器,另一类是间接型 A/D 转换器。间接型 A/D 转换器首先是把输入的模拟电压转换成某种中间变量(时间、频率、脉冲宽度等),然后再把这个中间变量转换为数字代码输出。A/D 转换器的分类见图 7.49。

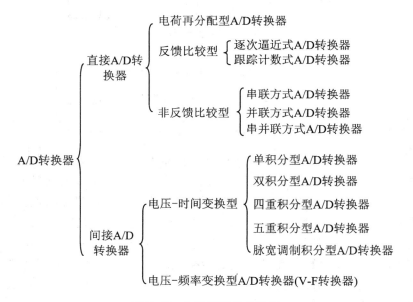

图 7.49 A/D 转换器分类图

2. A/D 转换器的基本原理

目前应用较广泛的 A/D 转换器主要有两种:逐次逼近型和双积分型 A/D 转换器。下面简要介绍它们的基本原理,并对 A/D 转换器的主要技术指标加以介绍。

(1) 逐次逼近式 A/D 转换器原理

图 7.50 是逐次逼近式 A/D 转换器原理图。其中,U_{IN} 是待转换的模拟输入信号,U_C 是控制逻辑经 D/A 转换器输出的推测信号。两者相比较,根据推测信号大于还是小于输入信号来决定增大还是减少该推测信号,逐步向模拟输入信号逼近。当推测信号与模拟信号相等时,向 D/A 转换器输入的数字就是对应模拟输入量的数字量。

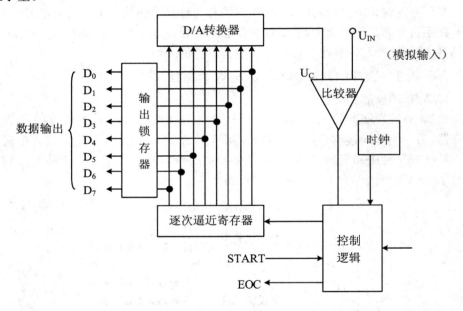

图 7.50 逐次逼近式 A/D 转换器工作原理图

其"推测"值的算法如下:使逐次逼近寄存器中二进制计数器从最高位起依次置 1,每置一位时,都要进行比较。若模拟输入信号 U_{IN} 小于推测信号 U_C,则比较器输出为零,并使该位清零;若模拟输入信号 U_{IN} 大于推测信号 U_C,比较器输出为 1,并使该位保持为 1。直至比较到最末位为止。此时,A/D 转换器的数字输入即为对应模拟输入信号的数字量。将数字量输出就完成了 A/D 转换过程。

逐次逼近式 A/D 转换器的优点是转换速度快,输入电压大小不影响转换速度,精度高。缺点是易受干扰。

(2) 双积分式 A/D 转换器原理

双积分式 A/D 转换器工作原理见图 7.51。它通过采样与测量两个阶段的两次积分,完成 A/D 转换。电路在采样阶段对输入模拟电压 U_i 进行固定时间的积分,然后在测量阶段转为对基准电压进行反向积分,直至积分输出为 0,则对基准电压积分的时间 T 正比于模拟输入电压 U_i,见图 7.52,输入电压大,则反向积分时间长。用高频率标准时钟脉冲来测量这个时间,即可得相应于输入模拟电压的数字量。优点是因为与元件 R 和 C 无关,因此可采用精度和质量较低的元件,达到精度较高的转换。缺点是转换速度较慢。

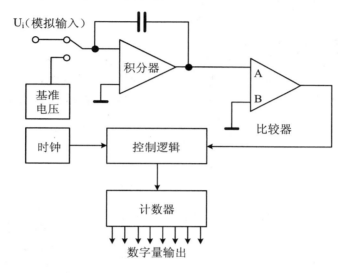

图 7.51　双积分式 A/D 转换器工作方框图

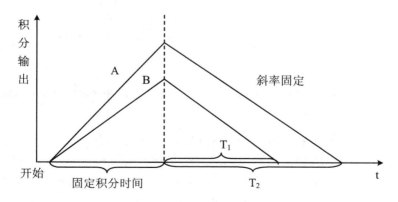

图 7.52　双积分式 A/D 转换器工作原理图

此类转换主要用于数字式测量仪表中。

7.5.4.2   A/D 转换器的主要技术指标

1. 分辨率(Resolution)

转换器的分辨率定义为满刻度电压与 2^n 的比值,其中 n 为 ADC 的位数。分辨率表示转换器对微小输入量变化的敏感程度,通常用转换器输出数字量的位数来表示。以 8 位 ADC 为例,其分辨率 8 位,数字量变换范围 0~255,当输入电压满刻度为 5 V 时,转换电路对输入模拟电压的分辨能力为 5 V/255=19.6 mV。目前常用的 ADC 分辨率有 8,10,12,14 位等。

2. 量化误差(Quantizing Error)

量化误差是因为 ADC 的量化单位有限而引起的误差,它是数字误差的一部分。图 7.53 和图 7.54 所示的都是 8 位 ADC 的转移特性曲线,在不计其他误差的情况下,一个分辨率有限的 ADC 的阶梯状转移特性曲线与具有无限分辨率的 ADC 转移特性曲线(直线)之间的最大偏差,称之为量化误差。

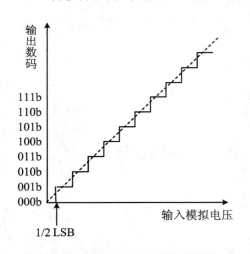

图 7.53   在零刻度有 1/2 LSB 偏移的   图 7.54   没有偏移的 ADC 转移曲线图
　　　　　 ADC 转移曲线图

对于图 7.53,由于在零刻度处适当地偏移了 1/2 LSB,故量化误差为±1/2 LSB。对于图 7.54,由于没有加入偏移量,故量化误差为−1 LSB。例如,现有一个如图 7.53 那样偏置的 12 位 ADC,则量化误差可表示为±1/2 LSB,或为±0.0122% 满刻度(相对误差)。而对于 8 位 ADC 的量化误差则为±0.195% 满刻度(相对误差)。因此,分辨率高的 ADC 具有较小的量化误差。

3. 偏移误差(Offset Error)

偏移误差是指输入信号为零时,输出信号不为零的值,所以有时又称为零值误差。假定 A/D 没有非线性误差,则其转移曲线各阶梯中点的连接线必定是直线,这条直线与横轴相交点所对应的输入电压值就是偏移误差,见图7.55。

测量 ADC 的偏移误差也不难,只要从零不断增加输入电压的幅值,并观察 ADC 输出数码的变化,当发现输出数码从 00…0 跳至 00…1 时,停止增加电压输入,并记下此时的输入电压值。这个输入电压值与 1/2 LSB 的理想输入电压值之差,便是所求的偏移误差。在理想情况下,即具有零值偏移误差的情况下,上述数码从 00…0～00…1 跳变的时所测得的电压值应等于 1/2 LSB的电压值。

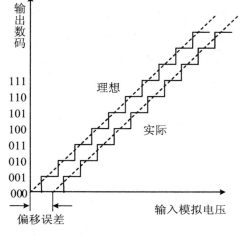

图7.55 ADC 偏移误差示意图

偏移误差通常是由于放大器或比较器输入的偏移电压或电流引起的。一般在 ADC 外部加一个作调节用的电位器便可使偏移误差调至最小。

偏移误差也可用满刻度的百分数表示。

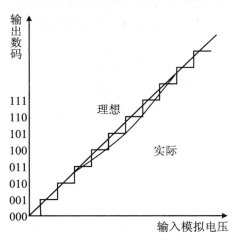

图7.56 ADC 线性度示意图

4. 满刻度误差(Full Scale Error)

满刻度误差又称为增益误差(Gain Error)。ADC 的满刻度误差是指满刻度输出数码所对应的实际输入电压与理想输入电压之差,一般满刻度误差的调节在偏移误差调整后进行。

5. 线性度(Linearity)

线性度有时又称为非线性度(Non-Linearity),它是指转换器实际的转移函数与理想直线的最大偏移。理想直线可以通过理想的转移函数的所有点来画,为了方便起见,也可以通过两个端点连接而成。ADC 的线性度见图7.56,其典型值是±1/2 LSB。

注意 线性度不包括量化误差、偏移误差与满刻度误差。

6. 绝对精度(Absolute Accuracy)

在一个转换器中,任何数码所相对应的实际模拟电压与其理想的电压值之差并非是一个常数,把这个差的最大值定义为绝对精度。对于 ADC 而言,可以在每一个阶梯包括的水平中心点进行测量,它包括所有的误差,也包括量化误差。

7. 相对精度(Relative Accuracy)

它与绝对精度相似,所不同的是把这个最大偏差表示为满刻度模拟电压的百分数,或者用二进制分数来表示相对应的数字量。它通常不包括能被用户消除的刻度误差。

8. 转换速率(Conversion Rate)

ADC 的转换速率就是能够重复进行数据转换的速度,即每秒转换的次数。一般为几个至几百微秒。而完成一次 A/D 转换所需要的时间(包括稳定时间),则是转换速率的倒数。

其他性能指标还有对电源电压变化的抑制比、温度系数等。

7.5.5　典型 8 位 ADC——ADC0809 的接口设计

7.5.5.1　ADC0809 的性能和结构

ADC0809 数据采集元件是单片 CMOS 逐次逼近式 A/D 转换器,包括 8 位的模/数转换器、8 通道多路转换器和与微处理器兼容的控制逻辑。这种 8 位模/数转换器采用逐次逼近技术,其特点是具有高阻抗斩波器稳定的比较器、256 个电阻的电压分压器和模拟开关树以及逐次逼近寄存器。8 通道多路转换器能直接接通8 个单端模拟信号中的任何一个。

这种器件不需要在外部进行零点和满度调节。由于多路转换器的地址输入受到锁存和译码,且具有锁存的 TTL 三态输出,所以便于与微处理机接口。

(1) 主要技术特性

① 分辨率为 8 位;

② 未调整时的总误差为 $\pm 1/2$ LSB 和 ± 1 LSB;

③ 不会漏失代码;

④ 转换时间为 $10~\mu s$;

⑤ 单电源为 $5~V_{DC}$;

⑥ 以电位器方式工作,或者用 $5~V_{DC}$ 或量程经过调准的模拟电压基准工作;

⑦ 8 通道多路转换器,带锁存控制逻辑;

⑧ 输出与 TTL 电平兼容;

⑨ 用一组 5 V 电源时模拟输入电压范围为 0～5 V;

⑩ 不必进行零点和满度调节;

⑪ 标准气密性或塑封 28 脚双列直播式封装;

⑫ 温度范围 $-40\sim85~℃$ 或 $-55\sim125~℃$;

⑬ 功耗低,约 15 mW;

⑭ 锁存的三态输出。

（2）ADC0809 的引脚功能

ADC0809 的引脚见图 7.57。

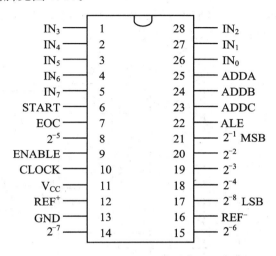

图 7.57　ADC0809 的引脚图

① EOC:高电平有效。转换结束信号;

② ALE:上升沿有效。地址锁存信号;

③ START:下降沿有效。A/D 转换的启动信号;

④ CLOCK:转换时钟信号。$10 \sim 1\,280$ kHz,标准时钟频率(640 kHz)下的转换时间为 $100\ \mu s$;

⑤ ENABLE:高电平有效。输出允许;

⑥ REF$^+$,REF$^-$:基准电压输入端;

⑦ GND:数字地;

⑧ V_{CC}:数字电源正极;

⑨ $D_0 \sim D_7$:数字量输出;

⑩ ADDC,ADDB,ADDA:地址信号线。

（3）ADC0809 的内部结构

ADC0809 的内部结构框图见图 7.58。通过引脚 $IN_0 \sim IN_7$,可输入 8 路模拟电压,但每次只能选择其中的一路进行转换,8 个通道中由地址信号 ADDC,ADDB,ADDA 来选择其中的一路,见表 7.13。转换后的数据输入三态输出锁存缓冲器,在 ENABLE 有效后允许输出。

ADC0809 的时序见图 7.59,由地址锁存信号 ALE 锁存 ADDC,ADDB,

ADDA 3 位地址信号,确定某一通道,当 START 信号有效时开始 A/D 转换,转换结束 EOC 信号有效,当 ENABLE 信号有效时,允许数据输出。其中,t_{WE} 为最小 ALE 脉宽,典型值 $1\ \mu s$,最大 $2.5\ \mu s$;t_{WS} 为最小启动脉宽,典型值 $100\ ns$,最大 $200\ ns$;t_C 为转换时间,当 CLOCK 为 $640\ kHz$ 时,典型值 $100\ \mu s$,最大 $116\ \mu s$。通常,状态信号——转换结束信号 EOC 可经反相器作为中断请求信号,也可在查询方式中,检测它的状态来确定是否能够读入数据。

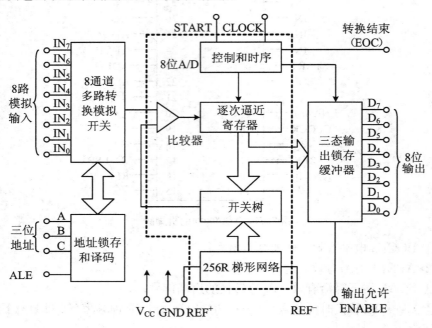

图 7.58　ADC0809 的内部结构框图

表 7.13　地址信号通道选择

地址信号			通道
ADDC	ADDB	ADDA	
0	0	0	IN_0
0	0	1	IN_1
0	1	0	IN_2
0	1	1	IN_3
1	0	0	IN_4
1	0	1	IN_5
1	1	0	IN_6
1	1	1	IN_7

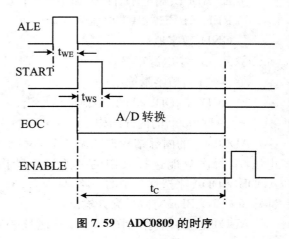

图 7.59　ADC0809 的时序

7.5.5.2 ADC0809 应用实例

ADC0809 芯片与计算机应用系统有 3 种方式:查询方式、中断方式和等待延时。至于采用何种方式,可以根据具体情况,按总体要求选择。一般常用查询和中断方式。

ADC0809 芯片采用中断方式应用举例:

图 7.60 是 ADC0809 的典型应用框图。

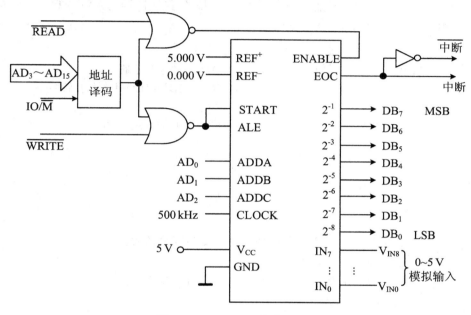

图 7.60 ADC0809 的典型应用

它的中断请求信号在与 8088,8086 系列 CPU 相连时采用的是低电平有效信号,$DB_0 \sim DB_7$ 与系统的数据总线相连;$AD_0 \sim AD_{15}$ 与系统的地址总线相连。以下是一应用程序:

```
主程序
…
MOV   AL,×××××000B        ;选择通道 0
MOV   DX,ADCADD            ;送 ADC0809 选片地址
OUT   DX,AL                ;锁存通道选择地址并启动 A/D 转换
…
主程序                      ;继续执行主程序,等待中断(A/D 转换结束)
…
中断服务子程序
```

```
       …
       IN    AL,DX
       …
       IRET
```

ADC0809 芯片采用查询方式应用举例：

在查询方式中转换结束信号 EOC 不作为中断请求信号，而将它与一个 I/O 接口芯片相连，如 8255A。现假设转换结束信号 EOC 经缓冲器与系统的数据总线的 D_0 位相连，则程序如下：

```
       MOV   DX,××××111b         ;选择通道 7
       MOV   DX,ADCADD            ;送 ADC0809 选片地址
       OUT   DX,AL               ;锁存通道选择地址并启动 A/D 转换
WAIT:IN     AL,DX
       TEST  AL,01H              ;等待 A/D 转换结束
       JZ    WAIT
       …
```

习   题

1. 接口芯片由哪几部分组成？请简要叙述各部分的功能。

2. 接口芯片按功能可分为哪几种？

3. 实现定时功能主要有哪 3 种方法？各有何优缺点？

4. 8253 有哪几种工作方式？

5. 简述 8253 的内部组成及对外引脚信号。

6. 如何访问 8253 的内部寄存器？

7. 设 8253 的起始地址为 0FFF8H，时钟输入为 2 MHz。要求 8253 的通道 0 产生一个周期为 1 ms 的脉冲信号，试编写程序。

8. 8255A 有哪几种工作方式？各有何特点？

9. 8255A 在方式 1 下，如何才能发出中断请求信号？

10. 设 8255A 地址为 0FFC0H，要求将 A 口设为方式 1 输出，试编写初始化程序。

11. 串行通信的定义是什么？

12. 在串行通信中，有哪两种最基本的通信方式？

13. 什么是波特率？

14. 串行通信的线路传输方式哪几种？

15. 简述 T 型电阻网络 D/A 转换器的基本工作原理。

16. 什么是 D/A 转换器的分辨率？

17. 画出 DAC0832 在单缓冲方式下与 8086CPU 的连接图。

18. 根据 DAC0832 在单缓冲方式下与 8086CPU 的连接图，编写一段输出梯形波的程序。

19. 简述逐次逼近式 A/D 转换器原理。

第8章 汇编语言程序设计的基本概念

本章重点

基本伪指令及其应用。

汇编语言程序设计是开发微机系统软件的重要基础,利用汇编语言编写程序的主要优点是可以直接、有效地控制计算机硬件,程序占用内存少、执行速度快、效率高。

不论是汇编语言还是其他高级语言,用户编写的源程序是不能直接在计算机上运行的,需要将它们翻译成目标程序之后计算机才能理解执行。汇编程序的任务就是对汇编语言源程序进行翻译工作。

8.1 8088/8086 宏汇编语言程序规范

8.1.1 语句类型

1. 指令语句

格式为:

[标号:]助记符[操作数][;注释]

每条语句一般占一行,支持续行符"\"。

2. 伪指令语句

伪指令语句是为汇编程序和连接程序提供一些必要的控制信息的管理性语句,伪指令不产生目标代码。伪指令语句对应的伪操作是在汇编过程中完成的,而指令语句对应的操作是在可执行程序运行时完成。

伪指令语句的格式为:

[名字] 伪操作指令 [操作数表] [;注释]

其中,名字是一操作符,不能用":"作为结尾,名字可以是符号常量名、段名、变量名、过程名、宏名、结构名、记录名等,由不同的伪指令决定。操作数是由","分开的一系列操作数(参数)。

3. 宏指令语句

宏指令是具有名称的一段由指令和伪指令语句组成的序列,它实际上是一段汇编语句序列的缩写;在汇编时,汇编程序用对应的代码序列替代宏指令,这个过程又称宏展开,展开后再逐条进行汇编。因此,宏指令只节省源程序篇幅。

宏指令语句的格式:

　　宏名　　MACRO〔形式参数表〕

名字和标号统称为标识符。标识符的命名必须遵循以下规则:

① 标识符由字母(a~z, A~Z)、数字(0~9)或某些特殊符号(如_, $, ?, @, . 等)组成。

② 标识符不能以数字开头,"?"" $ "不能单独作为标识符;标识符是一串连续的符号,中间不能有空格符;标识符中若使用点号".",点号必须是第一个字符。

③ 标识符有效长度为 31 个字符,若超过只保留前 31 个字符。

④ 在一个特定的源程序文件中,用户定义的标识符必须是唯一的。

⑤ 不能使用汇编语言的保留字。汇编语言的保留字为硬指令助记符、伪指令助记符、操作符、运算符、寄存器名和预定义符号等组成。

⑥ 由于汇编程序不区别字母大小写(大小写不敏感),所以标识符 ABC,abc,Abc 是相同的。这一点和 C 语言不同。

8.1.2　常量、变量和标识符

汇编语言的数据可简单地分为常量和变量。常量可作为指令语句的立即数或伪指令的参数,变量主要作为内存操作数。名字和标号(标识符)具有逻辑地址和类型属性,主要用做地址操作数,也可以用在表达式中作为立即数和存储器操作数的名称。

常量是没有任何属性的纯数值。在汇编期间,它的二进制值已能完全确定,且在程序运行中,它也不会发生变化。它可以有如下几种表达形式:

(1) 常数

这里指的是由十、二、八和十六进制形式表达的数值,见表 8.1。

(2) 字符串

字符串常量是由单引号和双引号括起来的单个字符或多个字符,其数值是每个字符的 ASCII 码值。例如,"d"=64H,"AB"=4142H,"Hello,Assembly!"等。

(3) 符号常量

符号常量用标识符表达一个数值。常量若用有意义的符号名来表示,可以提高源程序的可读性。MASM 提供等价机制,用来为常量定义符号名。

表 8.1　各种进制常数的表达形式

进制	数字组成	举例
十进制	由 0～9 组成,后缀为 D 或 d 或没有后缀	100D,255D
二进制	由 0～1 组成,后缀为 B 或 b	01101100b
八进制	由 0～7 组成,后缀为 Q 或 q	144Q
十六进制	由 0～9、A～F 组成,后缀为 H 或 h 以字母 A～F 开头,前面要用 0 表达,以避免和标识符混淆	64H,0FFH

(4) 数值表达式

数值表达式是指由操作符(Operator)连接而构成、具有固定数值(能被计算并产生固定数值)的表达式。汇编程序在汇编过程中计算数值表达式,最终得到一个确定的数值,所以也是常量。由于数值表达式是在汇编阶段计算,所以组成数值表达式的各部分必须在汇编时就能确定。

变量实质上就是内存数据,这些数据在程序运行期间可以修改。为了便于对变量的访问,它常常以变量名的形式出现在程序中,也可将变量名当作是内存单元的符号地址。变量需事先定义才能使用。

名字和标号是汇编语言语句(指令或伪指令语句)的第一部分,是由用户命名的标识符。名字存在于一条伪指令语句中,标号存在于一条指令语句中,后面跟“:”。名字可以是符号常量名、段名、变量名、过程名、宏名、结构名、记录名等,由不同的伪指令决定。

名字和标号一经使用便具有两个属性(符号常量名除外):

① 地址属性。名字和标号对应确定的内存单元的逻辑地址,包括段地址和偏移地址;

② 类型属性。可以是表 8.2 中的类型。

表 8.2　变量的类型

NEAR	近属性,用于标号、段名、子程序名等
FAR	远属性,用于标号、段名、子程序名等
BYTE	字节属性,用于字节变量
WORD	字属性,用于字变量
DWORD	双字属性,用于双字变量
QWORD	4 字属性,用于 4 字变量
TBYTE	10 字节属性,用于 10 字节变量

在汇编语言程序设计中,经常使用到名字和标号的属性,因此汇编程序提供有关的操作符,以便获取这些属性值,并且可以与加、减等操作符共同组成具有一定属性值的表达式。

8.1.3　基本伪指令及其使用

由于指令语句和 CPU 有关,所以它们对于同一 CPU 下的所有的汇编源程序都是标准的,而对于伪指令来说,每一条伪指令都表示一定功能的伪操作,它是为汇编程序服务的,其操作由汇编程序实现、完成,因而可以随汇编程序的不同而不同,这是伪指令语句和指令语句的不同之处。伪指令是汇编程序事先约定的,因此必须按其规定使用。

汇编程序功能的强弱除受指令系统的局限外,还主要反映在伪操作功能上。本书介绍的伪指令主要以 Microsoft 宏汇编(MASM. EXE)为主。

8.1.3.1　符号定义伪指令

符号定义伪指令有"等价 EQU"和"等号＝"伪指令。它们的格式为:

```
符号名　EQU　表达式
符号名　 ＝ 　表达式
```

其中,表达式可以是一个常数,一个可以求出常数值的数值表达式或一个寄存器名、一个指令助记符等。例如

```
CN   EQU   100
CN1 EQU   CN+100
C    EQU   CX
M    EQU   MOV
B    EQU   ES:[BX+20]
```

注意　① 由 EQU 定义的符号在整个程序中不能被再次定义。但"＝"允许重复定义,"＝"后的表达式只能是数值表达式。

② EQU 和"＝"定义的符号不占用内存单元。

③ 用符号定义伪指令可以增强程序的可读性,并且便于程序的修改。

8.1.3.2　数据定义伪指令

数据定义(Define)伪指令可以为数据分配存储单元、为该存储单元赋予一个变量名及初值。

数据定义伪指令格式:

[变量名]　DB/DW/DD/DQ/DT　　初值表达式 1[,初值表达式 2,…];[注释]

数据定义伪指令按其数据的长度可分为 5 种类型,见表 8.3。

表 8.3　数据定义伪指令

伪指令助记符	变量定义功能
DB	分配一个或多个字节单元,可以是 8 位的有、无符号数, ASCII 码值等
DW	分配一个或多个字单元,可以是 16 位的有、无符号数,段 地址、偏移地址、16 位的地址位移量等
DD	分配一个或多个双字单元,可以是 32 位的有、无符号数, 含段地址和偏移地址的 32 位远指针等
DQ	分配一个或多个 8 字节单元,8 字节量表示 64 位数据
DT	分配一个或多个 10 字节单元,表示 BCD 码、10 字节数 据(用于浮点运算,C 语言的 long double 类型:80 位)

表 8.3 中,DD,DQ,DT 伪指令可用于浮点数。[ ]中的内容为可选项,各初值表达式可以是整数、字符、字符串、数值表达式、问号(?),使用重复操作符 DUP 来定义的数值。"?"表示初值不确定,即未赋初值。

变量具有逻辑地址。在程序代码中,通过对变量名的直接引用,指向定义的第一个数据,通过变量名加减位移量存取(访问)以第一个数据为基地址的前后数据。

注意　位移量的单位为字节。位移量应和变量名定义的数据类型相适应,除非你有特别的用意! 变量名后使用位移量可以表达为"±n"的形式。另外,"+n"和"[n]"的作用相同,都表示后移 n 个字节的内存单元。

例 8.1　变量名的定义和应用。

```
;数据段
BVAR1    DB   100,01100100b,144Q,64H,"D",-156
;字节变量:不同进制表达同一数值,内存中有连续的 6 个 64H
;注意:-156 是容易让人糊涂的表达,尽量避免。若用 BCD 码表示十进制数,注意十进制
;数的每一位是用二进制码代替的
MININT  =  5                      ;符号常量不占内存
BVAR2   DB  -1,MININT,MININT+5    ;内存中的数据依次为 FFH,5,0AH
        DB  ?,2 DUP (20H)         ;预留一个字节空间,重复定义两个内容为
                                  ;20H 的字节空间
WVAR1   DW 2010H,4 * 4            ;字变量:2010H,0010H,占 4 个字节
WVAR2   DW ?                      ;没有初值的字变量
DVAR    DD   12347777H,87651111H,? ;两个双字数据,预留一个双字空间
```

```
ABC      DB "A","B","C","?"
MAXINT   EQU  0AH                      ;符号常量:MAXINT=10
STRING   DB   "ABCDEFGHIJ"            ;定义字符串
CRLFS    DB   13,10,"$"               ;字符:回车、换行、"$"=24H
ARRAY    DW   MAXINT DUP (0)          ;10 个初值为 0 的字变量
ARRAY1   DB   2 DUP (2,3, 2 DUP (4))
;8 个字节的内容依次为 02  03  04  04  02  03  04  04H
STR1     DB   "ABCDEF"
;内存单元的内容依次为 41H,42H,43H,44H,45H,46H
STR2     DW   "AB","CD","EF"
;内存单元的内容依次为 42H,41H,44H,43H,46H,45H
STR3     DD   "AB","CD"
;内存单元的内容依次为 42H,41H,00H,00H,44H,43H,00H,00H
;相应的代码段如下
MOV      DL,BVAR1                      ;DL←100
DEC      BVAR2+1                       ;BVAR2 位移量为 1 的数据减 1,MININT 仍
                                       ;为 5
MOV      ABC[3],DL                     ;字符串成为"ABCD"
MOV      AX,WORD PTR DVAR[0]           ;AX←7777H
MOV      DX,WORD PTR DVAR[2]           ;DX←1234H
;取双字到 DX:AX
ADD      AX,WORD PTR DVAR[4]
ADC      DX,WORD PTR DVAR[6]
;加双字到 DX:AX
MOV      WORD PTR DVAR[8],AX
MOV      WORD PTR DVAR[10],DX
;保存双字到 DVAR 的第 3 个双字单元
MOV      CX,MAXINT                     ;循环次数:10
MOV      BX,0
AGAIN:ADD STRING[BX],3                 ;STRING 中的每个值加 3
INC      BX
LOOP     AGAIN
LEA      DX,ABC
MOV      AH,09H
INT      21H                           ;显示的结果为:ABCDDEFGHIJKLM
```

汇编程序按照指令和数据定义伪指令的先后书写顺序,一个接着一个分配存储空间,按照段定义伪指令规定的边界定位属性确定每个逻辑段的起始位置(包括

偏移地址)。

但是,我们可以利用定位伪指令控制内存数据和代码所在的偏移地址。汇编程序中有 ORG,EVEN 等伪指令,它们可以在数据段中使用,也可以在代码段中使用。

8.1.3.3 EVEN 伪指令

格式:

    EVEN

功能:将程序计数器置为偶数。

汇编程序使用一个程序计数器来指向当前的(内存数据或代码)偏移地址。若该偏移地址为偶数,则 EVEN 什么也不做;若为奇数,则该伪指令将使程序计数器加 1,以便使下一个单元的地址为偶数。若 EVEN 伪指令在代码段中,若偏移地址需要调整,则汇编程序将一个空操作指令 NOP 插入该偏移地址指向的字节单元处,以调整程序计数器为偶数。例如

```
DATA    SEGMENT
X       DB      ?
EVEN
Y       DB      ?
DATA    ENDS
```

由于 X,Y 都是字节型的,所以为使得 Y 的偏移地址为偶数,在定义它的数据之前使用 EVEN 伪指令。

使用 EVEN 伪指令的目的是减少程序存取数据或指令的时间,提高程序执行的效率。因为对于 16 位数据总线的 CPU 来说,总是存取安排在偶数地址的一个完整数据;若一个字数据在奇数地址,要存取它时就要占用两个总线周期。

8.1.3.4 ORG 伪指令

格式:

    ORG   表达式
    ORG $＋表达式

功能:程序定位。使程序计数器的值设置成表达式给出的值,以确定当前的偏移地址。其中,表达式的值必须为常数,"$"表示程序计数器当前的值(当前的偏移地址)。

ORG 伪指令指定了在它以后的程序代码或数据块存放的起始偏移地址,若没有 ORG 伪指令,则程序代码或数据将从本段的起始地址开始顺序存放。该伪指令不占内存空间。

```
ORG    100H
MOV    AX,BX
```

表明 MOV 指令将从偏移地址 100H 处开始存放。而对于

```
ORG    $＋100H
X      DW        ?
```

表明数据 X 从当前的偏移地址再跳过 256 个字节后开始存放。

注意 这两条 ORG 伪指令使用时对应的段不相同!

段定义伪指令有以下 3 条:

逻辑段定义伪指令:

```
SEGMENT
```

逻辑段结束伪指令:

```
ENDS
```

指定段寄存器伪指令:

```
ASSUME
```

功能:① 确定标号、变量的偏移地址;② 将有关信息通过目标模块传送给连接程序,以便连接程序将不同的段和模块连接在一起形成一个可执行程序。

8.1.3.5 SEGMENT 和 ENDS 伪指令

格式:

```
段名  SEGMENT   ［定位类型］［组合类型］［“类别”］
...
（指令或伪指令序列）
...
段名  ENDS
```

功能:定义程序中的段,SEGMENT 伪指令表示段的开始,ENDS 伪指令表示段的结束。其中,段名由用户确定。段名具有地址属性。例如

对于代码段名:

```
MOV   BX,SEG CODE_SEG      ;BX←CS
MOV   DX,OFFSET CODE_SEG   ;DX←0
```

对于数据、附加和堆栈段名:

```
MOV   BX,SEG DATA_SEG      ;BX←DS 或 ES 或 SS
MOV   BX,DATA_SEG          ;等价于上一条指令
MOV   DX,OFFSET DATA_SEG   ;DX←下一个可以分配的数据的偏移地址
```

例如

```
DATA    SEGMENT
   A    DB 1,2,3,4
   B    DB 22,23,45
DATA    ENDS
...
MOV    AX,DATA
MOV    DS,AX
...
MOV    AL,A[4];AL=?(22)
```

方括号内的内容为可选项,它们指出了段的属性。这些属性为汇编程序和连接程序建立和组合段提供了依据。如果使用它们,各项的顺序不能错,其间用空格分开。各项具体含义如下:

1. 定位类型(或称边界类型,Align)

用于指定逻辑段的起始地址(物理地址,20 位),它有 5 种选择,见表 8.4。

表 8.4　定位类型

定位类型	含　　　　义
BYTE	段开始于下一个可以分配的字节地址。 ×××××××××××××××××××b
WORD	段开始于下一个可用的偶数地址。 ×××××××××××××××× ×××0b
PARA	段开始于下一个可用的节地址。 ××××××××××××××××0000b
PAGE	段开始于下一个可用的页地址。 ××××××××××××00000000b

若省略定位类型,则系统默认的是节类型 PARA(paragraph)。

连接程序在对目标文件进行连接时,将根据定位类型来决定各个段的相对起始地址。操作系统也利用这一属性计算装入程序(可执行程序)的起始地址。

2. 组合类型(Combine)

告诉连接程序,本段和其他段之间的关系,主要用于多模块的程序设计。见表 8.5。

表 8.5　组合类型

组合类型	含　义
缺省	表示段是独立的,不与其他同名段发生联系,并有自己的段起始地址
PUBLIC	LINK 程序将不同模块中具有该类型且段名相同的段连接到同一个物理段中,使它们公用一个段地址
STACK	与 PUBLIC 一样,只是连接后的段为堆栈段。LINK 程序在连接过程中自动将新段的段地址送 SS 寄存器,新段的长度送 SP 寄存器中(定位类型为 PARA 或 PAGE)。如果在定义堆栈段时没有将其说明为 STACK 类型,那么就需要在程序中用指令设置 SS 和 SP 的值,此时 LINK 程序将会给出一个警告信息
COMMON	产生一个覆盖段。LINK 为同名、同类型的段指定相同的段地址和起始地址。段的长度取决于该类型所有同名段中的最长者。代码段不能使用 COMMON 类型。覆盖是一种内存管理技术
MEMORY	LINK 将 PUBLIC 和 MEMORY 类型同等对待。为与其他连接程序兼容
AT 表达式	LINK 程序将具有 AT 类型的段装在表达式的值所指定的段地址上。这个类型可以为变量和标号赋予绝对地址。一般用来访问 ROM 数据区。不能用来指定代码段。 在 AT 类型的段中,一般不定义指令或数据,只说明一个地址结构,即为某个绝对地址起个名字。例如 STUEF　　　　SEGMENT　　AT 0　　　;段地址为 0 ORG　　　　　410H　　　　　　　　　;偏移地址为 410H EQUIPMENT　LABEL　　　　WORD　　;标号 EQUIPMENT 的绝对地址为 　　　　　　　　　　　　　　　　　　　　　;0000:0410 STUEF　　　　ENDS

3. 类别(Class)

类别指定了逻辑段的类型,连接程序通过段的类别属性将所有同类别的段相邻分配。段的类别必须位于单引号中,段类别原则上可以为任意名称。但代码段一般要求使用"CODE"。而堆栈段和数据段通常使用"STACK"和"DATA"。

8.3.1.6　ASSUME 伪指令

完整的段定义伪指令:声明了逻辑段的名称及其属性,它必须配合 ASSUME 伪指令指明逻辑段的类型(代码段、数据段、附加段或堆栈段)。

格式:

ASSUME　段寄存器名:段名[,段寄存器名:段名,……]

功能:ASSUME 伪指令通知汇编程序用指定的段寄存器来寻址对应的逻辑

段,即建立段寄存器和段的缺省关系(访问内存数据时段隐含),规定了段超越的前提。

ASSUME 伪指令只是告诉汇编程序逻辑段与段寄存器之间的关系,它并没有为段寄存器赋初值,因此,各段寄存器的初值需要在程序中设定。

段寄存器的装填(初始化):

1. CS 和 IP 的装填

CS 和 IP 寄存器的初值不能在程序中设置,它是通过伪指令 END 指定的地址来装填的,实际上是由连接程序自动设置的。

2. DS 和 ES 的装填

可执行程序由操作系统调入内存后,ES=DS=PSP 的段地址,若用户程序中没有堆栈段,SS=PSP 的段地址,SP=00H。为安全起见,程序应该设置足够大的堆栈空间。

DS 和 ES 必须在程序中赋初值,由于不能将一个常量直接赋给段寄存器,因此要使用下面的 4 条指令来完成。

例 8.2 DS,ES 和 SS 寄存器的初始化。

```
        DSEG  SEGMENT  PARA  "DATA"
        X     DW       0ABCDH
        DSEG  ENDS
        ESEG  SEGMENT  PARA  "DATA"
        Y     DW    ?
        ESEG  ENDS
        SSEG  SEGMENT  PARA STACK "STACK"
              DB       100      DUP(?)
        SSEG  ENDS
        CSEG  SEGMENT  PARA "CODE"
              ASSUME   CS:CSEG, DS:DSEG, ES:ESEG, SS:SSEG
START:  MOV   AX, DSEG
        MOV   DS,AX                    ;初始化 DS 寄存器
        MOV   AX, ESEG
        MOV   ES,AX                    ;初始化 ES 寄存器
        MOV   AX, SSEG
        MOV   SS,AX                    ;初始化 SS 寄存器
        MOV   SP,100                   ;设置堆栈指针 SP 的初值
        ;
        ...
        MOV   AH, 4CH
```

```
INT    21H
CSEG   ENDS
END    START
```

3. SS 和 SP 的装填

SS 和 SP 也可以由连接程序设置,SS 被设置成组合类型为 STACK 的段的段地址,而 SP 被设置成该堆栈段的长度。这样,SS:SP 就指向了栈尾。但是 SS 和 SP 也可在程序中设置,用户可以使用自己定义的堆栈空间。见例 8.2。

8.1.3.7　过程定义伪指令

汇编语言用定义过程的方法来实现子程序的功能。过程可以用 CALL 指令来调用,用 RET 指令返回到调用处。

过程定义包含两条伪指令:PROC 和 ENDP,PROC 表示过程的开始,ENDP 表示过程的结束。

格式:

```
过程名　PROC    ［属性］
        ……
        （过程中的语句序列:过程体）
        ……
    ［标号］:RET    ［常数］
        ……
    过程名　ENDP
```

功能:定义一个过程(即子程序)。

其中,过程名是用户起的一个名称,它有类型属性:FAR 或 NEAR,该属性表明当用 CALL 指令对该过程调用时是近(段内)还是远(段间)调用,以及该过程返回是近还是远返回(参见第 3 章 CALL 和 RET 指令的介绍)。两种调用和返回的方式的不同将使堆栈指针的变化不同。定义过程时若省略属性选项,则汇编程序认为该过程的属性为 NEAR。

使用过程有如下优点:

① 程序结构清晰,简洁,可读性好;

② 便于程序的编制和修改;

③ 缩短了目标程序的长度。

8.1.1.8　END 伪指令

格式:

```
END　［起始地址］
```

功能:表明源程序的结束,并指出程序装入后执行的起始地址。

其中,方括号中的"起始地址"是可选项,它可以是标号或过程名,表示程序第一条要执行的指令的地址。

如果一个源程序是由多个模块组成的,则在主模块(即主程序或主过程所在的模块)中的 END 伪指令必须用"起始地址"这一选项,而在其他模块中的 END 伪指令则不用。如果整个源程序各模块中的 END 伪指令都没说明"起始地址",则MASM 和 LINK 程序将会产生错误信息,并使程序可能从错误的地址开始执行。例如

```
;模块 1：
……
START：
……
END   START
模块 2：
……
END
```

该例中,两模块要连接成一个可执行程序时,模块 1 是主模块,程序从 START标号所指的指令开始执行。

8.1.3.9　INCLUDE 伪指令

格式：

```
INCLUDE 文件名
```

功能:告诉汇编程序将该伪指令指出的文件(使用汇编语言书写的)完整地插入到当前源程序文件的 INCLUDE 伪指令处。例如

```
INCLUDE  C:\MASMFIL\MACRO. MAC
```

8.1.4　汇编语言操作符及其应用

汇编语言支持许多操作符,这些操作符在指令和伪指令语句的操作数中构成表达式。共有六种类型的操作符,它们是算术、移位、逻辑、关系、回送值和类型操作符。另外还有 DUP、记录操作符和宏操作符等。

注意　对于运算操作符,它们和指令是不相同的。由运算操作符参与构成的具有固定数值的表达式的结果,是在汇编时进行计算的,而算术运算、逻辑移位类等指令是在程序执行时进行运算。也就是说前者由汇编程序计算,后者由 ALU(算术逻辑单元)进行计算。

8.1.4.1　算术操作符

算术运算符和整型常量相结合,构成算术表达式,其结果为固定的整数,

表 8.6 列出了所有的算术操作符。

表 8.6 算术操作符

操作符	格 式	含 义
＋	＋表达式	单目操作符,表示取表达式的正值
－	－表达式	单目操作符,表示取表达式的负值
*	表达式 1 * 表达式 2	两个表达式的值相乘得到的值
/	表达式 1/表达式 2	整数相除,结果只取整数部分
MOD	表达式 1 MOD 表达式 2	整数相除,只求余数
＋	表达式 1＋表达式 2	两个表达式的值相加得到的值
－	表达式 1－表达式 2	两个表达式的值相减得到的值

注意 ① 单目和双目的"＋"和"－"操作符意义不同,前者表示数的正负,优先级别比双目操作符高。

② 只有双目的"＋"和"－"操作符可以用在内存地址操作数中,运算结果仍为内存地址,其他操作符都要求操作数为整型常量。

例 8.3 算术操作符的使用。

- 算术操作符用于数值表达式

```
VALUE=15 * 2              ;VALUE=30
VALUE=VALUE/4             ;VALUE=30/4=7
VALUE=VALUE MOD 4         ;VALUE=7 MOD 4=3
VALUE=－VALUE－2           ;VALUE=－3－2=－5
VALUE=－VALUE－VALUE       ;VALUE=－(－5)－(－5)=10
```

- 算术操作符用于内存地址操作数表达式

```
ORG     100H
X       DB    ?          ;变量 X 的偏移地址为 100H
Y       DB    ?          ;变量 Y 的偏移地址为 101H
MEM1 EQU    X+5          ;MEM1=100H+5=105H
MEM2 EQU    X－5          ;MEM2=100H－5=0FBH
CONST EQU   Y－X          ;CONST=101H－100H=1
```

8.1.4.2 移位操作符

移位操作符有两个:SHL(左移),SHR(右移)。

格式:

表达式 SHL/SHR 常数

其中,常数表示移位次数。将表达式的值(自动扩展为 16 位)按二进制的位进行移位,移出的位丢失,空出的位补零。如果移位的次数大于 16,结果为 0。其最终的位数由另外一个操作数决定。例如

对于指令 MOV AX,0110111b SHL 3,其中 0110111b SHL 3 这个表达式的结果为 0110111000b,即 3B8H。因此,该指令将被汇编为

　　　MOV　AX,3B8H

如果指令是 MOV AH,0110111B SHL 3 ,指令汇编后会给出出错信息:Value out of range!

注意　它们和逻辑移位指令不同。逻辑移位指令是在执行时对寄存器或内存单元中的数据进行移位操作,且影响标志位。汇编程序能从上下文来区分它们。

8.1.4.3　逻辑操作符

逻辑操作符是对其操作数进行二进制位的运算,操作数必须是常数或数值表达式,但不能是内存地址表达式。表 8.7 列出了逻辑操作符及其含义。

表 8.7　逻辑操作符

操作符	格　　式	含　　义
NOT	NOT 表达式	逻辑非,将表达式的值按位取反
AND	表达式 1　AND　表达式 2	逻辑与,两表达式的值按位与
OR	表达式 1　OR　表达式 2	逻辑或,两表达式的值按位或
XOR	表达式 1　XOR　表达式 2	逻辑异或,两表达式的值按位异或

例如

```
MOV   AX,NOT 0F0H        ;AX←0FF0FH
MOV   AH,NOT 0F0H        ;AH←0FH
AND   AL,55H AND 0F0H    ;若 AL 开始为 0A5H,那么,55H AND 0F0H;的结果
                         ;为 50H,再与 AL 进行与运算,结果为 AL←00H
```

注意　① 值表达式的运算结果不能超出目的操作数的范围:例如

```
MOV   AH,55H OR 555H      ;汇编结果出错
```

② 不要将逻辑操作符和逻辑运算指令混淆。

8.1.4.4　关系操作符

格式:

　　　表达式 A　关系操作符　表达式 B

关系操作符对两个操作数进行比较操作(表达式 A 的值－表达式 B 的值),若

关系成立(结果为真),则返回−1(全 1),即 0FFFFH 或 0FFH;否则返回 0(结果为假)。表 8.8 列出关系操作符及其含义。

表 8.8 关系操作符

操作符	格　式	含　义
EQ	A　EQ　B	A=B 为真
NE	A　NE　B	A≠B 为真
LT	A　LT　B	A<B 为真
LE	A　LE　B	A<=B 为真
GT	A　GT　B	A>B 为真
GE	A　GE　B	A>=B 为真

注意 关系操作符的两个操作数必须同为数值表达式或是在同一段内的内存地址表达式。

例如

```
MOV   AX,4 EQ 3      ;假,AX←0
MOV   AX,4 GE 3      ;真,AX←−1
```

因为关系操作符只能产生 0 或 −1 两个值,所以一般不单独使用它们,而是把它们与其他操作符组合起来使用。例如定义

```
COUNT   EQU   32
```

假设需要在 COUNT 小于 50 时,将 5 输入 AX,而其他情况则将 6 输入 AX 寄存器。可以使用如下指令语句:

```
MOV   AX,((COUNT LT 50) AND 5) OR ((COUNT GE 50) AND 6)
```

比较:C 语言中:条件表达式 1? 表达式 2:表达式 3。

意思为:如果条件表达式 1 为真,则求解表达式 2,此时表达式 2 的值作为整个表达式的值;否则求解表达式 3,表达式 3 的值作为整个表达式的值。

8.1.4.5　重复操作符 DUP

重复操作符也称复制操作符。DUP 的格式:

```
表达式   DUP   (表达式 1,[表达式 2,……])
```

DUP 左面的表达式的数值表示重复的次数,右面的表达式的数值表示要重复的内容(变量的初值)。DUP 可以使用嵌套。例如

```
ARRAY DB  100  DUP  (0,1,?)          ;表示分配 300 个字节的内存单元
AY DB  20   DUP  (0,1,4 DUP (2),5,?) ;表示分配 20 * 8=160 个字节
                                     ;的存储空间
```

```
STRING              DB  10H  DUP  ("abcd")        ;表示分配了 16 * 4＝64 个
                                                   ;字节的内存单元
```

8.1.4.6 回送值操作符

回送值操作符用于回送名字或标号的地址属性和类型属性值,见表 8.9。

- 操作符[]:是将括起的表达式作为内存偏移地址的位移量。
- 操作符 $:表示当前的内存偏移地址,也具有段和偏移地址的属性。

例如

```
MOV  BX,SEG $              ;BX←CS
MOV  BX,OFFSET $+1         ;BX←IP+1
```

注意　此时的 IP 已指向下一条指令。

表 8.9 回送值操作符

操作符	格 式	含 义
SEG	SEG 标识符	回送标识符的段地址值
OFFSET	OFFSET 标识符	回送标识符的偏移地址值
LENGTH	LENGTH 变量	回送变量中元素的个数,若变量由 DUP 定义,则回送最外层 DUP 的重复次数,否则为 1
TYPE	TYPE 变量和标号	回送变量和标号的数据类型,若是变量则回送该变量一个元素所占的字节数。当是一个结构变量,则回送该结构变量所占用的字节总数;若是标号,对 NEAR 类型送－1,FAR 类型送－2
SIZE	SIZE 变量	回送变量所占字节总数,即 LENGTH 和 TYPE 的乘积

注:表中所谓变量可以是含变量名的地址表达式,其值为某一内存数据的偏移地址。

例如

```
DSEG  SEGMENT
X     DB    10H
Y     DW    1010H
DSEG  ENDS
…

CSTART:
MOV  AX,SEG X              ;AX←变量 X 的段地址
MOV  BX,OFFSET X           ;BX←变量 X 的偏移地址
```

```
        MOV    AL,X                          ;AL←变量 X 的内容
        MOV    DX,SEG CSTART                 ;DX←标号 CSTART 的段地址,CS 的值
        MOV    SI,OFFSET CSTART              ;SI←标号 CSTART 的偏移地址
        ...
```

由于 X,Y 在同一个数据段,因此指令

```
        MOV    AX,SEG X
```

和指令

```
        MOV    AX,SEG Y
```

是等价的。同样也与

```
        MOV    AX,SEG DSEG                   ;DSEG 是段名
        MOV    AX,DSEG
```

是等价的。又例如

```
        DATA    SEGMENT
        TABLE   DW    12H,100 DUP (1)
        STRING  DB    "THIS IS A STRING"
        ARRAY   DD    20 DUP(1,10 DUP (?))
        DATA    ENDS
        ...
        MOV     AX,TYPE TABLE               ;AX←2,因为 TABLE 为字类型数据
        MOV     BX,TYPE STRING              ;BX←1,因为 STRING 为字节类型数据
        MOV     SI,TYPE ARRAY               ;SI←4,因为 ARRAY 为双字类型数据
        ...
        MOV     CX,LENGTH TABLE             ;CX←1
        MOV     CX,LENGTH TABLE+2           ;CX←100,元素个数为 100
        MOV     DX,SIZE TABLE+2             ;DX←总的字节数:100 * 2=200
        ...
```

8.1.4.7　类型操作符

类型操作符用来指定或修改相应的操作数的类型。因为在汇编语言中,标号和变量一旦经过定义之后,其类型(如 NEAR,FAR,BYTE,WORD,DWORD,QWORD,TBYTE 等)就相应确定了,但在使用这些变量和标号时,有时要根据需要修改它们的类型,这时就要使用类型操作符。表 8.10 列出了类型操作符及其含义。

表 8.10 类型操作符

操作符	格　式	含　义
PTR	类型　PTR　表达式	重新设置表达式的类型。当表达式为内存操作数(内存数据地址)时,类型为 BYTE,WORD,DWORD,QWORD,TBYTE 等;当表达式为转移地址(标号等)时,类型可以为 NEAR,FAR。 PTR 仅仅在使用时对表达式进行强制类型转换,并没有真正改变表达式原有的数据类型。PTR 操作符允许对已定义了的变量或标号以不同的类型进行存取
:	段前缀:表达式	强制汇编程序按段前缀指定的段来计算变量和标号的实际地址(不用且不改变默认的段)。段前缀可以是 CS、ES、SS、DS、段名等。段名必须已经用 SEGMENT 定义过,并已用 ASSUME 伪指令把段名与段寄存器联系在一起;表达式可以为变量名、标号、地址表达式等。也就是说,偏移地址不变,改变段地址
SHORT	JMP　SHORT　标号	将指定的标号说明为短(SHORT)标号(缺省为 NEAR 属性)。SHORT 用于转移指令中,它告诉汇编程序转移的范围在-128~127 B 之内使用短转移 JMP 指令比近转移 JMP 指令节省一个字节
THIS	THIS 类型	定义当前内存单元的地址及类型。其中,段地址为当前段地址,偏移地址为当前地址计数器的值
HIGH	HIGH 表达式	取表达式值高 8 位,表达式须具有常量值
LOW	LOW 表达式	取表达式值低 8 位,表达式须具有常量值

例如

```
VALUE   EQU   0ABCDH
...
MOV     AH,HIGH 1234H    ;AH←12H
MOV     AL,LOW VALUE     ;AL←0CDH
```

8.1.4.8 操作符的优先级

汇编语言的操作符是有优先级的,当不同的操作符出现在同一个表达式中,首先执行优先级高的操作,然后才执行优先级低的操作。同优先级的操作从左到右顺序执行,利用()可以改变执行顺序,()中的操作优先执行。表 8.11 中同一行上的操作符优先级相同,自上而下优先级递减。

表 8.11　各种操作符的优先级

优先级	操　作　符
1(高)	LENGTH,SIZE,WIDTH,MASK,(),[],<>
2	.(结构引用操作符)
3	:
4	PTR,OFFSET,SEG,TYPE,THIS
5	HIGH,LOW
6	+,−(单目)
7	*,/,MOD,SHL,SHR
8	+,−(双目)
9	EQ,NE,LT,LE,GT,GE
10	NOT
11	AND
12	OR,XOR
13(低)	SHORT

8.2　宏　指　令

宏就是将一个程序序列给定义一个名字(宏名),那么,在以后的程序中,就可以使用这个名字来代替这一段程序序列。

在源程序中,有的程序段要多次被使用,为了不重复书写这些程序段,可将它们定义为宏。宏也具有名字,一旦定义了宏,就可以在源程序中通过宏名对该程序段加以引用,从而减少了源程序的编写量,使源程序更加清晰、易读。此外,为了向宏传递参数,还可以定义带参数的宏,使得宏的功能更强,使用更加灵活。

1. 宏的定义

宏定义是通过伪指令 MACRO 和 ENDM 来进行的。其中 MACRO 表示宏定义的开始,ENDM 表示宏定义的结束。

格式:

```
宏名    MACRO  ［形式参数表］
       ……
       ……（宏体）
       ……
       ENDM
```

其中,宏名是用户起的,必须是唯一的,它代表宏定义所定义的宏体的内容。形式参数表是用逗号或空格或制表符分隔的一个或多个形式参数,它是可选项,当调用宏时,要用对应的实际参数去取代,以实现向宏传递信息。宏体是汇编语言所允许的任意语句(指令或伪指令语句)序列,它决定了宏的功能。在宏体中还可以定义或调用另外一个宏。

注意 宏定义必须放在第一个调用它的指令之前,一般放在程序的开头。宏定义是为汇编程序服务的,它只告诉汇编程序用一个名字代替一段指令序列,为宏调用作准备,宏指令本身并不被汇编。例如

```
INPUT  MACRO
       MOV    AH,1
       INT    21H
       ENDM
```

INPUT 宏的功能为从键盘输入一个字符到 AL 寄存器。例如

```
GEN    MACRO    XX, YY,ZZ
       MOV      AX, XX
       ADD      AX, YY
       MOV      ZZ, AX
       ENDM
```

该例定义的宏 GEN 具有 3 个形式参数,其功能是将前两个参数相加,结果输入第 3 个参数。宏调用时,要用实际的参数去取代它们。

2. 宏调用和宏展开

宏一旦被定义,就像指令系统增加了新的指令一样,当源程序需要使用已定义的宏时,只要在源程序需要的地方写上所需的宏名即可。若有参数的话,要用相应的实际参数去取代定义时的形式参数,这种引用称为宏调用。

格式:

```
宏名 ［实际参数表］
```

其中,宏名必须是在调用指令前已经定义过的名字;实际参数可以是标号、常数和寄存器等。

实际参数(实元)的类型和顺序必须与宏定义时的形式参数(哑元)一一对应。

当汇编程序对源程序进行汇编时,要将源程序中所有的宏调用进行展开,即将宏名所代表的宏定义中的指令序列插入到宏调用处。同时将宏调用的实际参数去取代形式参数。

例如上例中使用宏调用:

INPUT

展开成如下形式:

MOV　AH,1
INT　21H

将宏调用 GEN　BX,CX,DX 展开成如下形式:

MOV　AX,BX
ADD　AX,CX
MOV　DX,AX

如果对某一宏定义进行多次宏调用,则汇编程序同样也要对宏进行多次展开,因此,宏调用并不节省存储空间。

3. 宏的删除伪指令 PURGE

格式:

PURGE　宏名[,……]

功能:删除该伪指令所指出的每一个宏名所代表的宏定义。

注意　① 宏名必须是事先经过 MACRO 伪指令定义过的。

② 宏定义一经删除就不能再对其进行调用。

关于宏的介绍到此结束。MASM 还有许多伪指令和操作符支持宏指令的使用,我们这里不再一一介绍,感兴趣的话可以参考有关汇编语言程序设计的书籍。

4. 宏操作符

MASM 宏汇编程序提供了表 8.12 中列出的宏操作符,用于宏参数的连接。

表 8.12　宏操作符

宏操作符	含　义
&	替换
<>	文本文字
!	文字字符
%	表达式
;;	宏注释

(1) & 操作符

格式:

& 形式参数

功能：用实际参数替换以"&"操作符指出的形式参数。替换时移去"&"。

该操作符主要用于宏替换时连接文本或符号。当形式参数前面或后面有其他字符或形式参数在用引号括起来的字符串中，不使用 & 操作符汇编程序就不用实际参数进行替换。

例如，对于如下宏定义：

```
ERR        MACRO   X
ERROR&X：PUSH      BX
ABX：      MOV      BX,"&X"
AB&X：     MOV      AX,0
           ENDM
```

当宏调用指令为 ERR A 时，汇编程序将其宏展开为如下形式：

```
ERRORA：    PUSH    BX
ABX：       MOV      BX,"A"
ABA：       MOV      AX,0
```

可以看出，凡是使用"&"操作符指出的形式参数都被实际参数所替换：

```
ERROR&X→ ERRORA
AB&X→ ABA
"&X"→ "A"
```

而标号 ABX 中的"X"则被看作是标号中的一个字符未被替换成"A"。

（2）％操作符

格式：

　％符号

功能：用符号所表示的具体内容作为参数。

例如

```
SAMP      MACROX
          Y＝X−2
          MOV   AX,%Y                ;将 Y 的结果赋给 AX
          ENDM
          …
SUM1      EQU  120
SUM2      EQU  100
　…
          SAMP   18                  ;宏调用
```

　　　SAMP　　%(SUM1－SUM2)；宏调用

上例中第 1 个宏调用，是将实际参数 18 传递给形式参数 X，因此，宏体中 Y 的值为 16，宏展开为

　　　MOV　　AX,16

第 2 个宏调用是以%操作符后的表达式(SUM$_1$－SUM$_2$)的结果(20)作为实际参数传递给 X 的，宏体中 Y 的值为 18，所以宏展开为

　　　MOV　　AX,18

（3）；；操作符

格式：

　　　；；文本

功能：表示宏注释，它不被宏展开。

使用双分号的宏注释只能在宏定义中出现，由于它不被宏展开，因此节省存储空间，汇编的速度也较快。在宏定义中也可使用单分号的注释，一般应采用双分号的宏注释。例如将前面的宏定义 SAMP 中的注释改为宏注释：

　　MOV　　AX,%Y　　　；；将 Y 的结果赋给 AX

<>操作符和！操作符一般与重复块伪指令配合使用，这里不作介绍，请参看有关汇编语言程序设计的参考书。

5. 宏和过程的区别

宏和过程都可用来简化源程序并可使程序对它们进行多次调用，从而使程序结构清晰、简洁，符合结构化程序设计的风格。但它们之间也有区别和各自的不足之处：

① 宏操作可以直接传递和接收参数，它不需要通过堆栈来进行，因此比较容易编写，而过程不能直接带参数，当过程之间需要传递参数时，要注意参数的传递方式是通过寄存器、存储器还是堆栈来进行的，所以相对于宏来说，编写上要复杂一些。

② 汇编程序遇到每个宏调用指令都要进行宏展开，因此宏指令执行速度快，但却使程序代码占用的存储空间较多；而过程在程序中只出现一次，并能被多次调用，因而程序代码较短，比宏节省存储空间。但由于过程需要由 CALL 和 RET 指令来调用和返回，每一次调用都要对现场进行保护，返回时又要恢复现场，因此相对来说，过程的执行占用时间较长，速度较慢。

通过以上比较可以看出，如果要调用的例程较短且调用的次数不太频繁，一般可采用宏来编写，反之则用过程来编写。在实际应用中还应根据具体需要来选择。

8.3 程序设计的基本步骤

汇编语言源程序是计算机指令语句的有序集合,当使用计算机来求解某些问题时需要编制程序。汇编语言程序设计可归纳为以下几个步骤:

① 分析问题:就是全面地理解问题,要把解决问题所需条件、原始数据、输入和输出信息、运行速度要求、运算精度要求和结果形式搞清楚。对于工程量较大问题的程序设计,一般还要用某种形式描绘出"工艺"流程,以便于对整个问题的讨论和程序设计。

② 建立数学模型:就是把问题数学化、公式化。

③ 确定算法:建立数学模型以后,还要确定符合计算机运算要求的算法。

④ 绘制程序流程图:用带箭头的线段、矩形框、菱形框等绘制的示意图,用于描述程序内容。

⑤ 寄存器的使用和内存空间的分配:根据汇编语言程序设计的特点,安排数据的存放和各种运算操作。

⑥ 编制程序和静态检查:按汇编语言语法规定书写程序语句。初学者应多多参照指令说明进行,并注意对有些语句或语句段加以注释,以免程序调试时造成许多麻烦!

⑦ 程序上机调试:这是程序设计的最后一步,也是非常重要的一步! 没有经过调试的程序,则难以保证程序没有错误! 即便是非常优秀的程序员也不能保证这一点。程序设计正确与否,上机调试结果是最终的检验标准。

习　　题

1. 指令和伪指令有什么区别?

2. 汇编语言源程序中的变量和标号有哪些属性?

3. 以下是格雷码的编码表:

0——0000, 1——0001, 2——0011, 3——0010, 4——0110
5——0111, 6——0101, 7——0100, 8——1100, 9——1101

请用换码指令和其他指令设计一个程序段,实现格雷码往 ASCII 码的转换。

4. 假设 OP_1,OP_2 是已经用 DB 定义的变量,W_OP_3 和 W_OP_4 是已经用 DW 定义的变量,判断下列指令书写是否正确。如有错误,指出错在何处? 并写出正确的指令(或程序段)实现原错误指令期望实现的操作。

(1) PUSH　OP$_1$

(2) POP [W_OP$_4$]

(3) MOV　AX, WORD PTR [SI][DI]

(4) MOV　AX,WORD PTR ES:BX

(5) MOV　BYTE PTR [BX], 1000

(6) MOV　BX, OFFSET [SI+200H]

(7) MOV　OP$_2$,[BX]

(8) CMP　HIGH W_OP$_3$, 25

(9) CMP　OP$_1$, OP$_2$

(10) CMP　AX, OP$_2$

(11) MOV　W_OP$_3$[BX+4 * 3][DI], SP

(12) ADD　W_OP$_3$, W_OP$_4$

(13) MOV　AX, W_OP$_3$[DX]

(14) MOV　OP$_1$, LOW DS

(15) MOV　SP, OP$_2$[BX][SI]

(16) MOV　AX, W_OP$_3$+W_OP$_4$

(17) MOV　AX,W_OP$_3$−W_OP$_4$+100

(18) SUB　AL, W_OP$_3$+7

(19) MOV　AX,BX SHL 2

(20) MOV　BX,W_OP$_3$ AND 8FD7H

5. 试用数据定义语句 DB 或 DW 改写下述两语句中的某一个,使它们在存储器中有完全相同的存储情况。

　　　VAR$_1$ DB "abcdefghij"

　　　VAR$_2$ DW 6162H,6364H,6566H,6768H,696AH

6. 编写一个程序,要求运行时屏幕显示"BELL",同时响铃一次(响铃的 ASCII 码为 07)。

7. 假设在数据段 X_SEG、附加段 Y_SEG 和堆栈段 Z_SEG 中分别定义了字变量 X,Y 和 Z,试编制一完整的程序计算 X+Y+Z,并将结果送 X。

附录 1   ASCII 码字符表

编码	控制字符	编码	字符	编码	字符	编码	字符
00	NUL	20	SPACE	40	@	60	`
01	SOH	21	!	41	A	61	a
02	STX	22	"	42	B	62	b
03	ETX	23	#	43	C	63	c
04	EOT	24	$	44	D	64	d
05	ENQ	25	%	45	E	65	e
06	ACK	26	&	46	F	66	f
07	BEL	27	'	47	G	67	g
08	BS	28	(	48	H	68	h
09	TAB	29	)	49	I	69	i
0A	LF	2A	*	4A	J	6A	j
0B	VT	2B	+	4B	K	6B	k
0C	FF	2C	,	4C	L	6C	l
0D	CR	2D	—	4D	M	6D	m
0E	SO	2E	.	4E	N	6E	n
0F	SI	2F	/	4F	O	6F	o
10	DLE	30	0	50	P	70	p
11	DC1	31	1	51	Q	71	q
12	DC2	32	2	52	R	72	r
13	DC3	33	3	53	S	73	s
14	DC4	34	4	54	T	74	t
15	NAK	35	5	55	U	75	u
16	SYN	36	6	56	V	76	v
17	ETB	37	7	57	W	77	w
18	CAN	38	8	58	X	78	x
19	EM	39	9	59	Y	79	y
1A	SUB	3A	:	5A	Z	7A	z
1B	ESC	3B	;	5B	[	7B	{
1C	FS	3C	<	5C	\	7C	|
1D	GS	3D	=	5D	]	7D	}
1E	RS	3E	>	5E	ˆ	7E	~
1F	US	3F	?	5F	_	7F	DEL

附录 2　　8086 指令系统表

指令		助记符	格　式	功　能	备　注
数据传送	通用数据传送	MOV	MOV Dest, Src	(Dest) ← (Src)	Imm, CS, IP 不能为 Dest Opr 位数必须一致 Opr 不能同为 Mem Opr 不能同为 Sreg
		XCHG	XCHG Dest, Src	(Src) ← → (Dest)	Opr 不能为 Imm, Sreg Opr 位数必须一致 Opr 不能同为 Mem Opr 不能为 CS(或 IP)
		PUSH	PUSH Src	(SP) ← (SP)−2 ((SP)+1, (SP)) ← (Src)	Opr 只能 16 位 Opr 不能为 Imm 和 CS
		POP	POP Dest	(Dest)←((SP)+1, (SP)) (SP)← (SP)+2	PUSH CS 合法 一般配对使用
		XLAT	XLAT	(AL) ← ((BX)+(AL))	BX=首地址 AL=偏移量
	地址传送	LEA	LEA DES, Src	(Dest) ← EA(Src)	Dest 为 16 位 Reg Dest 不能为 Sreg Src 为 32 位 Mem
		LDS	LDS DES, Src	(Dest) ←EA (Src) (DS) ← EA(Src+2)	
		LES	LES DES, Src	(Dest) ←EA (Src) (ES) ← EA(Src+2)	
	标志传送	LAHF	LAHF	(AH)←(FLAGS_L)	相反操作 一般配对使用 SAHF 标志位=- - - - - rrrrr
		SAHF	SAHF	(FLAGS_L) ← (AH)	
		PUSHF	PUSHF	(SP) ← (SP)−2 ((SP)+1, (SP)) ← (PSW)	相反操作 一般配对使用 POPF 标志位=rrrrrrrrr
		POPF	POPF	(Dest)←((SP)+1, (SP)) (SP)← (SP)+2	
	输入输出	IN	IN Ac, Port IN Ac, DX	(Ac)← (Port) (Ac)←((DX))	最多 64K 个 8 位端口地址 或 32K 个 16 位端口地址； 端口地址≥256 时,应采 用 DX 间接寻址
		OUT	OUT Port, Ac OUT DX, Ac	(Port) ←(Ac) ((DX))←(Ac)	

指令		助记符	格　　式	功　　能	备　注
算术运算	加法	ADD	ADD EST,Src	(Dest)←(Src)＋(Dest)	ODITSZAPC＝x- - -xxxxx
		ADC	ADC EST,Src	(Dest)←(Src)＋Dest)＋CF	ODITSZAPC＝x- - -xxxxx
		INC	INC Dest	(Dest)←(Dest)＋1	ODITSZAPC＝x- - -xxxx-
	减法	SUB	SUB EST,Src	(Dest)←(Dest)－(Src)	ODITSZAPC＝x- - -xxxxx
		SBB	SBB EST,Src	(Dest)←(Dest)－(Src)－CF	ODITSZAPC＝x- - -xxxxx
		DEC	DEC Dest	(Dest)←(Dest)－1	ODITSZAPC＝x- - -xxxx-
		NEG	NEG Dest	(Dest)←0－(Dest)	求相反数 ODITSZAPC＝x- - -xxxxx
		CMP	CMP DES,Src	(Dest)－(Src)	结果不回送 后边一般跟 JXX ODITSZAPC＝x- - -xxxxx
	乘法	MUL	MUL Src	(AX)←(AL)＊(Src) (DX,AX)←(AX)＊(Src)	单操作数指令 Src 为乘数
		IMUL	IMUL Src	(AX)←(AL)＊(Src) (DX,AX)←(AX)＊(Src)	Opr 不能为 Imm Ac 为隐含的被乘数 ODITSZAPC＝x- - -uuuux
	除法	DIV	DIV Src	(AL)←(AX)/(Src)的商 (AH)←(AX)/(Src)的余数 (AX)←(DX,AX)/(Src)的商 (DX)←(DX,AX)/(Src)的余数	单操作数指令 Src 为除数 Src 不能为 Imm
		IDIV	IDIV Src	(AL)←(AX)/(Src)的商 (AH)←(AX)/(Src)的余数 (AX)←(DX,AX)/(Src)的商 (DX)←(DX,AX)/(Src)的余数	AX(DX,AX)为隐含的被除数 ODITSZAPC＝u- - -uuuuu
		CBW	CBW	(AL)→(AX)	正数前补 0
		CWD	CWD	(AX)→(DX,AX)	负数前补 1 无符号数不能扩展
	BCD码调整	DAA	DAA	(AL)→(AL)组合 BCD	紧接在加减指令后
		DAS	DAS	(AL)→(AL)组合 BCD	ODITSZAPC＝u- - -xxxxx
		AAA	AAA	(AL)→(AL)非组合 BCD	紧接在加减指令后
		AAS	AAS	(AL)→(AL)非组合 BCD	ODITSZAPC＝u- - -uuxux
		AAM	AAM	(AL)→(AL)非组合 BCD	紧接在 MUL 后 ODITSZAPC＝u- - -uuxux
		AAD	AAD	(AL)→(AL)非组合 BCD	DIV 指令之前用 AAD DIV 之后用 AAM ODITSZAPC＝u- - -xxuxu

指令	助记符	格　　式	功　　能	备　　注
逻辑运算	AND	AND Dest,Src	(Dest)←(Dest)∧(Src)	使 Dest 的某些位强迫清 0 ODITSZAPC= 0- - -xxux0
	OR	OR Dest,Src	(Dest)←(Dest)∨(Src)	使 Dest 的某些位强迫置 1 ODITSZAPC= 0- - -xxux0
	NOT	NOT Dest	(Dest)←($\overline{\text{DEST}}$)	不允许使用 Imm
	XOR	XOR Dest,Src	(Dest)←(Dest)∀(Src)	使某些位变反 判断两个 Opr 是否相等 ODITSZAPC= 0- - -xxux0
	TEST	TEST Dest,Src	(Dest)∧(Src)	测试某位是否为 0 ODITSZAPC= 0- - -xxux0
移位指令	SAL	SAL Dest,Cnt	空出位补 0,移出位进 CF SAR 时空出位不变 SAL,SAR 用于有符号数 SHL,SHR 用于无符号数 左移乘以 2 的 Cnt 次方 右移除以 2 的 Cnt 次方	Dest 不能为 Imm Cnt 是移位数 Cnt＞1,其值要先送到 CL ODITSZAPC= x- - -xxuxx
	SAR	SAR Dest,Cnt		
	SHL	SHL Dest,Cnt		
	SHR	SHR Dest,Cnt		
	ROL	ROL Dest,Cnt	将 Dest 从一端移出的位返回到另一端形成循环	Dest 不能为 Imm Cnt 是移位数 Cnt＞1,其值要先送到 CL ODITSZAPC= x- - - - - -x
	ROR	ROR Dest,Cnt		
	RCL	RCL Dest,Cnt	将 Dest 从一端移出的位,连同 CF 一起循环移位	
	RCR	RCR Dest,Cnt		
串操作指令	MOVS	MOVS Dest,Src MOVSB MOVSW	ES:(DD)←DS:(SI) (SI)←(SI)±1 或 2 (DD)←(DD)±1 或 2	SI=DS 中源串首地址 DI=ES 中目的串首地址 CX=数据串的长度 CLD/TD 建立方向标志 DF=0,地址增量 DF=1,地址减量 CMPS 标志位= x- - -xxxxx SCAS 标志位= x- - -xxxxx
	LODS	LODS Src LODSB LODSW	(Ac)←DS:(SI) (SI)←(SI)±1 或 2	
	STOS	STOS Dest STOSB STOSW	ES:(DD)←(Ac) (DD)←(DD)±1 或 2	
	CMPS	CMPS Dest,Src CMPSB CMPSW	DS:(SI) － ES:(DD) (SI)←(SI)±1 或 2 (DD)←(DD)±1 或 2	
	SCAS	SCAS Dest SCASB SCASW	Ac － ES:(DI) (DD)←(DD)±1 或 2	
	REP	REP MOVS / STOS	每执行一次,CX←(CX)－1,直到 CX=0,重复执行结束	

指令	助记符	格　式	功　能	备　注
串操作指令	REPE /REPZ	REPE CMPS/SCAS REPZ CMPS/SCAS	每执行一次,CX←(CX)−1,并判断 ZF 标志位是否为 0 只要 CX=0 或 ZF=0,则重复执行结束	串处理指令的重复前缀 LODS 之前不能添加前缀
	REPNE /REPNZ	REPNE CMPS/SCAS REPNZ CMPS/SCAS	每执行一次,CX←(CX)−1,并判断 ZF 标志位是否为 1 只要 CX=0 或 ZF=1,则重复执行结束	
控制转移指令	JMP	JMP SHORT Opr	IP←(IP)+8 位偏移	段内直接短转移
		JMP NEAR PTR Opr	IP←(IP)+16 位偏移量	段内直接近转移
		JMP WORD PTR Opr	IP←(EA)	段内间接转移
		JMP FAR PTR　Opr	(IP)←Opr 指定的偏移地址 (CS)←Opr 指定的段地址	段间直接(远)转移
		JMP DWORD PTR Opr	IP)←(EA) (CS)←(EA+2)	段间间接转移
	CALL	CALL 过程名	SP←(SP)−2 SS:[SP]←IP IP←(IP)+16 位偏移量	段内直接调用
		CALL Opr	SP←(SP)−2 SS:[SP]←IP IP←(EA)	段内间接调用
		CALL　FAR PTR 过程名	SP←(SP)−2 SS:[SP]←CS SP←(SP)−2 SS:[SP]←IP (IP)←过程的偏移地址 (CS)←过程的段地址	段间直接调用
		CALL DWORD PTR Opr	SP←(SP)−2 SS:[SP]←CS SP←(SP)−2 SS:[SP]←IP (IP)←(EA) (CS)←(EA+2)	段间间接调用

续表

指令	助记符	格　　式	功　　能	备　　注
控制转移指令	RET	RET	IP←SS:[SP] SP←(SP)+2	无参数段内返回
		RET n	IP←SS:[SP] SP←(SP)+2 SP←(SP)+n	有参数段内返回
		RET	IP←SS:[SP] SP←(SP)+2 CS←SS:[SP] SP←(SP)+2	无参数段间返回
		RET n	IP←SS:[SP] SP←(SP)+2 CS←SS:[SP] SP←(SP)+2 SP←(SP)+n	有参数段间返回
	JXX	JC Dest	CF=1 则转移	有进位/借位
		JNC Dest	CF=0 则转移	无进位/借位
		JE/JZ Dest	ZF=1 则转移	相等/等于零
		JNE/JNZ Dest	ZF=0 则转移	不相等/不等于零
		JS Dest	SF=1 则转移	是负数
		JNS Dest	SF=0 则转移	是正数
		JO Dest	OF=1 则转移	有溢出
		JNO Dest	OF=0 则转移	无溢出
		JP/JPE Dest	PF=1 则转移	有偶数个"1"
		JNP/JPO Dest	PF=0 则转移	有奇数个"1"
		JA/JNBE Dest	CF=0 AND Z F=0 则转移	无符号数 A>B
		JAE/JNB Dest	CF=0 OR ZF=1 转移	无符号数 A≥B
		JB/JNAE Dest	CF=1 AND ZF=0 转移	无符号数 A<B
		JBE/JNA Dest	CF=1 OR ZF=1 则转移	无符号数 A≤B
		JG/JNLE Dest	SF=OF AND ZF=0 转移	有符号数 A>B
		JGE/JNL Dest	SF=OF OR ZF=1 则转移	有符号数 A≥B
		JL/JNGE Dest	SF≠OF AND ZF=0 则转移	有符号数 A<B
		JLE/JNG Dest	SF≠OF OR ZF=1 则转移	有符号数 A≤B
		JCXZ Dest	(CX)=0 则转移	不影响 CX 的内容

续表

指令	助记符	格　式	功　能	备　注
控制转移指令	LOOP	LOOP Dest	CX−1≠0,则循环	段内直接短转移
	LOOPE/LOOPZ	LOOPE/LOOPZ Dest	ZF=1 且 CX−1≠0,则循环	
	LOOPNE/LOOPNZ	LOOPNE/LOOPNZ Dest	ZF=0 且 CX−1≠0,则循环	
	INT	INT n	PUSH(FLAGS) PUSH(CS) PUSH(IP) n×4 IP=(n×4+2) CS=(n×4+4)	ODITSZAPC=- -00- - - - -
	INTO	INTO	OF=1 则 PUSH(FLAGS) PUSH(CS) PUSH(IP) n×4 IP=(n×4+2) CS=(n×4+4)	ODITSZAPC=- -00- - - - -
	IRET	IRET	IP←SS:[SP] SP←(SP)+2 CS←SS:[SP] SP←(SP)+2 FLAGS←SS:[SP] SP←(SP)+2	ODITSZAPC=rrrrrrrrr

续表

指令	助记符	格　式	功　　能	备　注
处理器控制指令	CLC	CLC	CF←0	ODITSZAPC=------0
	STC	STC	CF←1	ODITSZAPC=-------1
	CMC	CMC	CF=$\overline{\text{CF}}$	ODITSZAPC=-------x
	CLD	CLD	DF←0	ODITSZAPC=—0------
	STD	STD	DF←1	ODITSZAPC=—0------
	CLI	CLI	IF←0	ODITSZAPC=——0-----
	STI	STI	IF←1	ODITSZAPC=——1-----
	HLT	HLT	暂停	CPU 最大模式时,用于处理主机和协处理器及多处理器之间的同步关系
	WAIT	WAIT	等待	
	ESC	ESC	交权	
	LOCK	LOCK	封锁	
	NOP	NOP	空操作	

注:① 影响标志位的指令已作特殊说明,没作特殊说明的均不影响标志位。

② 附录中各缩写或符号含义如下:

缩写	含义	缩写	含义	缩写	含义
Dest	目的操作数	Ac	AL 或 AX	x	根据结果设置标志位
Src	源操作数	Mem	存储器	–	不影响标志位
Opr	操作数	Imm	立即数	u	对标志位无定义
Reg	寄存器	Port	端口地址	r	恢复原先标志位的值
Sreg	段寄存器	EA	有效地址	Cnt	移位数

附录 3　DEBUG 主要指令

DEBUG 是为汇编语言设计的一种调试工具,它通过单步、设置断点等方式为汇编语言程序员提供了非常有效的调试手段。

1. DEBUG 程序的调用

在 DOS 的提示符下,可键入命令:

C>DEBUG[d:][path][filename [. exe]][parm1][parm2]

其中,文件名是被调试文件的名字。如用户键入文件名,则 DEBUG 将指定的文件装入存储器中,用户可对其进行调试。如果未键入文件名,则用户可以用当前存储器的内容工作,或者用 DEBUG 命令 N 和 L 把需要的文件装入存储器后再进行调试。命令中的 d 指定驱动器,path 为路径,parm1 和 parm2 则为运行被调试文件时所需要的命令参数。

在 DEBUG 程序调入后,将出现提示符“一”,此时就可用 DEBUG 命令来调试程序。

2. DEBUG 的主要指令

命　　　令	格　　　式	功能描述
A (Assemble)	A [address]	对助记符指令进行汇编
C (Compare)	C range address	比较两个内存单元的内容
D (Dump)	D [range] or D [address]	显示指定内存单元的内容
E (Enter)	E address [list]	修改指定地址里的内容
F (Fill)	F range list	用数据填充内存单元
G (Go)	G [=address] [breakpoints]	执行命令
H (Hexarthmetic)	H value1 value2	十六进制加减法运算
I (Input)	I port	从指定的端口显示输入数据字节
L (Load)	L [address]	读文件或磁盘扇区
M (Move)	M range address	传送指定内存单元的内容
N (Name)	N filespecs [filespecs]	定义文件名
O (Output)	O port address byte	输出数据到端口
Q (Quit)	Q	退出 DEBUG 状态
R (Register)	R [register_name]	显示或修改寄存器内容
S (Search)	S range list	检索字节或字符串
T (Trace)	T or T[=address] [value]	按 IP 指示的地址跟踪执行程序并显示寄存器内容
U (Unassemble)	U [range] or U[address]	对二进制指令代码进行反汇编
W (Write)	W [address]	写文件或磁盘扇区

附录 4　DOS 功能调用

AH	功能	输入参数	输出参数
00H	程序终止	CS＝程序段地址	
01H	键盘输入并回显		AL＝输入字符
02H	显示输出	DL＝显示字符	
03H	串行设备输入		AL＝输入数据
04H	串行设备输出	DL＝输出字数据	
05H	打印机输出	DL＝输出字符	
06H	直接控制台 I/O	DL＝0FFH（输入） DL＝字符（输出）	AL＝输入字符
07H	键盘输入（无回显）		AL＝输入字符
08H	键盘输入（无回显） 检测 Ctrl＋Break		AL＝输入字符
09H	显示字符串	DS：DX＝串地址 "＄"结束字符串	
0AH	键盘输入到缓冲区	DS：DX＝缓冲区首址 (DS：DX)＝缓冲区最大字 符数	(DS：DX＋1)＝实际输入 字符数
0BH	检查键盘输入状态		AL＝00 无按键 AL＝0FFH 有按键
0CH	清除输入缓冲区并执行指 定的输入功能	AL＝输入功能号 （01H/06H/07H/08H/ 0AH）	AL＝输入数据 （功能号 01H/06H/07H/ 08H）
0DH	初始化磁盘状态		
0EH	指定当前缺省的磁盘驱 动器	DL＝驱动器号(0＝A,1＝ B,…)	AL＝逻辑驱动器数
0FH	打开文件	DS：DX＝FCB首地址	AL＝00H 成功 AL＝0FFH 文件未找到

AH	功能	输入参数	输出参数
10H	关闭文件	DS:DX=FCB 首地址	AL=00H 成功 AL=0FFH 文件未找到
11H	查找第一匹配目录	DS:DX=FCB 首地址	AL=00H 成功 AL=0FFH 文件未找到
12H	查找下一匹配目录	DS:DX=FCB 首地址	AL=00H 成功 AL=0FFH 文件未找到
13H	删除文件	DS:DX=FCB 首地址	AL=00H 成功 AL=0FFH 文件未找到
14H	顺序读	DS:DX=FCB 首地址	AL=00H 成功 AL=01H 文件结束,记录中无数据 AL=02H DAT 空间不够 AL=03H 文件结束,记录不完整
15H	顺序写	DS:DX=FCB 首地址	AL=00H 成功 AL=01H 盘满 AL=02H DAT 空间不够
16H	创建文件	DS:DX=FCB 首地址	AL=00H 成功 AL=0FFH 无磁盘空间
17H	文件换名	DS:DX=FCB 首地址 (DS:DX+1)=旧文件名 (DS:DX+17)=新文件名	AL=00 成功 AL=0FFH 失败
18H	保留未用		
19H	取当前缺省驱动器号		AL=驱动器号(0=A,1=B,3=C,…)
1AH	设置磁盘缓冲区 DTA 地址	DS:DX=DTA 首地址	
1BH	取缺省驱动器磁盘格式信息		AL=每簇的扇区数 CX=每扇区的字节数 DX=数据区总簇数 DS:BX=介质描述字节

续表

AH	功能	输入参数	输出参数
1CH	取指定驱动器磁盘格式信息	DL＝驱动器号(0＝缺省，1＝A,…)	AL＝每簇的扇区数 CX＝每扇区的字节数 DX＝数据区总簇数 DS:BX＝介质描述字节
1DH	保留未用		
1EH	保留未用		
1FH	取缺省驱动器的 DPB		DS:BX＝DPB 首址
20H	保留未用		
21H	随机读	DS:DX＝ FCB 首地址	AL＝00H 成功 AL＝01H 文件结束 AL＝02H 缓冲区溢出 AL＝03H 缓冲区不满
22H	随机写	DS:DX＝ FCB 首地址	AL＝00H 成功 AL＝01H 盘满 AL＝02H 缓冲区溢出
23H	测定文件大小	DS:DX＝ FCB 首地址	AL＝00H 成功,文件长度填入 FCB; AL＝0FFH 未找到
24H	设置随机记录号	DS:DX＝ FCB 首地址	
25H	设置中断向量	DS:DX＝ 中断向量 AL＝中断号	
26H	建立程序段前缀	DX＝新的程序段的段地址	
27H	随机读若干记录	DS:DX＝ FCB 首地址 CX＝记录数	AL＝00H 成功 AL＝01H 文件结束 AL＝02H 缓冲区太小,传输结束 AL＝03H 缓冲区不满 CX＝读入的记录数

AH	功能	输入参数	输出参数
28H	随机写若干记录	DS:DX= FCB 首地址 CX=记录数	AL=00H 成功 AL=01H 盘满 AL=02H 缓冲区溢出
29H	分析文件名	AL=分析控制标记 DS:SI=要分析字符串 ES:DI= FCB 首地址	AL=00H 标准文件 AL=01H 多义文件 AL=0FFH 非法盘符
2AH	取系统日期		CX=年(1980~2099) DH:DL=月:日 AL=星期(0=星期日)
2BH	置系统日期	CX:DH :DL=年:月:日	AL=00H 成功 AL=0FFH 失败
2CH	取系统时间		CH=时(0~23) CL=分 DH=秒 DL=百分之几秒
2DH	置系统时间	CH=时(0~23) CL=分 DH=秒 DL=百分之几秒	AL=00H 成功 AL=0FFH 失败
2EH	置磁盘自动读写标志	AL=00H 关闭标志 AL=01H 打开标志	
2FH	取磁盘缓冲区首地址		ES:BX=DTA 首地址
30H	取 DOS 版本号		AH=发行号 AL=版本号
31H	结束并驻留	AL=返回码 DX=驻留区大小	
32H	取指定驱动器的 DPB	DS:BX=DPB 首地址	

AH	功能	输入参数	输出参数
33H	Ctrl-Break 检测	AL=00H 取状态 AL=01H 置状态(DL)	DL=00H 关闭检测 DL=01H 打开检测
34H	取 DOS 中断标志		ES:BX=DOS 中断标志
35H	取中断向量	AL=中断号	ES:BX=中断向量
36H	取空闲磁盘空间	DL=驱动器号 (0=缺省,1=A,2=B,3= C,…)	AX=每簇扇区数,成功 AX=0FFFFH,失败 BX=有效簇数 CX=每扇区字节数 BX=文件区所占簇数
37H	取/置参数分隔符 取/置设备名许可标记	AL=0 取分隔符 AL=1 置分隔符 AL=2 取许可标记 AL=3 置许可标记	DL=分隔符(功能 0) DL=许可标记(功能 2)
38H	取/置国家信息	DS:DX=缓冲区首址	BX=国家码(国际电话前 缀码) AL=错误码
39H	创建子目录	DS:DX=路径字符串地址	AX=错误码 CF=0 成功 CF=1 失败
3AH	删除子目录	DS:DX=路径字符串地址	AX=错误码 CF=0 成功 CF=1 失败
3BH	设置子目录	DS:DX=路径字符串地址	AX=错误码 CF=0 成功 CF=1 失败
3CH	建立文件	DS:DX=路径字符串地址 CX=文件属性	CF=0 成功,AX=文件 代号 CF=1 失败,AX=错误码

AH	功能	输入参数	输出参数
3DH	打开文件	DS:DX=带路径的文件名； AL=0 读 AL=1 写 AL=2 读/写	CF=0 成功，AX=文件代号 CF=1 失败，AX=错误码
3EH	关闭文件	BX=文件代号	CF=0 成功 CF=1 失败，AX=错误码
3FH	读文件或设备	DS:DX=数据缓冲区地址 BX=文件代号 CX=字节数	CF=0 成功，AX=实际读入的字节数 AX=0 已到文件尾 CF=1 失败，AX=错误码
40H	写文件或设备	DS:DX=数据缓冲区首址 BX=文件代号 CX=字节数	CF=0 成功，AX=实际写入的字节数 CF=1 失败，AX=错误码
41H	删除文件	DS:DX=路径字符串地址	CF=0 成功，AX=0000H CF=1 失败，AX=错误码 (2,5)
42H	移动文件指针	BX=文件代号 CX:DX=位移量 AL=移动方式(0,1,2)	CF=0 成功，DX:AX=新的文件指针 CF=1 失败，AX=错误码
43H	取/置文件属性	DS:DX=路径字符串地址 AL=0 取文件属性 AL=1 置文件属性 CX=文件属性	CF=0 成功，CX=文件属性 CF=1 失败，AX=错误码
44H	设备输入/输出控制	BX=文件代号 AL=0 取状态 AL=1 置状态 AL=2 读数据 AL=3 写数据 AL=6 取输入状态 AL=7 取输出状态	DX=设备信息

AH	功能	输入参数	输出参数
45H	复制文件代号	BX＝文件代号 1	CF＝0 成功,AX＝新文件代号 CF＝1 失败,AX＝错误码
46H	强行复制文件代号	BX＝文件代号 1 CX＝文件代号 2	CF＝0 成功 CF＝1 失败,AX＝错误码
47H	取当前目录路径名	DL＝驱动器号 DS:SI＝路径字符串地址	(DS:SI)＝路径字符串地址 AX＝错误码
48H	分配内存空间	BX＝申请内存容量	CF＝0 成功,AX＝分配内存首地址 CF＝1 失败,AX＝错误码,BX＝最大可用空间
49H	释放内存空间	ES＝释放块的段值	CF＝1 失败,AX＝错误码
4AH	修改分配内存	ES＝修改块的段值 BX＝再申请的容量	CF＝1 失败,AX＝错误码,BX＝最大可用空间
4BH	装载程序 运行程序	AL＝0 装载并运行 AL＝1 获得执行信息 AL＝3 装载但不运行 DS:DX＝带路径的文件名 ES:BX＝装载用的参数块	CF＝1 失败,AX＝错误码
4CH	带返回码的结束	AL＝返回码	
4DH	取由 31H/4CH 带回的返回码		AL＝返回码
4EH	查找第一个匹配文件	DS:DX＝带路径的文件名 CX＝属性	CF＝1 失败,AX＝错误码
4FH	查找下一个匹配项文件	DS:DX＝带路径的文件名	CF＝1 失败,AX＝错误码
50H	建立当前的 PSP 段地址	BX＝PSP 段地址	
51H	读当前的 PSP 段地址		BX＝PSP 段地址
52H	取 DOS 系统数据区首址		ES:BX＝DOS 数据区首址

AH	功能	输入参数	输出参数
53H	为块设备建立 DPB	DS：SI ＝ BPB，ES：DI ＝DPB	
54H	取校验开关设定值		AL＝标志值(0：关,1：开)
55H	由当前 PSP 建立新 PSP	DX＝PSP 段地址	
56H	文件换名	DS:DX ＝ 带路径的旧文件名 ES:DI ＝ 带路径的新文件名	CF＝1 失败,AX＝错误码
57H	取/置文件时间及日期	AL＝0/1 取/置 BX＝文件代号 CX＝时间 DX＝日期	CF＝0 成功,CX ＝ 时间,DX＝日期 CF＝1 失败,AX＝错误码
59H	取扩充错误码		AX＝扩充错误码 BH＝错误类型 BL＝建议的操作 CH＝错误场所
5AH	建立临时文件	CX＝文件属性 DS:DX＝路径字符串地址	CF＝0 成功,AX＝新文件代号 CF＝1 失败,AX＝错误码
5BH	建立新文件	CX＝文件属性 DS:DX＝路径字符串地址	CF＝0 成功,AX＝新文件代号 CF＝1 失败,AX＝错误码
5AH	控制文件存取	AL＝00H 封锁 AL＝01H 开启 BX＝文件代号 CX:DX＝文件位移 SI:DI＝文件长度	CF＝1 失败,AX＝错误码
62H	取程序段前缀地址		BX＝PSP 地址

附录 5 BIOS 功能调用

INT	AH	功能	调用参数	返回参数
10	0	设置显示方式	AL＝00 40×25 黑白方式 AL＝01 40×25 彩色方式 AL＝02 80×25 黑白方式 AL＝03 80×25 彩色方式 AL＝04 320×200 彩色图形方式 AL＝05 320×200 黑白图形方式 AL＝06 640×200 黑白图形方式 AL＝07 80×25 单色文本方式 AL＝08 160×200 16 色图形(PCjr) AL＝09 320×200 16 色图形(PCjr) AL＝0A 640×200 16 色图形(PCjr) AL＝0B 保留(EGA) AL＝0C 保留(EGA) AL＝0D 320×200 彩色图形(EGA) AL＝0E 640×200 彩色图形(EGA) AL＝0F 640×350 黑白图形(EGA) AL＝10 640×350 彩色图形(EGA) AL＝11 640×480 单色图形(EGA) AL＝12 640×480 16 色图形(EGA) AL＝13 320×200 256 色图形(EGA) AL＝40 80×30 彩色文本(CGE400) AL＝41 80×50 彩色文本(CGE400) AL＝42 640×400 彩色文本(CGE400)	
10	1	置光标类型	$(CH)_{0\sim3}$＝光标起始行 $(Cl)_{0\sim3}$＝光标结束行	
10	2	置光标位置	BH＝页号 DH,DL＝行,列	
10	3	读光标位置	BH＝页号	CH＝光标起始行 DH,DL＝行,列

INT	AH	功能	调用参数	返回参数
10	4	读光笔位置		AH=0 光笔未触发 AH=1 光笔触发 CH=像素行 BX=像素列 DH=字符行 DL=字符列
10	5	置显示页	AL=页号	
10	6	屏幕初始化 或上卷	AL=上卷行数 AL=0 整个窗口空白 BH=卷入行属性 CH=左上角行号 CL=左上角列号 DH=右下角行号 DL=右下角列号	
10	7	屏幕初始化 或下卷	AL=下卷行数 AL=0 整个窗口空白 BH=卷入行属性 CH=左上角行号 CL=左上角列号 DH=右下角行号 DL=右下角列号	
10	8	读光标位置 的字符和 属性	BH=显示页	AH=属性 AL=字符
10	9	在光标位置 显示字符及 其属性	BH=显示页 AL=字符 BL=属性 CX=字符重复次数	
10	A	在光标位置 显示字符	BH=显示页 AL=字符 CX=字符重复次数	

INT	AH	功能	调用参数	返回参数
10	B	置彩色调板 （320 × 200 图形）	BH＝彩色调板 ID BL＝和 ID 配套使用的颜色	
10	C	写像素	DX＝行（0～199） CX＝列（0～639） AL＝像素值	
10	D	读像素	DX＝行（0～199） CX＝列（0～639）	AL＝像素值
10	E	显示字符 （光标前移）	AL＝字符 BL＝前景色	
10	F	取当前显示 方式		AH＝字符列数 AL＝显示方式
10	13	显示字符串 （适用 AT）	ES：BP＝串地址 CX＝串长度 DH,DL＝起始行,列 BH＝页号 AL＝0,BL＝属性 串：char,char,… AL＝1,BL＝属性 串：char,char,… AL＝2 串：char,char,char,attr,… AL＝3 串：char,char,char,attr,…	光标返回起始 光标跟随移动 光标返回起始 光标跟随移动

INT	AH	功能	调用参数	返回参数
11		设备检验		AX＝返回值 Bit 0＝1,配有磁盘 Bit 1＝1,80287 协处理 Bit 4,5＝01,40×25 Bw(彩色板) Bit 4,5＝＝10,80×25 Bw(彩色板) Bit 4,5＝＝11,80×25 Bw(黑白板) Bit 6,7＝软盘驱动器号 Bit 9,10,11＝RS-232板号 Bit 12＝游戏适配器 Bit 13＝串行引印机 Bit 14,15＝打印机号
12		测定存储器容量		AX＝字节数(KB)
13	0	软盘系统复位		
13	1	读软盘状态		AL＝状态字节
13	2	读磁盘	AL＝扇区数 CH,CL＝磁道号,扇区号 DH,DL＝磁头号,驱动器号 ES:BX＝数据缓冲区地址	读成功:AH＝0,AL＝读取的扇区数 读失败:AH＝出错代码
13	3	写磁盘	同上	写成功:AH＝0,AL＝写入的扇区数 写失败:AH＝出错代码

续表

INT	AH	功能	调用参数	返回参数
13	4	检验磁盘扇区	同上(ES:BX 不设置)	成功:AH＝0, AL＝检验的扇区数 失败:AH＝出错代码
13	5	格式化磁盘	ES:BX＝磁道地址	成功:AH＝0 失败:AH＝出错代码
14	0	初始化串行通信	AL＝初始化参数 DX＝通信口号(0,1)	AH＝通信口状态 AL＝调制解调器状态
14	1	向串行通信口写字符	AL＝字符 DX＝通信口号(0,1)	写成功:$(AH)_7$＝0, AL＝字符 写失败:$(AH)_7$＝1, AL＝字符 $(AH)_{0\sim6}$＝通信口状态
14	2	从串行通信口读字符	DX＝通信口号(0,1)	读成功:$(AH)_7$＝0 读失败:$(AH)_7$＝1 $(AH)_{0\sim6}$＝通信口状态
14	3	取通信口状态	DX＝通信口号(0,1)	AH＝通信口状态 AL＝调制解调器状态
15	0	启动盒式磁带马达		
15	1	停止盒式磁带马达		

INT	AH	功能	调用参数	返回参数
15	2	磁带分块读	ES:BX=数据传输区地址 CX=字节数	AH=态字节 AH=00 功 AH=01 冗余检验错 AH=02 无数据传输 AH=04 无导引 AH=80 非法命令
15	3	磁带分块写	DS:BX=数据传输区地址 CX=字节数	同上
16	0	从键盘读字符		AL=字符码 AH=扫描码
16	1	读键盘缓冲区字符		ZF=0,AL=字符码,AH=扫描码 ZF=1,扫描区空
16	2	取键盘状态字节		AL=键盘状态字节
17	0	打印字符回送状态字节	AL=字符 DX=打印机号	AH=打印机状态字节
17	1	初始化打印机回送状态字节	DX=打印机号	AH=打印机状态字节
17	2	取状态字节	DX=打印机号	AH=打印机状态字节
1A	0	读时钟		CH:CL=时:分 DH:DL=秒 1/100 秒
1A	1	置时钟	CH:CL=时:分 DH:DL=秒:1/100 秒	

INT	AH	功能	调用参数	返回参数
1A	2	读实时钟 （适用 AT）		CH：CL = 时：分 （BCD） DH：DL=秒 1/100 秒（BCD）
1A	6	置报警时间 （适用 AT）	CH:CL=时:分（BCD） DH:DL=秒:1/100 秒（BCD）	
1A	7	清除报警 （适用 AT）		

参 考 文 献

［1］ 陈光军. 卫星计算机原理与接口技术应用［M］. 北京:清华大学出版社,2008.

［2］ 潘名莲. 微机原理与应用［M］. 成都:电子科技大学出版社,1995.

［3］ 钱晓捷,陈涛. 16/32 位微机原理、汇编语言及接口技术［M］. 北京:机械工业出版社,2001.

［4］ 李继灿. 新编 16/32 位微型计算机原理及应用［M］. 北京:清华大学出版社,2001.

［5］ 郑学坚,周斌. 微型计算机原理及应用［M］. 北京:清华大学出版社,2001.

［6］ 易仲芳. 80x86 微型计算机及应用［M］. 北京:电子工业出版社,1995.

［7］ 陆一倩. 微型计算机原理及其应用(16 位微型机)［M］. 哈尔滨:哈尔滨工业大学出版社,1991.

［8］ 陈泽文. 8086/8088 汇编语言程序设计［M］. 北京:北京出版社,1987.

［9］ 沈美明,温冬婵. IBM PC 汇编语言程序设计［M］. 北京:清华大学出版社,1991.

［10］ 索梅. 80386/80286 汇编语言程序设计［M］. 北京:清华大学出版社,1994.

［11］ 潘金贵. Turbo Assembler 汇编语言程序设计教程［M］. 南京:南京大学出版社,1994.

［12］ 侯晓霞,王建义宇,戴跃. 微型计算机原理及应用［M］. 北京:化学工业出版社,2011.

［13］ 杨帮华,马世伟. 微机原理与接口技术实用教程［M］. 北京:清华大学出版社,2012.

［14］ 朱定华,杨晓林. 微机原理、汇编与接口技术学习指导［M］. 北京:清华大学出版社,2012.

［15］ 姚琳,韩伯涛,孙志辉. 微机原理与接口技术［M］. 北京:清华大学出版社,2010.

［16］ 金钟,李斌,孟坚. 微型计算机原理及接口技术应用［M］. 合肥:安徽大学出版社,2002.